JN199402

# 農家が消える

## 自然資源経済論からの提言

寺西俊一・石田信隆・山下英俊編著

みすず書房

農家が消える——自然資源経済論からの提言

# 目次

## Ⅱ　世界のなかの自然資源経済

# まえがき

本書を手にとってくださった皆さんのなかには、「農家が消える」という書名がやや大袈裟ではないかと感じられる方もいるかもしれない。しかし、私たちがあえてこの書名を選んだのは、それなりの理由があってのことである。

いきなり二六年も前にさかのぼるが、一九九二年四月二二日付の「西日本新聞」（一面トップ）に「農村から働き手が消える…」との見出しを付けた記事が掲載されている。これは、当時、農林中金総合研究所が発表した調査を取りあげたものである。この詳しい内容は、「二一世紀の農村人口と労働力」と題するレポートとして、『農林金融』（一九九二年六月号）で紹介されている。そこでは、次のような厳しい予測が示されていた。

① 日本の人口は、二〇一〇年をピークに減少に転じ、とくに郡部人口の減少が著しいものになる。
② 高齢化の進展も著しく、六五歳以上人口の比率は、一九九〇年の一二パーセントから二〇二五年には二五パーセントへと倍増する。郡部では、三〇パーセント以上の比率となる県も数多く生じる。
③ こうした予測のなかで、とくに農村部の人口減少と高齢化は、農林業の担い手不足、森林や水等

の資源管理の粗放化、農村集落の維持の困難をもたらす。

このような予測は、国勢調査のデータを活用し、都道府県別の人口動向を農村部と都市部に分けて詳細に分析・推計した結果から引き出されたものだ。いずれも、それから四半世紀余を経た今日の日本が直面している状況をほぼ的確に言い当てていたといってよいだろう。じつは、当時、この調査を担当したのが、本書の編著者の一人となっている石田であった。前出のレポートも石田の執筆によるものである。

ひるがえって、今年（二〇一八年）の八月初旬、「しぼむ農業 未来手探り、高齢化と担い手不足 同時に進む」という見出しの記事が「朝日新聞」（八月五日付）に掲載され、それがすぐに私たちの目にもとまることになった。そこでは、「多くの日本人の生活を支えてきた農業では、平成に入って担い手の減少と高齢化が同時に進んだ。農地の大規模化や外国人労働者の活用など、対応策を取ってはきたものの、三〇年かかって空いた穴を埋める決定打は見つかっていない。」と指摘されている。この点に関しては、本書においても、とくに第一章（「農業・農山村危機の実像とその背景」）で詳しく論じているが、二一世紀前半の今日、日本の農業・農山村は文字どおり重大な歴史的岐路に立たされているといわなくてはならない。とりわけ農業・農山村の担い手をめぐる深刻な危機に直面しているからである。「農家が消える」というフレーズは、そのことを象徴的に表すものとなっているのだ。

ここで、参考までに戦後日本における総農家数（専業農家・兼業農家を含む）の推移を概略的に示しておけば、一九五〇年から一九六〇年までは約六百万強の水準を維持していたが、一九六〇年代以降、徐々に減少して六百万台を割り込んでいった。その後、一九七〇年代には五百万台から四百万台へ、一九八〇年代には四百万台から三百万台へ、そして一九九〇年代以降、さらに急速な減少が進み、二〇一五年には約二一五万（このうち自給的農家を除く「販売農家」は約一三三万）にまで落ち込んできた。いまは二百万を切っている。つまり、この間に日本ではすでに累計で四百万を超える多数の農家が歴史的に消え去ってきたのである。

ちなみに、本書の編著者の一人である筆者も、消え去っていった農家の出身である。有数の農業・農村地帯を抱える北陸三県のひとつ、石川県の平野部に位置する一農村に生まれ育ち、高校卒業まで農村部での生活を体験してきた。筆者が生まれ育った農村も、かつてはほとんどが農家だったが、いまや農家と呼べる農家は皆無に近い状況となっている。この点からいえば、「農家が消える」というフレーズは、筆者の個人史に照らしての実感そのものでもある。

では、「農家が消える」ことが、なぜ深刻な問題なのだろうか？　かつてイギリスの経済学者C・クラーク（一九〇五―八九）は、農業をはじめとする第一次産業の人口が減少し、第二次産業、そして第三次産業へと移動していくことが「経済的進歩」の条件であり、必然でもあると述べていた（経済学の教科書では「コーリン・クラークの法則」と呼ばれている）。しかし今日でもなお、そうしたクラークの主張は正しいといえるのであろうか？

いま、私たちに突き付けられている問題は、こうした推移が今後もさらに一段と進み、日本から農業・農山村の基本的担い手である農家が次々と消えていくのを「やむをえないこと」として、このまま座視していてよいか、ということである。私たちは、この問題を真正面から受けとめ、「自然資源経済」という独自な視点から、これからの持続可能な農業・農山村の維持・保全に向けた提言を示そうとした。それがこの本である。

本書が、農林水産業に従事ないし関与している方々はもちろんのこと、日本の農業・農山村の将来展望、あるいは、より幅広く、これからの日本における「食」「農」「文化」「福祉」「エネルギー」「環境」等のあり方について何らかの関心や懸念を抱いておられる関係者や行政スタッフの方々、関連する分野の研究者や院生・学生、さらには一般市民の皆さんも含めて、幅広い人々に読まれ、忌憚のないご批判が数多く寄せられることを期待したい。

二〇一八年八月　異常な酷暑の東京にて

編著者を代表して

寺西俊一

# 序章　いま、なぜ自然資源経済論か

## 1　自然生態系を基盤とした人間社会本来の経済的営み

### 「自然資源経済」とは？

この序章では最初に、「自然資源経済」という本書におけるキーワードの意味から簡単に説明しておこう。じつは、「自然資源経済」という表現は、「各種の自然資源を基礎とし、そのうえに成り立つ経済」という意味を込めた、編著者の一人である寺西による造語である。関係学会や新聞・雑誌等のマスコミを含め、まだ一般的に広く通用しているわけではない[1]。英語で表現すれば、"Natural Resource-based Economies" となるが、いわゆる第一次産業[2]に分類される農業（畜産業等も含まれる）、林業、水産（漁）業（これらを総称するときに農林水産業と呼ぶ）の「産業的営み」、および、それらと一体不可分な形で成り立っている農山漁村の地域社会（地域コミュニティ）における「生活的営み」、これらを合わせて「自然資源経済」と呼んでいる。

また、ここでの「各種の自然資源」には、さまざまな鉱物資源や生物資源など、狭い意味での自然資源だけでなく、太陽光や太陽熱、風力、水力、地熱、バイオマスなど、近年、世界的に注目されている再生可能エネルギー（本書では、自然エネルギーとも表記している）も含まれる。さらには、自然的な気候条件や地形条件、大気、水、土壌、野生動植物などの生物多様性を育んできた自然生態系、そして、そこに人間の手が加わった二次的自然としての農業生態系や森林生態系（日本では「里山生態系」とも呼ばれている）も含まれる。

あらためて述べるまでもないが、こうした各種の自然資源は、人間社会におけるあらゆる営みが成り立つための不可欠な要素であり、前提条件である。とくに健全な自然生態系の安定的な存在は、人間社会の存立そのものの重要な基盤となっている。私たちの人間社会は、自然生態系からさまざまな「生態系サービス」（ecosystem services[3] ほぼ対応する日本語として「自然の恵み」という言葉がある）を享受している。このような意味での広義の経済的営みが、長い人類史を通じて今日まで続いてきたのである。本書における「自然資源経済」とは、こうした自然生態系を基盤とし、そこから提供されるさまざまな「自然の恵み」の享受、および、各種の自然資源の利用・管理・循環によって成り立っている、私たち人間社会本来の経済的営みのことを指す概念にほかならない。

## 人間・自然・社会の関係をトータルに捉える

ここで、人間・自然・社会の関係を表した概念図を見ていただきたい。[4] この図で示そうとしていることを列記すれば、前述したことと一部重複もするが、以下のとおりである。

①私たちの人間生活や人間社会は、その基盤である健全な自然生態系の安定的な存在を前提として成り立っている。逆に言えば、私たちの人間生活や人間社会は、前提としての健全な自然生態系のバランスを撹乱したり崩壊させてしまうと、きわめて深刻な危機に陥ることになる。

②私たちの人間生活や人間社会の基盤である自然は、鉱物資源や生物資源をはじめ、太陽光や太陽熱、風力、水力、地熱等の再生可能エネルギー（自然エネルギー）、大気、水、土壌、野生動植物などを含

図　人間・自然・社会の関係

【社会】
歴史・慣習・政治・法律・教育・科学・文化，等

〈経済システム〉

【市場経済】＋【混合経済】＋【非市場経済（共同経済，公共経済，社会的・連帯経済）】

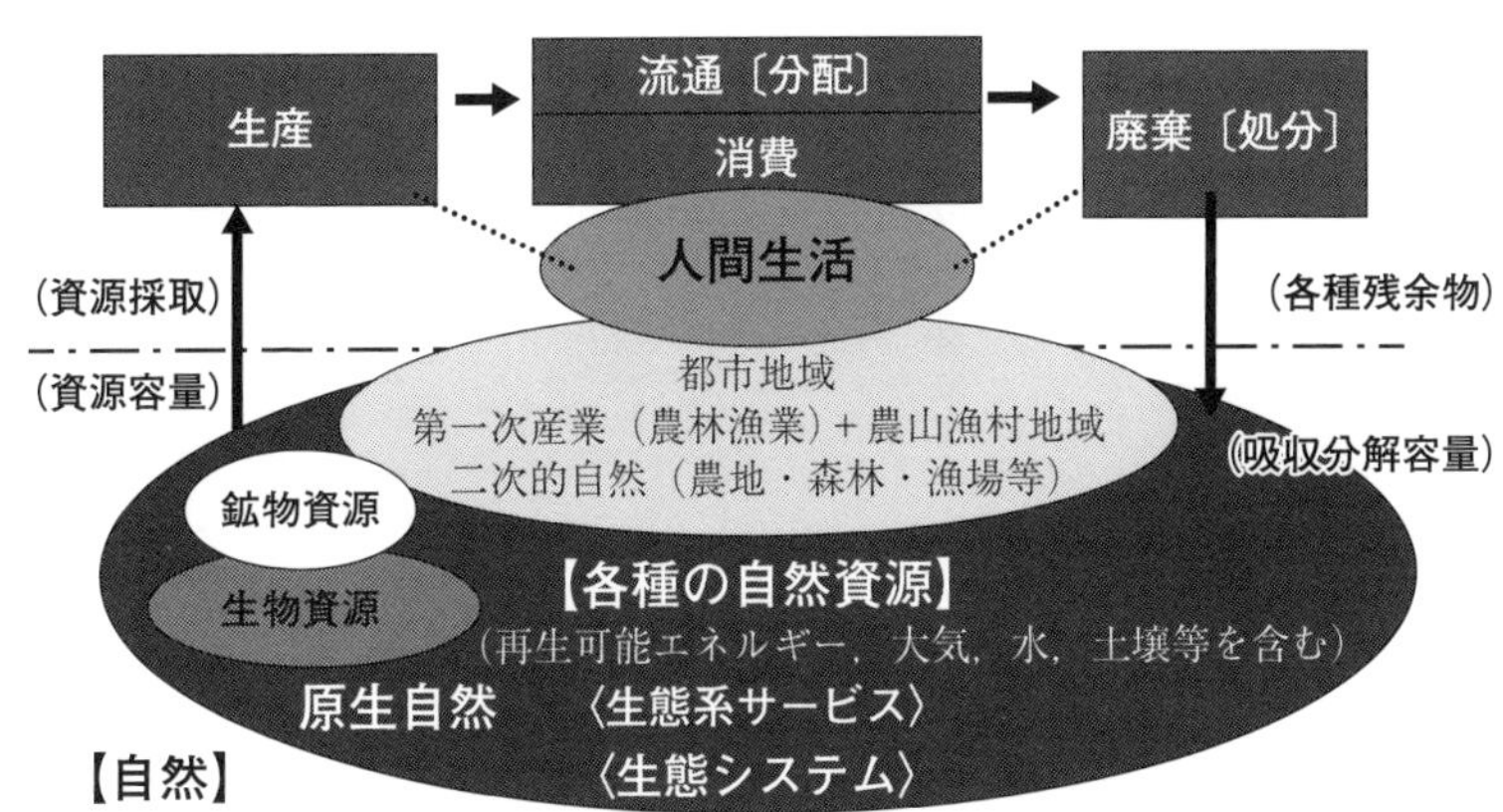


む広義の自然資源を育み、生態システム（ecological systems）のもとで互いに密接な結びつきをもっている。

③ 私たち人間は、自然のなかから各種の自然資源を採り出し、それらを人間生活の必要（needs）に合わせて生産・流通［分配］・消費し、そして、最終的に不要となった残余物（wastes）を再び自然生態系のなかに廃棄［処分］するという「資源利用の繰り返し」（資源循環）によって、日々の暮らしを営んでいる。

④ 前記③の営み（生産・流通［分配］・消費・廃棄［処分］という四つの局面からなる広義の経済的営み）は、各種の自然資源、および、それらを育んできた自然からのさまざまな恵みを享受することによって成り立っている。

⑤ と同時に、前記③の営みは、自然生態

系にさまざまな諸影響を与え、かつ、自然生態系が有する「資源容量」（resource capacity）や「吸収分解容量」（sink capacity）による自然的・環境的な制約を受けている。

⑥今日の社会では、前記③の営みは、複数の経済システムによって担われている。それらは大別して、「市場経済」と「非市場経済」（「共同経済」「公共経済」「社会的・連帯経済」）、あるいは、それらの「混合経済」に分類される。

⑦さらに、前記③の経済的営みの具体的なあり方は、それぞれの国や地域社会での歴史・慣習・政治・法律・科学・技術・教育・文化など、広い意味での制度的な諸要因によって規定されている。

以上に列記した①－⑦は、いずれも私たちが常識的に知っていることを再確認したものだが、「自然資源経済」という概念は、こうした人間・自然・社会の関係をトータルに捉えるためのキーワードとして、きわめて重要な意義をもつ。[5]

**農林水産業の独自な役割と特質を重視する**

さらに、「自然資源経済」というキーワードの積極的意義は、いわゆる第一次産業、とりわけ各種の動植物資源、森林資源、水産資源等と直接的にかかわり、かつ、それらに依存して成り立っている農林水産業がもっている独自な役割と特質を重視する点にある。

前述したような人間・自然・社会の関係というトータルな枠組みを視野に入れた「自然資源経済」においては、農林水産業がきわめて重要な位置を占める。先の図で示しているように、農林水産業は、私たちの人間生活を直接的に支えている二次的自然を歴史的につくりだしてきた「産業的営み」であり、基盤としての自然に対する人間のさまざまな働きかけによって成り立っている。この二次的自然は、原生自然とは相対的に区別されるが、あくまで自然生態系の一部をなす。

他方、私たち人間社会における経済的営みは、自然生態系に対してさまざまな諸影響を与えると同時に、さまざまな自然的・環境的な制約も受けている。とりわけ農林水産業では自然生態系との関係がより深く、かつ直接的だといってよい。それゆえ、私たちの自然資源経済論では、農林水産業を「自然資源依存型産業」として位置づけ、それらの特質を十分に踏まえることがとくに重要だと考える。

さらにもうひとつ、「自然資源経済」における農林水産業の特質として重視すべき点は、そうした「産業的営み」がそれを基礎にして成り立っている地域社会（農山漁村地域のコミュニティ）における「生活的営み」と密接不可分な一体的関係性をもっていることである。

そもそも人類が今日の農業の起源である農耕（agriculture）を開始して以来、人間は一定の地域に定住し、そこに「農の営みが行われる社会的な場」[6]としての独自な地域社会（local community）を歴史的に形成してきた。こうした地域社会は、それぞれに固有の慣習・伝統・文化を培い、幾世代にもまたがる蓄積・継承・発展の重要な舞台となってきた。こうした人類史的な視野からみても、農業および農村社会は、私たち人間が生きていくために不可欠な食料等の生産、あるいは工業生産に必要な原材料等の供給といった産業的な機能を担うだけにとどまらず、同時に、自然的・経済的・社会的・文化的・環境的な諸側面を含めた多面的な意義と役割（いわゆる「多面的機能」）をもつものであった。

この点は、農業および農村社会のみでなく、林業および山村社会、水産業および漁村社会についても、同じように当てはまる。それゆえ、こうした農林水産業を主たる対象としている私たちの自然資源経済論は、狭い意味での産業論の枠内だけにとどまらず、より幅広い視野に立った地域経済論、地域社会論、地域自治論、地域文化論、地域環境論なども、その理論的な射程のなかに収めるものとなっている。[7]

## 2　日本の農業・農山村をめぐる《重層的な難局》

### 一段と進む過疎化とかつてない急速な高齢化

さて、二一世紀前半の今日、日本の農業および農山村は、いくつもの《重層的な難局》に直面している。

その第一の難局は、一九六〇年代から徐々に進行してきた農山村地域の過疎化と衰退化の傾向がさらに一段と強まっていることである。日本では、二〇一〇年の総人口一億二八〇六万人をピークに、その後、明らかに「人口減社会」が始まっている。しかも、かつてない急速な高齢化を伴っている。この点でとくに無視できないのは、二〇一一年二月に公表された国土審議会政策部会・長期展望委員会による「「国土の長期展望」中間とりまとめ」で示された予測である。同「中間とりまとめ」によれば、日本の総人口の中位推計では、二〇五〇年までに三二六九万人が減少し（マイナス二五・五パーセント）、九五一五万人になるという。これは、「日本史上千年単位で見ても類例をみない、極めて急激な減少」であり、「国土全体での人口の減少と地域的な偏りが同時に進行するという、これまでに経験のない現象が進行する」と指摘されている。

また、この間、とりわけ農山村の重要な担い手である農業従事者や林業従事者の減少と高齢化のテンポが著しい。たとえば二〇〇八年には、日本全体での基幹的農業従事者は一九七万人（この六割が六五歳以上）となり、二〇〇万人を割り込んだ。これは、一〇年前（一九九八年）に比して約二割の激減である。さらに二〇一五年には一七七万人弱にまで減少している。こうした趨勢がその後も続くなかで、農政学者の小田切徳美教授が指摘しているとおり、日本の農山村地域では、「人の空洞化」（社会減少から自然減少へ）、「土地の空洞化」（農林地の荒廃化）、「むらの空洞化」（集落機能の脆弱化）、さらには「誇りの空洞化」（地域住民がそこに住み続ける意味や誇りの喪失）が進行している。[8]

ちなみに日本では、一九九〇年代初頭に「限界集落」という言葉が登場してきたが、今後、「消滅集落」が次々と発生してくるという懸念がすでに顕在化しつつある。こうした懸念に対処する有効な政策的措置が講じられないならば、日本の中山間地域における農林業とそれを支えてきた集落コミュニティの多くが存続できなくなっていくだろう。その結果、日本各地の森林資源や水資源の維持・管理も非常に困難となる。言い換えれば、農業や林業が有する多面的諸機能や公益的諸機能、たとえば治山治水機能や各種の環境保全機能（いわゆる「生態系サービス」の供給機能等）が失われ、日本の国土全体のより深刻な荒廃化につながっていく恐れが高まっている。

## 市場経済のグローバル化と貿易自由化の荒波

第二の難局は、一九八〇年代の後半以降における市場経済のグローバル化を背景とした貿易自由化の荒波のなかで厳しい〝生き残り競争〟に晒されていることである。日本では戦後早い時期に木材輸入を自由化したが、一九六〇年代から安価な外材の輸入が増えることによって国内林業が衰退し、森林資源の荒廃が進んできた。さらにその後、一部農産物の輸入自由化を受け、関係農家が深刻な打撃を被ってきた。

こうしたなかで、日本の食料自給率（カロリーベース）は、一九六〇年の七三パーセントから、二〇一六年には三八パーセントにまで落ち込んでいる。さらに国際比較が可能な穀物自給率（飼料用の穀物も含めた穀物全体の自給率）でみると、日本は、一九六〇年の六二パーセントから二〇〇八年の二八パーセントにまで落ち込んできた。フランスの一七三パーセント、カナダの一四六パーセント、アメリカの一三二パーセント、イギリスの九九パーセント、ドイツの九九パーセント（いずれも二〇〇八年）など、他の先進諸国と比べて極端に低い水準になっている。一億人以上を抱える人口大国のなかでは、日本は文字どおり最低の自給率となっており、甚大な災害等の非常時における食料安全保障の観点からみても深刻に憂慮すべき事態となっている。

また、とくに市場経済のグローバル化は、日本の地方都市に立地していた製造業等の海外移転を加速させ、地方経済の衰退化を招いてきた。この結果、地方都市での就業による農外所得に依存してきた周辺農村部の兼業農家が成り立たなくなるという状況も生まれてきた。こうして日本の地方都市圏とその周辺農村部もまた、非常に厳しい状況に直面している。[9]

## 新自由主義的政策による農山村の切捨て

続いて第三の難局として指摘しておく必要があるのは、日本では、二〇〇一年の小泉政権の登場以降、新自由主義的な政策が強行され、これまで農山村地域の維持・保全に寄与してきた各種の施策が次々に切り捨てられるという動きがますます強まっていることである。

この点では、とくに二〇〇三－〇六年にかけて実施された「三位一体の改革」（国庫支出金の廃止・整理合理化、地方交付税の見直し、税源移譲）による深刻な影響が看過できない。たとえば二〇〇三－〇六年の間に、国庫支出金と地方交付税を合わせて約九兆八千億円もの大幅な地方財政の削減が行われた。[10] このため、とくに農山村地域を抱える地方の市町村自治体のほとんどが厳しい財政危機に陥ることになった。また、広域行政による財政の効率化を目的に「平成の市町村大合併」も推進されてきたが、その結果、地方での各種公共サービスの著しい低下が進むとともに、農山村地域を中心とする基礎自治体の《地域力》そのものを衰弱化させるという事態がもたらされた。[11]

## 東日本大震災と福島原発事故による深刻なダメージ

そして第四の難局が、それらのうえに折り重なるかたちで、二〇一一年三月一一日に東日本大震災と東京電力福島第一原子力発電所事故（以下、福島原発事故）による未曽有の自然的・人為的な巨大災害が発生したことである。とくに福島原発事故に伴う放射能汚染の広がりは、福島県をはじめとした東北地方の農林水産業と地域社会に対して激甚なダメージを与えることになった。[12]

なかでも深刻な放射能汚染により「警戒区域」（その後「帰還困難区域」）に指定された福島県の被災市町村では、地域コミュニティそのものが壊滅を余儀なくされる事態に追い込まれている。福島原発事故からすでに七年半余の歳月が経過しているが、この間、膨大な復興経費をつぎ込んで除染作業を進めてきたことを背景に、日本政府は、年間放射線量が二〇ミリシーベルト以下となる見通しがついたとされる区域について「避難指示」を解除し、避難者たちに帰還を強いる政策を推し進めてきた。だが、避難者たちの多くは「帰還できない」というのが現実である。主な理由は、①子供を抱えた若い世帯が放射線被ばくによる健康影響への不安を抱えていること、②各種の基本的な住民生活インフラが不備なままの状況にあること、③生業を含む働き場が欠如していること、などである。

「毎日新聞」（二〇一七年二月七日付）によれば、二〇一四年四月以降、順次、「避難指示」が解除されてきた田村市、川内村、楢葉町、葛尾村、南相馬市の五市町村では、住民の帰還率が全体でわずか一三パーセントにとどまっている。最も帰還率が高い川内村でも二〇・五パーセントで、五人に一人しか帰村していない。

この点でかなり楽観的な見通しを打ち出している復興庁「福島12市町村の将来像に関する有識者検討会」(二〇一四年一二月－一五年九月)の資料でも、福島原発事故前の時点で総計約二〇万人弱の人口を擁していた福島一二市町村に関する二〇四五年時点での予測人口は、復興が順調に進んだケースで一四万人余(しかも、このうち約三分一が以前の住民ではなく、廃炉作業員や「イノベーションコースト構想」による新規立地企業の従業員等で占められると想定)、復興が順調に進まなかったケースでは一〇万人余に半減、という数値が示されている。今後、福島原発事故による被災市町村が従前のような地域自治体のかたちで存続していけるかどうか、きわめて厳しい現実が突きつけられている。

## 日本全体が「災害多発列島」化

さらに第五の難局として追加的に指摘しておきたいのは、東日本大震災以降にも、日本各地で深刻な地震災害や自然災害が繰り返し発生し、中山間地域にある農山村や都市部を含む被災地が大きなダメージを受けるという事態が続いていることである。たとえば、二〇一六年四月の熊本大地震、二〇一八年五月の大阪北部地震、同年九月の北海道胆振東部地震など、立て続けに深刻な地震災害が発生している。[13] さらには、二〇一七年七月の九州北部での集中豪雨災害、二〇一八年七月の西日本一帯を中心にした広域的な集中豪雨災害にみるように、記録的な被害に見舞われている。いまや日本全体が「災害多発列島」化の様相を呈しつつあるといってもけっして過言ではないだろう。[14]

近年、とくに日本でかつてない集中豪雨による災害が頻発している背景として、いわゆる「地球温暖化」に起因する海水温の上昇等にともなう気象パターンの異変といった気候変動問題の顕在化という事態を無視するわけにはいかない。この間、日本のみならず、すでに毎年のごとく世界各地で甚大な被害をもたらす気象関連災害が発生するという時代に突入している。[15] しかも、こうした時代のなかで、「脱温暖化」および「脱原発」に向けた世界的な潮流に完全に逆行するかたちで、日本政府はひたすら「石炭火力」や「原発再稼働」を推し進めようとしている。これは、まことに時代錯誤的であり、無謀かつ無責任きわまりない対応というべきであろう。[16]

また、近年の集中豪雨による災害にみられる特徴として、傾斜地に造成された住宅地の被害とともに、森林地域における山地の崩落とそれに伴う土砂・流木が大量に下流部に押し寄せることによって深刻な被害が生じていることに注意しなければならない。後者の要因としては、戦後営々として人工造林が行われてきた森林において、木材輸入の自由化がもたらした林業経営の危機のもとで間伐等の必要な管理が行われなくなっており、そのことが脆弱な山を大量に生み出しているという問題を指摘しておく必要がある。また、この間に重要性が指摘されている「流域治水」の考え方にもとづいて、ハザードマップ（被害予測地図）を活用した、きめ細かな防災・減災対策が十分に行われてこなかったことに起因する人災としての側面があることも否定できない。

なお、こうした多発する災害にいかに対応していくかは、私たちの自然資源経済論が対象とする人間・自然・社会の関係をめぐる根本的な問題の一つでもある。私たちは、「自然の恵み」を享受するだけでなく、他方では「自然の脅威」に対する周到な対応のあり方についてもあらためて検討していかなくてはならない。

## 3　持続可能な農業・農山村をどう維持・保全していくか

### 問われるビジョンと新しい政策課題の検討

前節では、目下、日本の農業および農山村が幾つもの重層的な難局に直面している状況について略述したが、いま、こうした厳しい現実といかに向き合い、対処していくべきか、そして、今後における日本の農業・農山村地域の持続可能な維持・保全に向けた取組みをどのように推し進めていけばよいか、そのための基本的なビジョンと政策のあり方が鋭く問われているといってよい。なお、ここでとくに強調しておきたいのは、これからの農業・農山村の持続可能な維持・保全をめぐる成否は、たんに農業・農山村の将来だけでなく、今後における都市部を含めた日本社会全体の未来をも大きく左右する重要な試金石にもなっている、ということである。

さて、本書は、前述してきた今日的な重要課題を真正面から受けとめ、自然資源経済論という独自な視点から多角的な検討を重ねてきた私たちの共同研究の成果を中間的にとりまとめたものである。以下の本編は、第Ⅰ部「歴史的な岐路に立つ農業・農山村」（第一－第三章）、第Ⅱ部「世界のなかの自然資源経済」（第四－第七章）という基本構成となっているが、ここで第一章から第七章までの各章の概要について、簡単な紹介をしておこう。

### 第Ⅰ部　「歴史的な岐路に立つ農業・農山村」

まず、第Ⅰ部の第一章と第二章では、今日における日本の農業・農山村をめぐる危機の実像に焦点をあて、それらの歴史的な経緯や背景を明らかにしたうえで、今後に求められる農業・農山政策のあり方について詳細かつ包括的に論じている。この二つの章の執筆担当者である石田は、日本の農業・農山村の実情や農政全般の推移や動向について詳しい専門家である。近年では、ガット（GATT）のウルグアイ・ラウンド（一九八六 - 九四年）以降における農産物貿易交渉の経緯や二〇一〇年秋以降に急浮上してきたTPP（環太平洋経済連携協定）、さらには、最近の日豪EPA（経済連携協定）の締結や日EU・EPAの合意といった動向が、今後の日本の農業・農山村に与える重大な諸影響について警鐘を鳴らしてきた。[17]

また、二〇一二年一二月に登場した第二次安倍政権による「農業改革」や「農協改革」、そして「地方創生」政策の問題点などについても、適宜、的確な批判的発信を行ってきた。[18] 第一章と第二章は、それらを踏まえたうえで、これからの日本の農業・農山村がめざすべき基本方向とそれに沿った「新しい農業・農山村政策の提言」を具体的に示したものとなっており、本書全体への総論としての役割も果たしている。

第三章は、本書でのキーワードとなっている「自然資源経済」の根幹をなす各種の「自然資源と人間のかかわり」について、歴史的な視野からの省察、および、社会 - 生態システム論にもとづく再構築への基本視座を与えるものとなっている。この章は、日本の近現代史を専門とする高柳と環境社会学を専門とする寺林による共同執筆だが、ここでは、歴史学や社会学の知見を踏まえた示唆に富む考察が盛り込まれている。

## 第Ⅱ部　「世界のなかの自然資源経済」

続く第Ⅱ部は、これからの時代において持続可能な農業・農山村を維持・保全していくうえでとりわけ重要となっている、より具体的な政策課題に焦点をあてた四つの章から構成されている。このうち第四章は、これからの日本の農業・農山村政策のあり方、とくに厳しい現実に直面している中山間地域における農業・農山村政策を考えるうえで非常に参考になると思われるオーストリアの実例に注目し、詳しい紹介を行っている。この章は、私たちの自然資源経済論プロジェクトの主要メンバーが、二〇一三年秋以降、数度にわたって精力的な現地調査を積み重ねてきた成果[19]を踏まえて、地域環境政治学を専門とする藤井と環境財政論を専門とする石倉が共同執筆を行ったものである。

第五章は、農村景観・農村文化の価値保全という政策課題に焦点をあてている。この章は、元来、農業・農村が狭い意味での経済的価値にとどまらず、独自な農村景観を生み出し、それぞれの地域に固有な歴史や文化を育み蓄積していく場としての多面的な価値を有する存在であることを重視し、それらをアメニティの保全という視点から論じたものである。ここでは、いち早く産業革命が進展し、急激な近代化・工業化の過程のなかで農村景観や農村文化の危機に直面したイギリスの歴史を振り返り、そこで誕生したナショナル・トラストによる取組みと比較しつつ、日本における棚田保全の先駆的事例をとり上げている。そして、そこにみる価値保全の担い手と費用負担のあり方について独自の問題提起が行われている。この章は、地域文化経済学を専門とする藤谷とアメニティ財政論を専門とする吉村による共同執筆である。

第六章は、近年、世界的に注目されている再生可能エネルギー（自然エネルギー）を農山村地域における「自然資源経済」を支える重要な資源として積極的に位置づけ、それぞれの地域が主体となった「エネルギー転換」をいかにして推進していくかに焦点を当てた考察を示している。ここでは、とくにドイツにみる先行的事例についての数度の現地調査、および、日本国内での全市町村自治体を対象とした二回にわたるアンケート調査の結果なども踏まえて、「地域からのエネルギー転換」に向けた具体的な政策論が展開されている。この章の執筆は、資源経済学とエネルギー経済学を専門とする山下が担当している。

第七章では、今後における「グローバルな自然資源経済」の再構築に向けた課題として、国際的な貿易や経済連携のあり方についての試論的な考察が行われている。ここでは、近年における地球規模でのエコロジー的危機の顕在化・深刻化という新たな状況を真正面から受けとめ、そこからの厳しい環境的制約のなかで、今後、どのような国際貿易や経済連携がめざされるべきかが検討されている。そして、これからの日本は、とくにアジア地域との共生を重視するとともに、エコロジカルな要素にも十分に配慮した新たな経済連携をめざしていくべきことを提起している。この章は、環境経済学と世界経済論を専門とする山川が執筆を担当している。

なお、以下の各章における内容については、それぞれの執筆担当者とともに、三人の編著者も共同の責任を負っていることを付記しておく。

1　たとえば、「自然資源経済」という用語でインターネット情報による検索を行っても、ヒットしてくるのは、私たちが管理している「自然資源経済論」のサイトや、このプロジェクトによる一橋大学特別講義の第I期（二〇〇九年—一一年度）をもとに編集・刊行した寺西俊一・石田信隆編著『自然資源経済論入門1　農林水産業を見つめなおす』（中央経済社、二〇一〇年）、同編著『自然資源経済論入門2　農林水産業の再生を考える』（同前、二〇一一年）、同編著『自然資源経済論入門3　農林水産業の未来をひらく』（同前、二〇一三年）などに限られている。なお、関連するものとして、バリー・C・フィールド著、庄司康・柘植隆宏・栗山浩一訳『入門自然資源経済学』（日本評論社、二〇一六年）、東京農業大学で「地域産業経営学科」の名称を変更し、二〇一八年度から設置されている「自然資源経営学科」のサイトなどが見受けられる。

2　周知のように、「第一次産業」という呼称は、イギリスの経済学者のコーリン・クラークが初めて用いたものである。彼は、農業、林業、水産（漁）業を「第一次産業」と呼び、製造業、鉱業、建設業を「第二次産業」、商業、サービス業その他の経済活動を「第三次産業」と呼んだ。このクラークによる分類が、今日における日本および世界の標準産業分類の基礎となっている。コーリン・クラーク著、金融経済研究会訳『経済的進歩の諸条件』（日本評論社、一九四五年）参照。

3　「生態系サービス」の概念については、Millennium Ecosystem Assessment, *Ecosystem and Human Well-being: Synthesis*, Island Press (2005). ミレニアム生態系評価編・横浜国立大学21世紀COE翻訳委員会責任翻訳『生態系サービスと人類の将来』（オーム社、二〇〇七年）参照。また、この「ミレニアム生態系評価」において、リーダー的な役割を演じたGretchen Dailyによる編著 *Nature's Services: Social Dependence on Natural Ecosystems*, Island Press (1997). などを参照。

4　この図は、かつて玉野井芳郎教授が「広義の経済学」への視座として示された「人間・自然・社会の関係」についての基本的な捉え方を参考にして寺西が作成したものである。玉野井芳郎著『エコノミーとエコロジー』（みすず書房、一九七八年）、同著『生命系のエコノミー』（新評論、一九八二年）、同著『生命系の経済に向けて』（学陽書房、一九九〇年）、などを参照。なお、同教授による「広義の経済学」の意義と問題点については、寺西俊一「物質代謝論アプローチ」植田和弘・落合仁司・北畠佳房・寺西俊一共著『環境経済学』（有斐閣、一九九一年）参照。

5　近年、人間社会の経済的営みをこうしたトータルな視野で捉えることがますます重要となっている点については、R. David Simpson, Michael A. Toman, and Robert U. Ayres, ed., *Scarcity and Growth Revisited: Natural Resources and the Environment in the New Millennium* (2005). 植田和弘監訳『資源環境経済学のフロンティア——新しい希少性と経済成長』（日本評論社、二〇〇九年）参照。

6　この表現は、宇沢弘文教授によるものである。宇沢弘文著『社会的共通資本』（岩波新書、二〇〇〇年）参照。

7　寺西俊一・山川俊和・藤谷岳・藤井康平「自然資源経済とルーラル・サステイナビリティ」『農村計画学会誌』第二九巻第一号（二〇一〇年）参照。

8　小田切徳美著『農山村再生——「限界集落」問題を超えて』（岩波ブックレット、二〇〇九年）参照。

9　佐無田光「現代日本における農村の危機と再生への展望」岡本雅美監修／寺西俊一・井上真・山下英俊編『自立と連携の農村再生論』（東京大学出版会、二〇一四年）参照。

10　川瀬憲子著『「分権改革」と地方財政』（自治体研究社、二〇一一年）参照。

11　宮本憲一「市町村合併の歴史的検討」『計画行政』第四一巻第二号（二〇一八年）参照。

ちなみに、二〇一八年七月初旬、安倍晋三首相の諮問機関である第三二次「地方制度調査会」の初会合が行われ、これからの「人口減社会」と急速な高齢化の進展を見据えて、日本の地方自治体のあり方を再検討していく議論が始まろうとしている。そこでは、複数の近隣地方自治体による「圏域単位」での各種行政サービスの供給体制の整備がめざされているようだが、これは、行政の広域化をさらに推し進めていこうとするものである。しかし、そのような方向では、住民自治にもとづく基礎自治体の《地域力》をさらに一層衰弱化させていくことになるであろう。

12　寺西俊一・石田信隆「東日本大震災と農林水産業の復興・再生」同編著『自然資源経済論入門2　農林水産業の再生を考える』（中央経済社、二〇一一年）、同「大震災後の農林水産業と地域コミュニティの復興・再生」同編著『自然資源経済論入門3　農林水産業の未来をひらく』（同前、二〇一三年）、寺西俊一「福島原発事故の影響・被害と経済的評価」植田和弘編『被害・費用の包括的把握』（東洋経済新報社、二〇一六年）などを参照。

13　日本における地震学の専門家たちによる最新の警鐘にも留意しておく必要がある。山岡耕春著『南海トラフ地震』（岩波新書、二〇一六年）、平田直著『首都直下地震』（岩波新書、二〇一六年）参照。

14　一九九五年一月に発生した阪神・淡路大震災以来、国内外の災害復興の現場に足を運んできた専門家の塩崎賢明（神戸大学名誉教授）が、常設の「防災・復興省」を創設すべきとの提言を行っている点が注目される。同教授は、次のように述べている。「日本は戦争をしない国であるが、自衛隊や防衛省が存在する。他方、巨大災害は必ず来るし、毎年風水害に見舞われる。火山の噴火もある。このように災害が日常化しているこの国には、被災と復興の経験を蓄積できる組織を設け、専門的な人材を蓄えるべきである。もちろん、災害復興への対応は、被災者や地方自治体が主体で取り組むべきであって、非常時だからといって国家に権力を集中させるべきではない。……地元のことがよくわかっているのは基礎自治体であり、災害対応の担い手はそこを外してはありえない。……地方を充実させることが必要である。その上で、中央に専門的組織をつくって地方との連携を図るという体制が必要である。」塩崎賢明著『復興〈災害〉――阪神・淡路大震災と東日本大震災』（岩波新書、二〇一四年）参照。

15　ナオミ・クライン著、幾島幸子・荒井雅子訳『これがすべてを変える――資本主義 vs. 気候変動　上・下』（岩波書店、二〇一七年）参照。

16　小出裕章「原子力にかけた夢と再稼働問題――原発再稼働に道理はない」『環境と公害』第四五巻三号（岩波書店、二〇一六年一月）、および、原子力市民委員会による報告書『原発ゼロ社会への道　２０１７――脱原子力政策の実現のために』（二〇一七年）をぜひ参照してほしい。

17　石田信隆著『解読・ＷＴＯ農業交渉――日本人の食は守れるか』（農林統計協会、二〇一〇年）、同著『ＴＰＰを考える――「開国」は日本農業と地域社会を壊滅させる』（家の光協会、二〇一一年）、同著『見えてきたＴＰＰの正体――迫りくる脅威とこれからの日本の選択』（同、二〇一二年）参照。

18　石田信隆著『「農協改革」をどう考えるか』（家の光協会、二〇一四年）、石田信隆・（株）農林中金総合研究所編著『「地方創生」はこれでよいのか――ＪＡが地域再生に果たす役割』（同、二〇一五年）参照。

19　寺西俊一・石田信隆編著『オーストリアに学ぶ――小さくとも輝く農山村』（仮題、中央経済社、二〇一八年一一月刊行予定）参照。

# I　歴史的な岐路に立つ農業・農山村

# 第一章　農業・農山村危機の実像とその背景

## 1　危機に瀕する農業と農山村社会

### 日本農業は強いのか、弱いのか

日本農業が危機に瀕しているといわれて久しい。「農業は厳しい」というのが枕詞になってしまった。それに慣れると、オオカミ少年の話ではないが、そんなに心配することはない、という声もそれらしく思えてくる。元気な農業経営が育っているではないか。守ることばかり考えず、前向きに、イノベイティブにいこう。農業は成長産業だ、輸出で日本農業の未来は明るい、という声も聞こえる。しかし現場には反対に、危機を訴える声が満ちあふれている。

農業政策のあり方についてはさらに激しい意見の対立がある。二〇一二年一二月発足の第二次安倍晋三政権は急進的な農業改革を打ち出したが、私たちは、この政策を続ければ一部の農業経営は残るとしても、日本人の食を支えてきた農家は消滅の縁に追いやられ、食料安全保障も農業も農村も崩壊しかねない危機に立ちいたると見ている。しかし、世の中の関心の低さもあって、まっとうな議論が行われていない。

なぜなのだろうか。第一に、全体を視野に入れず、一部しか見ない議論が多い。これでは、お互いの意見がかみ合わない。第二に、大変重要なことであるが、農業をどのようなものとしてとらえるかの視座がさまざまである。この点については、本書のテーマである「自然資源経済」の視点から、大いに論じていきたい。

結論を先取りすれば、私たちは農業を単なる営利追求の産業とは考えない。しかしまた、これもよくある意見だが、「農業には多面的機能（農業がはたす水の制御、国土保全、良好な景観の形成など、農産物生産以外の機能）がある」ことをもって、現状をひたすら守り維持することを主張するものでもない。

農業という営みは、もっと大きく、人間と自然とのかかわり方としてとらえるべきであり、それがさまざまな意味で危機に直面しているのが現代なのである。「人間と自然とのかかわり」といえば、もちろん農業だけではない。地球温暖化も、公害や原子力災害による環境破壊もその一部であり、さらに言えば、大都市への人口集中に起因する人間と自然の関係の分断とそれがもたらす人間疎外など、たくさんの問題がある。これらの問題がもはや無視できないほど深刻化した現在、それを乗り越え、人間と自然の関係を「持続可能で豊かな関係」として再構築することが課題になっている。農業の「危機」は、このような視野のもとに見なければならない。本書では、そのような視点から農業と地域社会をとらえ、望ましい将来の方向性と政策について考えていく。

### 大きく変貌した日本農業

最初に、日本農業をめぐる現実について、おおまかに把握しておこう。

**図表1―1**に過去五五年間の変化を示したとおり、日本農業は大きな変化を遂げた。

一九六〇年から二〇一五年にかけて、総農家戸数は六〇六万戸から二一六万戸に、農業就業人口は一四五四万人から二一〇万人に減少した。耕地面積はそれほどの減少ではないが四分の三の水準に、農作物作付延面積は二毛作の減少などを背景にほぼ半減した。そして、農業総産出額は、一九八四年の一一兆七一七一億

図表1-1　日本農業の長期的変化

| | 年 | 1960 | 1980 | 2000 | 2015 |
|---|---|---|---|---|---|
| 農家戸数 | 千戸 | 6,057 | 4,661 | 3,120 | 2,155 |
| 販売農家 | 千戸 | … | … | 2,337 | 1,330 |
| 農業就業人口 | 万人 | 1,454 | 697 | 389 | 210 |
| 耕地面積 | 千 ha | 6,071 | 5,461 | 4,830 | 4,496 |
| 農作物作付延面積 | 千 ha | 8,129 | 5,706 | 4,563 | 4,127 |
| 農業総産出額 | 億円 | 19,148 | 102,625 | 91,295 | 87,979 |
| 農産物輸出額 | 億円 | 630 | 2,089 | 1,685 | 4,431 |
| 農産物輸入額 | 億円 | 6,223 | 40,066 | 39,714 | 65,629 |
| 食料自給率（供給熱量） | % | 79 | 53 | 40 | 39 |

出所　農林水産省「食料・農業・農村白書参考統計表」
（注）販売農家は30a 以上または販売額50万円 / 年以上の農家

円をピークに減少して二〇一五年には八兆七九七九億円となった。農業人口や農地の減少だけでなく、生産額自体の減少が続いていることは、日本農業が全体として縮小過程をたどっていることを示している。

こうした変化は、一九五〇年代半ばに始まった高度経済成長によって引き起こされた。高度経済成長が誰の目にも明らかになった頃、並木正吉（一九一八―二〇〇八）はベストセラーとなった『農村は変わる』（一九六〇年、岩波新書）で、急速な経済成長が農村の若い世代の「地すべり的な移動」をもたらしていることを指摘した。農家の次三男は、戦前には義務教育卒業→分家・養子・就職（丁稚小僧や職人等）という経路をたどり、農村に残る者も多かったが、一九六〇年頃には、義務教育卒業→進学→賃労働への就職という新しい経路をたどって多くが農村に残らなくなり、さらには、農家の跡継ぎも農業を継がなくなった。その結果、農家の「補充不足」が明らかになるとして、明治・大正期以降続いた「農家五五〇万戸、農家人口三千万人、農業就業人口一千四百万人」という構造が維持困難になると警鐘を鳴らした。

並木はこのような動きの先に、「第二の地すべり」として家ぐるみ離村が大規模に発生し、農村において新しい大規模借地農業が成立することを展望した。しかし実際には、事態は別のかたちで進んだ。

家としての農家の離村は大量には発生せず、兼業農業が一般化した。その背景としては、高度経済成長が予想を超える勢いで進み、地方圏でも農家の兼業機会がたくさん生まれたこと、トラクター・コンバイン・田植機・収穫乾燥機などの農業機械化が急速に進展し、兼業農業を可能とする技術的基盤が確立されたことがある。こうして、高度経済成長が始まった頃に日本農業の大勢を占めていた稲作農業は、親の世代や兼業就業する子の世代の日曜労働などによって担われ、「三ちゃん農業」（じいちゃん、ばあちゃん、かあちゃん）、「二ちゃん農業」（じいちゃん、ばあちゃん）が一般化し、さらには「一ちゃん農業」までが増加した。一方、のちに触れるように、国民の所得の上昇により食生活は米中心から多様化し、農業生産も多様化する方向で発展した。

しかし、こうして続いた高度経済成長後の日本農業の構造も、いよいよ維持することが困難になってきた。それは、一つには都市に出た農家の跡取りが都市に定着して、農業に戻る動きが弱いことであり、二つには、中山間地域等の条件が不利な地域での農業の衰退がいちじるしいことである。こうして、戦後農業を担ってきた世代のリタイアが本格化するなかで、私たちは並木が指摘した「農家の補充不足」にあらためて直面している。

## 農業人口は維持できるか

日本における農業人口の減少を、基幹的農業従事者[1]の動向から押さえておこう。日本の基幹的農業従事者

図表1-2　基幹的農業従事者数の推移

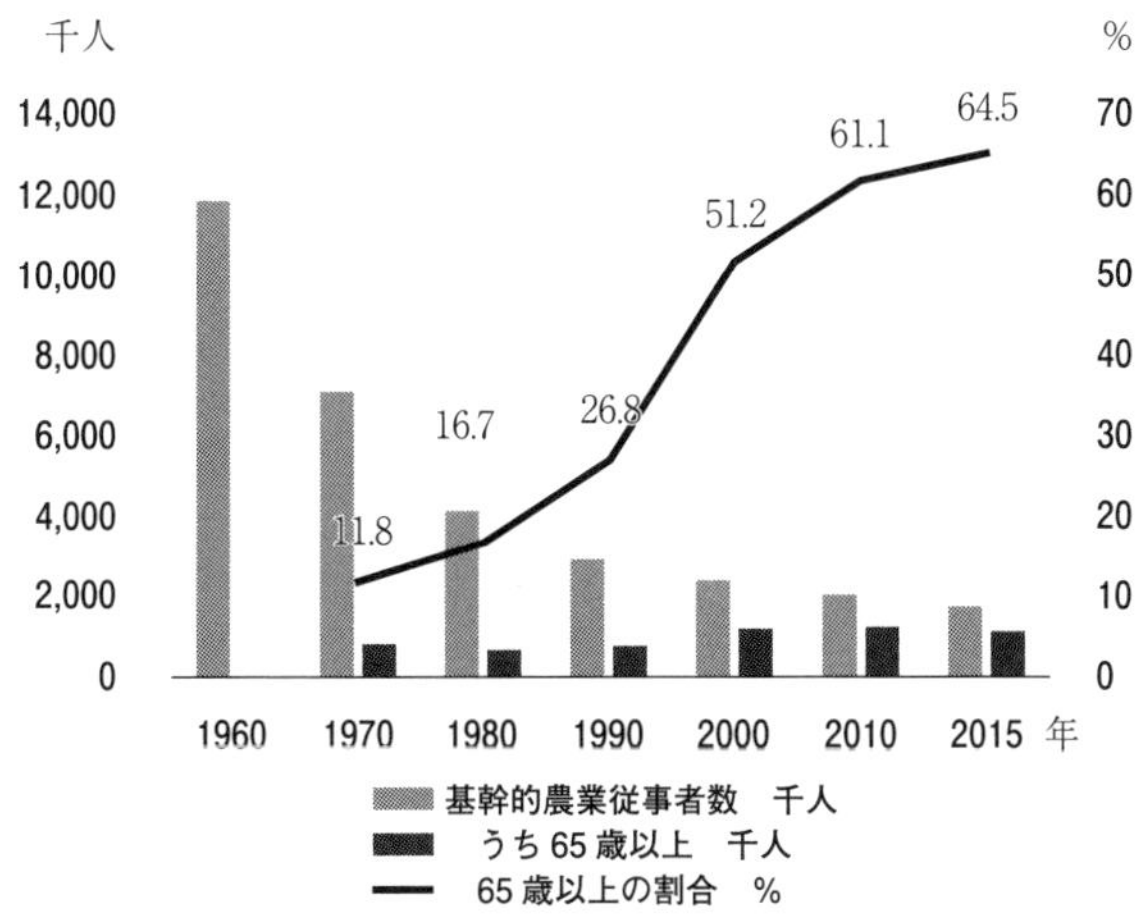


出所　農林水産省「農林業センサス」から作成

数は、一九六〇年には一一七五万人いたが、高度経済成長期が過ぎた一九八〇年には約三分の一強にまで減少した（図表1―2）。その後も減少が続き、二〇一五年には、一九六〇年の約一五パーセントにまで減少した。よくいわれるように、戦後の日本農業は昭和一桁世代によって主に担われてきた。高度経済成長とともに農家人口のかなりの数が流出し、残った昭和一桁世代が中心になって農業に従事してきた。その高齢化に伴い基幹的農業従事者の年齢も高くなり、六五歳以上の比率は一九七〇年の一一・八パーセントから二〇一五年の六四・五パーセントへと高まった。昭和一桁世代の中間年齢層にあたる昭和五年（一九三〇年）生まれの年齢は、一九六〇年には三〇歳、二〇一五年には八五歳である。その高齢化によっていよいよ日本農業の担い手に赤信号が灯っている。

もちろん、農外就業から農業に移る人たちもいる。以前は定年後に農業に戻る「定年帰農」が多かったが、近年は人口の「田園回帰」の傾向が生まれ、より若い世代が帰農する動きや、非農家出身者が田園に移住して新規就農する動きも強まっている。

**図表1―3**は、基幹的農業従事者数を一〇歳ごとにグルーピングして（コーホート：同時出生集団）、それが一〇年経過するにつれどう変化したかを表したものである。これはネット（正味）の純増減を表しているが、実際には、一〇年間に死亡した人や農外就業に転出した人がいるので、農外から農業就業に移った人はもっと多い。近年になるほど農業就業に移る勢いは強まっており、また、以前は農外流出の方が多かった三〇代から五〇代の働き盛り世代も、ここ二〇年ほどは農業に向かう人の方が多い。

しかし、たとえば一九八五年時点で見てもあきらかなように、基幹的農業従事者の年齢構成は高齢層に偏っているので、全体数は年を追うごとに急速に減少し、農業に向かう割合が上昇しても全体数を維持することは不可能である。このことから、田園回帰の流れをとらえて農業に新しい担い手を呼び込み、定着化させる取組みとともに、担い手の総数が大きく減少することを前提として農業を再編成することが新たな課題になっていることがわかる。

## 作目の多様化と農業生産のピークアウト

日本では、終戦直後から経済の復興期にかけて主食である米の増産に力が入れられ、一九六七年に米の自給を達成した。そして高度経済成長とともに農業生産は順調に拡大した。

一九六一年以降、農業基本法の下で選択的拡大政策が実施され、国民の所得の向上は米以外の多様な作物への需要を高めた。その結果、野菜、果実、畜産の生産が大きく増加した。

これを農林水産省の「生産農業所得統計」における農業総産出額でみると、一九六〇年の一兆九千億円から一九七〇年の四兆七千億円、一九八〇年の一〇兆三千億円と拡大したが、一九八四年の一一兆七千億円を

### 図表1-3　年齢別「基幹的農業従事者」数の変化

（単位　人、％）

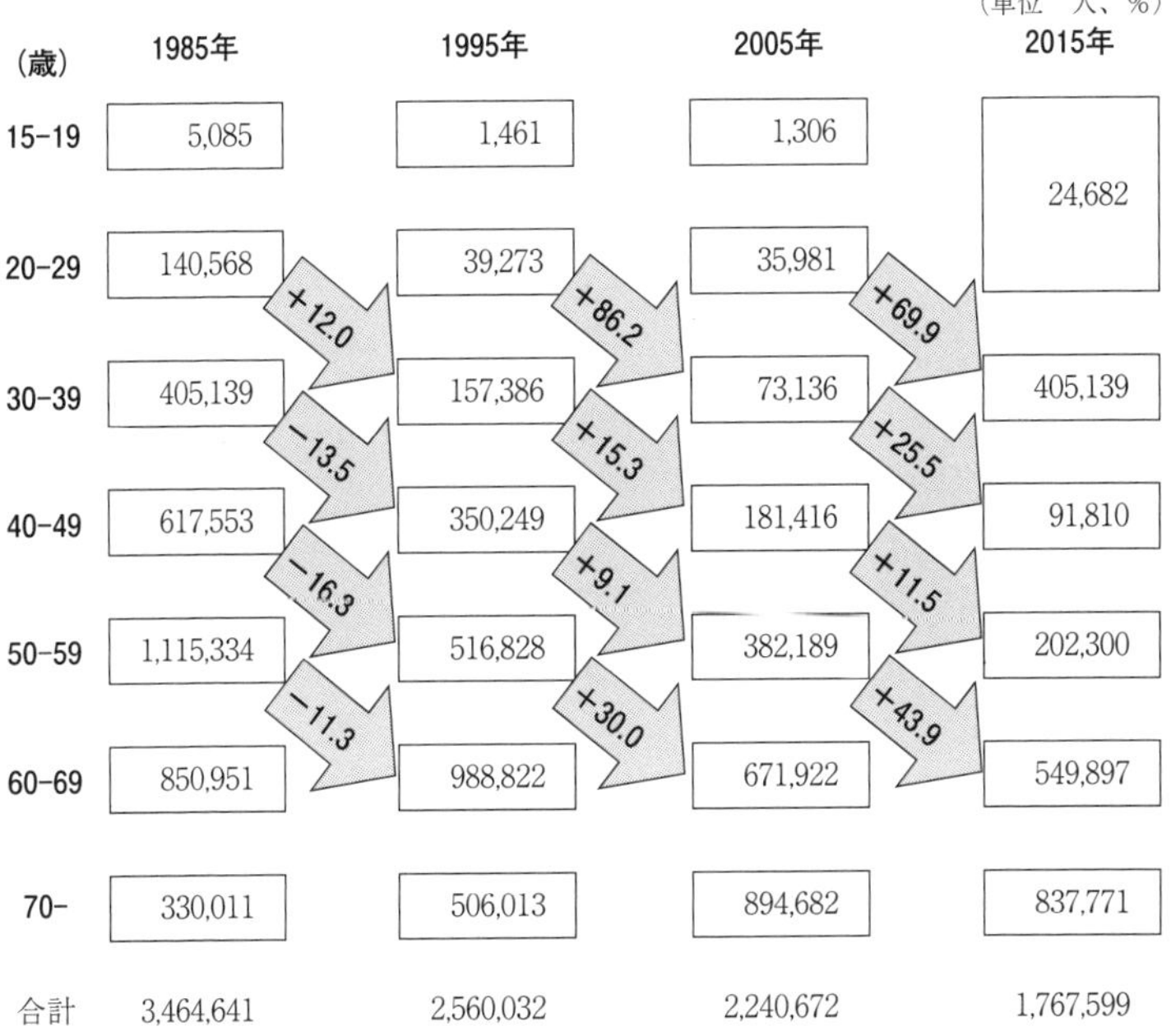

| (歳) | 1985年 | 1995年 | 2005年 | 2015年 |
|---|---|---|---|---|
| 15-19 | 5,085 | 1,461 | 1,306 | 24,682 |
| 20-29 | 140,568 | 39,273 | 35,981 | |
| 30-39 | 405,139 | 157,386 | 73,136 | 405,139 |
| 40-49 | 617,553 | 350,249 | 181,416 | 91,810 |
| 50-59 | 1,115,334 | 516,828 | 382,189 | 202,300 |
| 60-69 | 850,951 | 988,822 | 671,922 | 549,897 |
| 70- | 330,011 | 506,013 | 894,682 | 837,771 |
| 合計 | 3,464,641 | 2,560,032 | 2,240,672 | 1,767,599 |



出所　「農林業センサス」から作成
（注）「基幹的農業従事者」は，農業に主として従事した世帯員で，ふだんの主な状態が「仕事に従事していた者」

ピークに減少に転じ、二〇一五年は八兆八千億円とピーク時の四分の三の水準となっている。その要因としては、まず一九八〇年代以降に本格化した農産物の市場開放があげられ、さらに一九九〇年代以降はそれに加えて、担い手不足等の日本農業の足腰の弱さが年を経るごとに深刻になってきたことがあげられる。

ここで、米などの耕種農業と畜産に分けて、この間の推移を見てみよう。米の需要は一九六三年の一三四一万トンをピークに減少が続き、二〇一七年には八三八万トンにまで減少した。国民一人当りの年間米消費量は一九六二年には一一八・三キログラムであったが、二〇一五年には五四・六キログラムへと半分以下に減少したことがその要因である。このなかで生じた「米余り」への対応として、一九七〇年から過剰米処理が始まり、一九七一年からは米の生産調整が本格的に実施された。米の生産調整は、単なる休耕・減反ではなく、麦・大豆等の他作物への転換や、米粉などの新用途開発、飼料米生産の振興などによって進められている。二〇一八年からは、政府による生産調整目標面積の配分が廃止され、今後の需給への影響が注目される。

また畜産は、需要の拡大に合わせて生産が大きく拡大したが、飼養頭数のピークは酪農が一九八五年、肉用牛は一九九四年、養豚は一九八九年である。畜産物への需要が増加するなかで、国内生産の縮小が進んでいる（**図表1―4**）。国全体としての供給力の減退が続くなかで、ＴＰＰ（環太平洋経済連携協定）や日ＥＵ・ＥＰＡ（日ＥＵ経済連携協定）などで再び貿易自由化の大きな波が押し寄せつつある。それらが国内生産に及ぼす影響は、今後の日本農業のあり方を左右するほど大きなものになるだろう。

## 農業経営体と経営規模

農家数が大きく減少するなかで、経営規模の拡大が進んだ。

**図表1－4　畜産の長期的変化**

（千戸、千頭、千羽）

| | | 1960年 | 1980年 | 2000年 | 2015年 | 飼養頭羽数のピーク |
|---|---|---|---|---|---|---|
| 乳用牛 | 飼養戸数 | 410 | 115 | 34 | 18 | 1985年（2,111千頭） |
| | 飼養頭数 | 824 | 2,091 | 1,764 | 1,371 | |
| | 1戸当り（頭） | 2.0 | 18.1 | 52.5 | 77.5 | |
| 肉用牛 | 飼養戸数 | 2,031 | 364 | 117 | 54 | 1994年（2,971千頭） |
| | 飼養頭数 | 2,340 | 2,157 | 2,823 | 2,489 | |
| | 1戸当り（頭） | 1.2 | 5.9 | 24.2 | 45.8 | |
| 養豚 | 飼養戸数 | 799 | 141 | 12 | 5 | 1989年（11,866千頭） |
| | 飼養頭数 | 1,918 | 9,998 | 9,806 | 9,313 | |
| | 1戸当り（頭） | 2.4 | 70.8 | 838.1 | 1,928.2 | |
| 採卵鶏 | 飼養戸数 | 3,806 | 188 | 5 | 3 | 1993年（198,443千羽） |
| | 飼養羽数 | 90,006 | 164,716 | 188,892 | 175,733 | |
| | 1戸当り（羽） | 23.7 | 653.0 | 28,234.0 | 55,151.0 | |
| ブロイラー | 飼養戸数 | 21 | 8 | 3 | 2 | 1986年（155,788千羽） |
| | 飼養羽数 | 13,174 | 131,252 | 108,410 | 134,395 | |
| | 1戸当り（羽） | 624.0 | 15,796.0 | 35,175.0 | 56,947.0 | |

出所　農林水産省「畜産統計」から作成，ブロイラーについては，農林水産省「食鳥流通統計」等から鶏鳴新聞社が作成

（注）　養豚の2015年は2016年の数値，採卵鶏の1960年は1962年，1980年は1981年，2015年は2016年の数値，ブロイラーの1960年は1964年，1980年は1981年，2015年は2016年の数値，採卵鶏の１戸当りは成鶏めす羽数

耕種農業では、田畑ともに農家数と経営耕地面積は減少するなかで、一戸当りの面積は増加してきた。これを稲作についてみると、北海道では販売農家数は一九八五年の六万一千戸から二〇一五年の一万九千戸に減少したが、一戸当りの経営耕地面積は四・二ヘクタールから一〇・二ヘクタールへと二・四倍になった。北海道では、都府県とくらべて農地売買による規模拡大が円滑に進んだ。一方、都府県では、販売農家数は一九八五年の二九一万戸から二〇一五年の一一一万戸に減少したが、一戸当りの経営耕地面積は〇・八ヘクタールから一・三ヘクタールに拡大したにとどまっている。都府県では地価の高さが規模拡大のネックになっており、農地の売買だけでなく農地の貸借や作業委託によって、実質的な規模拡大を進めた。その結果、都府県でも大規模な経営体が数多く成立しているが、農地の分散錯圃（所有する農地が分散していること）と小規模な区画、中山間地域での傾斜が大きいことなども規模拡大の阻害要因であり、最近は労働力不足が深刻で、これ以上の規模拡大には限界があるとする経営が増えている。

日本は国土面積の三分の二を森林が占め、山がちな地域が多い。農林水産省は国土を「都市的地域」「平地農業地域」「中間農業地域」「山間農業地域」に区分し、「中間農業地域」と「山間農業地域」を合わせて「中山間地域」と呼んでいる。これは、農業を行ううえで他の地域より条件の不利な地域であるともいえるが、そこにある耕地面積が全国の約四割を占めている。これらの地域では、寒暖差を生かした美味しい米が作られるなど、地域の特性を生かした農業が営まれるが、農地の傾斜度は大きく、小区画であり、農地を担い手に集約して規模拡大を図ろうとする農政の推進は難しい。

一方、畜産においては、経営規模の拡大が大きく進んだ（図表1―4）。これは、零細な農家が退出する一方で、専業的な経営が積極的に規模拡大した結果であり、規模のみで見れば、国際的に遜色ない経営も多い。しかし日本は、土地の制約から、飼料に占める自給飼料の割合はきわめて低く、輸入穀物から作られる

図表1-5　認定農業者数の推移

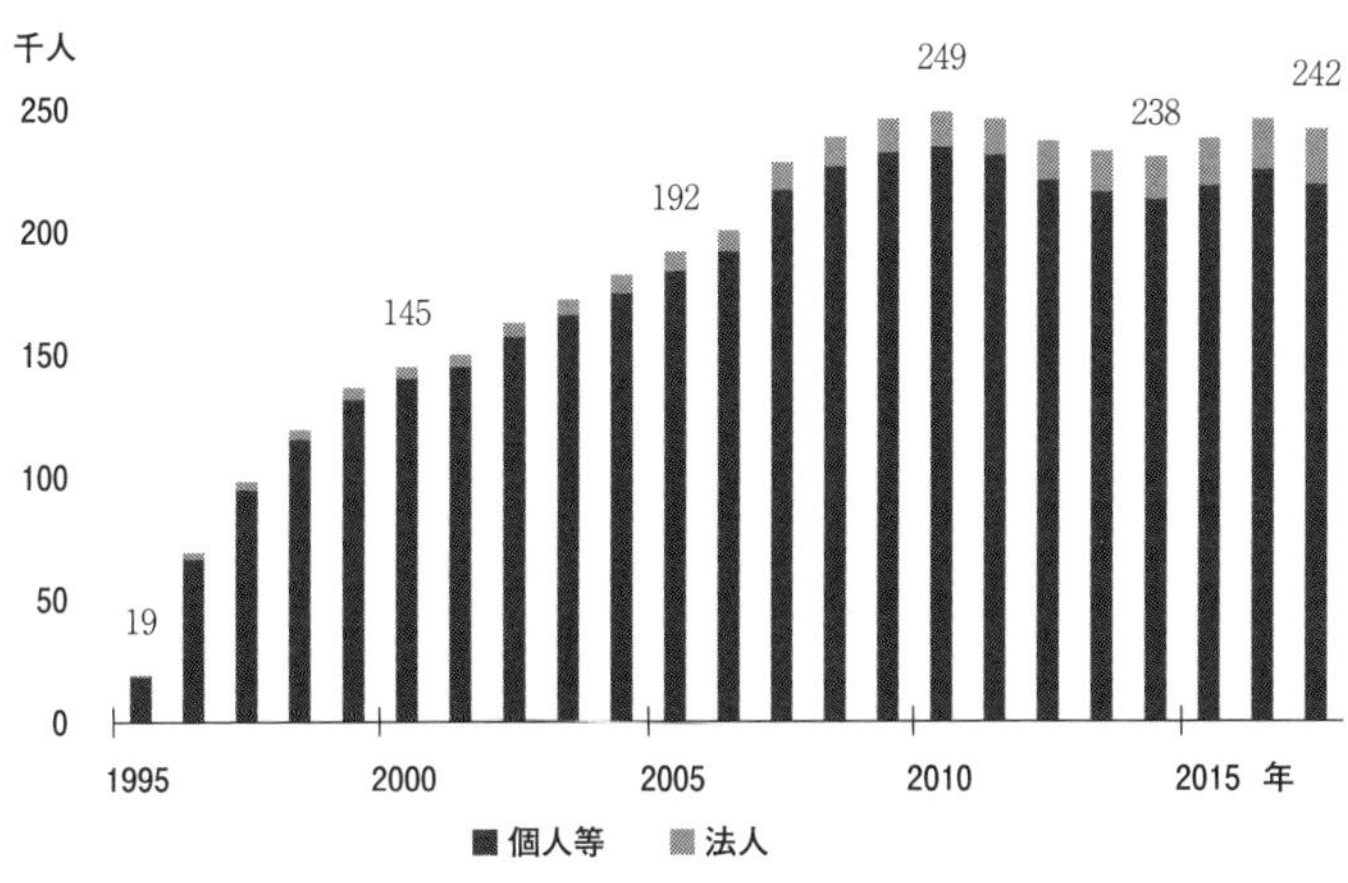


出所　農林水産省「認定農業者等の認定状況」から作成
（注）　各年の３月末現在

濃厚飼料への依存度が高いことがコスト高の原因となっている。そして、一九八〇年代から進んだ貿易自由化の下で、日本の畜産経営は大きな試練の局面にある。

## 日本農業を誰が担うのか

日本の農家数は急速に減少を続けているが、これからどのような人や組織が農業を担うのだろうか。

まず担い手として重視されるのは、一九九三年に農業経営基盤強化法によって創設された「認定農業者」である（図表1—5）。五年間の経営改善計画を市町村によって認定された農業者に支援を集中するというもので、二〇一七年三月末現在二四万二三〇四の農業者が認定を受けている（うち、法人は二万二二八二経営体）。

認定農業者は制度発足後継続して増加したが、二〇一〇年をピークに横ばい傾向である。その原因は、五年の計画期間が終了したものの、高齢化を理由に再認定を申請しない農業者が多いためである。新規認定者もかなりあるものの、全体としては頭打ちになっている。なお、法人の認定農業者数は一貫して増加しているが、最近でも全体の九パーセントにすぎない。政府は認定農業者を「効率的かつ安定的な経営体」として、これに農地利用の大部分を集約するビジョンを描いているが、高齢化による認定農業者自体の伸び悩みと、中山間地域等条件の不利な地域における規模拡大の困難さによって、その先行きは厳しい。

もうひとつのタイプの担い手として期待されるのが、「集落営農」である。これは、集落の構成員が話し合い、地域ごとに担い手と各農家の役割を明確にして、集落を単位として営農に取り組むものである。集落としての営農計画の策定、農業機械の共同所有、農地の集積、集落内の土地利用調整など、さまざまな取組みを行う。中山間地域等条件の不利な地域では担い手が不足しており、地域の農業を維持するために不可欠ともいえる仕組みである。二〇〇二年の「米政策大綱」では、集落営農が認定農業者と並ぶ担い手として位置づけられた。集落営農数は、二〇一〇年頃から頭打ち傾向である（図表1―6）。法人の集落営農は増加しているが、非法人は減少傾向に転じており、ここにも農家人口の減少と高齢化の影響がみられる。

今後、集落営農への抜本的な支援や、複数集落による集落営農への取組みなどが必要になる。あえて大胆に言えば、集落営農支援が農山村の人口減少と高齢化への受身の対症療法にとどまるならば、それは持続可能ではなく、早晩解体の危機を迎える集落営農が増加するだろう。単なる対症療法ではなく、積極的な農業・農村像を描き、それに向けて集落営農を機能させていく方策が必要である。そしてそのために残された時間はきわめて少ない。

農業経営体が大きく減少する一方で、法人経営体のシェアは小さいものの増加している（図表1―7）。このうち、「会社」は株式会社が多いが、その多くは、二〇〇六年の会社法施行以前に有限会社であった

## 図表1-6　集落営農数の推移

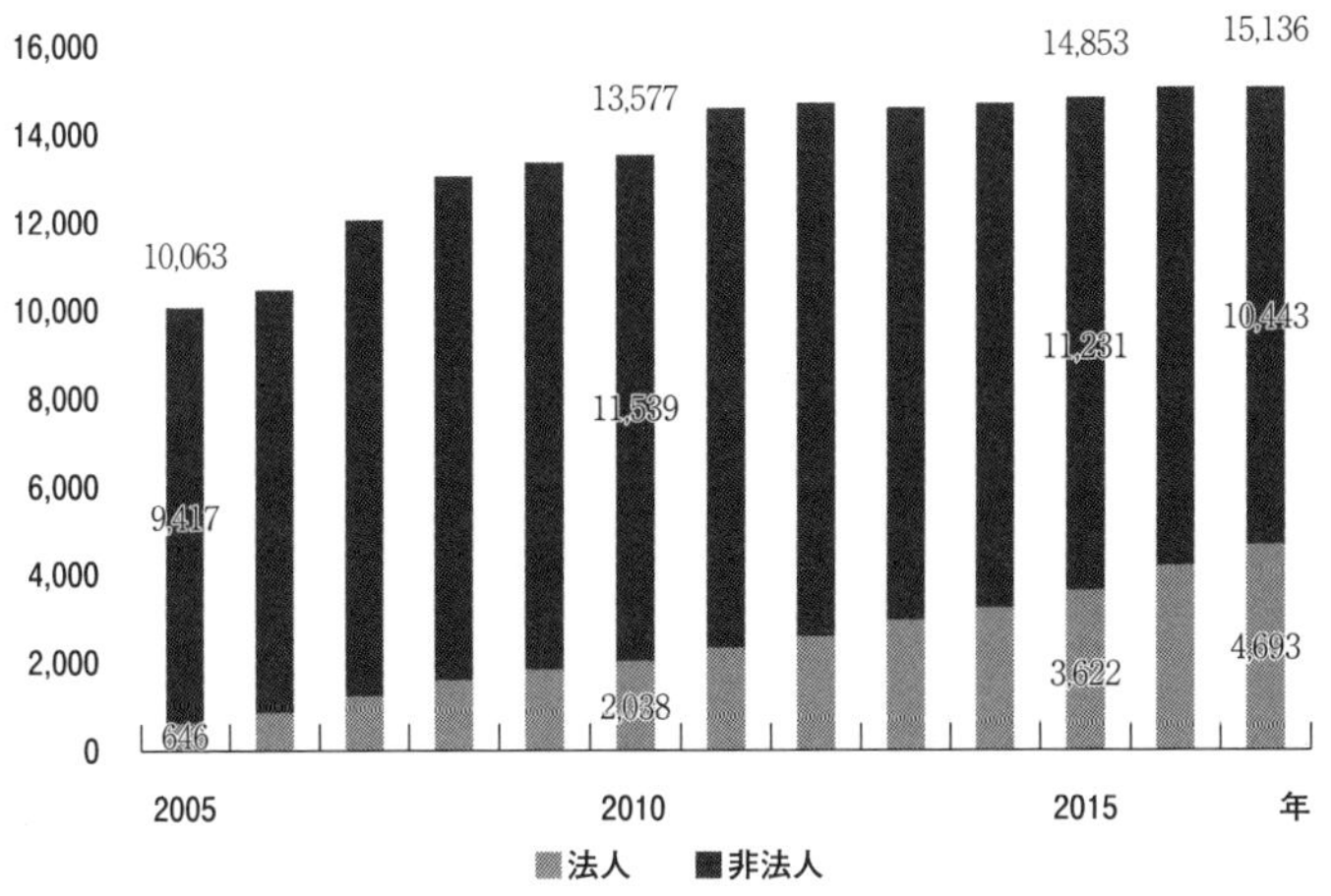


出所　農林水産省「集落営農実態調査」から作成

## 図表1-7　組織形態別農業経営体数

| | 2005年 | 2010年 | 2015年 |
|---|---|---|---|
| 農事組合法人 | 2,610 | 4,049 | 6,199 |
| 会社 | 10,982 | 12,984 | 16,573 |
| その他法人 | 5,544 | 4,594 | 4,329 |
| 法人化していない | 1,990,244 | 1,657,457 | 1,350,165 |
| 家族経営体 | 1,979,016 | 1,643,518 | 1,339,964 |
| 合計 | 2,009,380 | 1,679,084 | 1,377,266 |

出所　農林水産省「農林業センサス」から作成
（注）「法人化していない」には地方公共団体・財産区を含む

「特例有限会社」である。規模も大きく、また農作業を広範囲に受託して地域の農業を支えている法人経営体も多い。そういう意味では、現在の農業の「光」の部分であり、社会的に注目されることも多い。しかし大規模な法人経営が成立するのは、条件の良い平場農村が中心であり、これらが日本農業の大部分を担うようになるのは、不可能である。個々の経営に着目して、創意あふれる元気な経営が育てばそれでよいと考えるのか、農業全体をみて望ましい姿に向かっているかどうかを考えるのかによって、見方は正反対に変わる。

さらに、個別農家・集落営農・法人経営すべてに共通する問題として、人材不足が深刻だ。認定農業者や法人経営で、野菜、畜産、果樹など労働力を多く必要とする経営では、雇用労働力に多く依存しているが、近年は、労働力不足からの制約が強まっている。労働力の確保が十分できないために廃業したり経営規模を縮小したりするケースも増加している。

このため、外国人労働力に依存する経営体も多いが、その受け皿となる外国人技能実習生制度は、劣悪な就業条件のため、国際社会からは人身売買だとの批判も多い。また実習生側の動機は、ほとんどが単なる就労目的であり、技能を海外移転するという目的は事実上の空文句となっており、不法滞在化の問題もある。さらに、送り出し国の経済が発展すると他の分野に就業する人が増え、すでに農業分野の実習生は中国からベトナムなど東南アジア諸国にシフトしている。こうした傾向は将来も続くとみられ、長期安定的な受入れができるのか、疑問が大きい。

このため農業の現場からは、外国人にも単純労働を開放し、積極的な移民政策に転換すべきだとの声が強い。政府は二〇一八年六月に「骨太の方針」を公表し、外国人労働者の受入れを拡大するための新しい在留資格を設ける方針を示したが、外国人労働力や移民受入れについての正面からの本格的な議論はほとんど行われていないのが現状である。

以上にあげていない重要な担い手として、小規模な家族経営がある。いま世界では、家族経営こそが貧困や飢餓を克服し天然資源や地球環境を保全するうえで重要だという認識が高まっている。このため、国連は二〇一四年を「国際家族農業年」と位置づけて家族農業の持続的発展のための活動を推進した。さらに二〇一九年から二八年までを「家族農業のための一〇年」として取組みを発展させようとしている。

また、詳しくは以下の第三節でとり上げるが、日本の置かれた自然条件の下で、労働集約的な農法が日本農業の農法を特徴づけるものであり、その意味でも家族農業は日本においてもきわめて重要な存在である。そして、農地・水路・農道などの維持管理や、環境の保全など農業の多面的機能の維持、食料自給への貢献、兼業農業や生きがい農業が地域社会の維持に果たしている貢献、新しいライフスタイルを求めて都会から農村に移住する人々の生業としての受け皿等、家族農業の持つ意義は多様であり、今後における日本の農業・農村像のなかにも、家族農業をしっかりと位置づける必要がある。農林水産省の政策のなかに、国連の取組みを積極的に受け止めるものがまったくないのは、どうしたことだろうか。

近年は、農業の分野でもドローンを活用する動きが活発である。さらに、ロボット、ＩｏＴ（Internet of Things さまざまなモノに通信機能をもたせ、インターネットを介して相互に制御すること）、ＡＩ（人工知能）などの活用も急速に普及すると予想され、これらは労働力問題への一定の解決策となることも期待される。しかしその場合でも、農場個々の条件をふまえて適切な営農を行ううえでは、多くは熟練した担い手の存在が不可欠であろう。今のところ、新しい技術によって日本農業の担い手不足を根本的に解決することは不可能である。

日本農業は将来誰が担うのか、確たる答えが見いだせないままに、問題が先行して深刻化している。本書のタイトルを『農家が消える』としたことは、このような状況に対する私たちの危機感の表れである。日本の農政は、このような問題に対応できるものになっていない。

### 食料自給率をめぐって

日本の食料自給率は大きく低下した（図表1―8）。近年は、米はミニマム・アクセス米[2]の輸入はあるもののほぼ一〇〇パーセント自給しており、野菜は八〇パーセントと高い自給率だが、米を除く穀物、大豆、肉類等の自給率は大きく低下した。供給熱量ベースでの自給率は二〇一七年で三八パーセントとなっている（概算値）。

外国の食料自給率はどうなっているのだろうか。国際比較が可能な穀物自給率で比較したのが図表1―9である。欧米の主要先進工業国は、食料自給率が一〇〇パーセントを超え、輸出超過国となっている。このなかで興味深いのは英国である。英国は産業革命後、自由貿易政策を進め、また広大な植民地からは安い食料が大量に輸入されて、食料の対外依存が深まった。しかし第一次・第二次世界大戦で深刻な食料不足を経験し、戦後は食料の国内自給を重視する政策に転換した。その結果、自給率は上昇し、近年も穀物自給率はおおむね一〇〇パーセントを超える水準を維持している。

食料自給率をめぐっては、日本でさまざまな議論がある。生産額ベースの食料自給率は六八パーセント（二〇一六年、速報値）と比較的高いため、供給熱量自給率の低さを強調することは政策的にミスリーディングだという主張がある。供給熱量自給率は農産物の市場開放が問題とされはじめた一九八七年から公表されるようになったことや、日本・韓国以外の国では算出されていないことを理由として、農業の国内保護を正当化するために農林水産省が意図的に供給熱量自給率を公表しているのだという主張もある。また、食料輸入が途絶すれば食料自給率は一〇〇パーセントになるのだから、そもそも食料自給率を政策目標に掲げるこ

## 図表1-8　日本の食料自給率

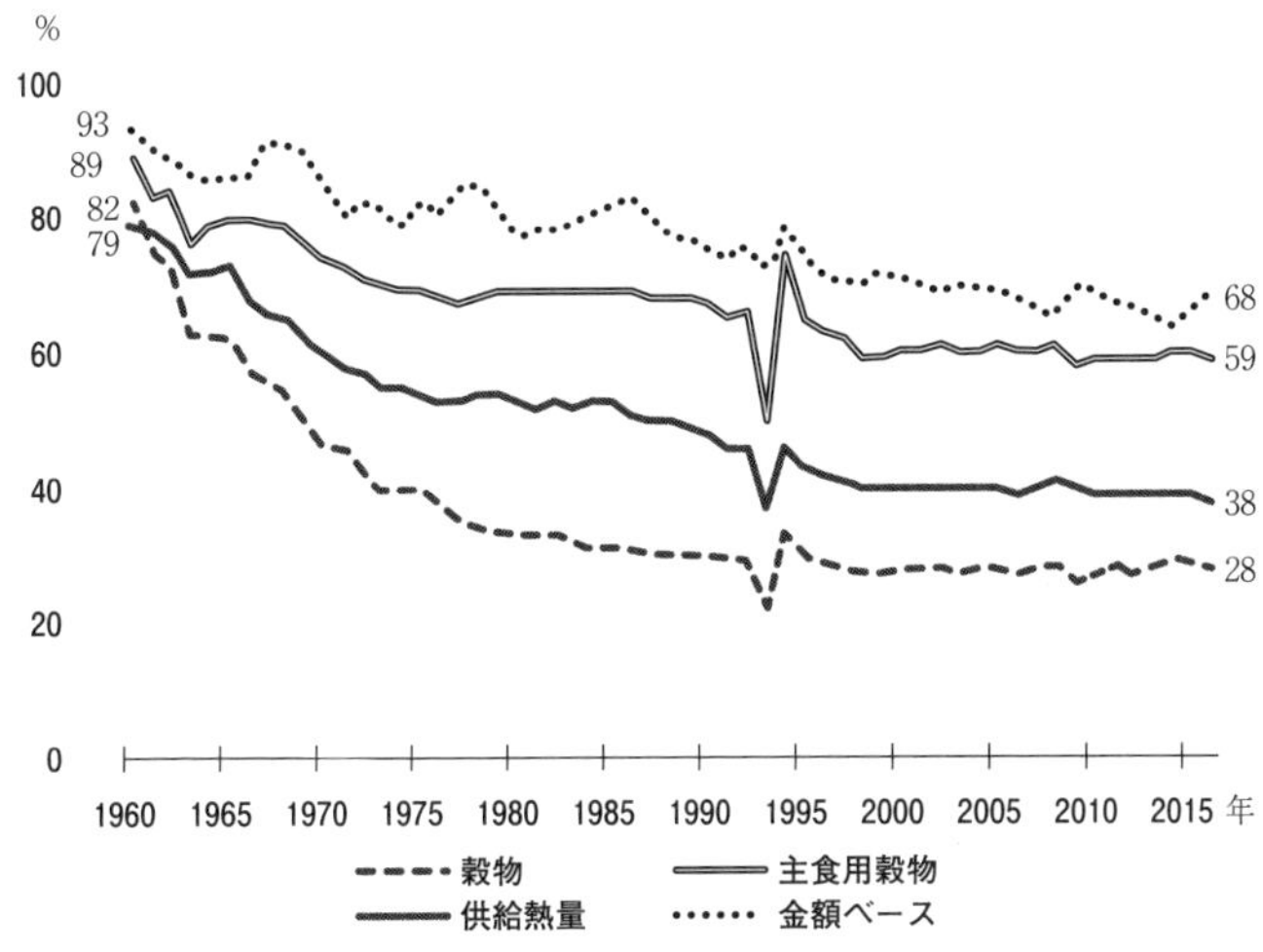


出所　農林水産省「食料需給表」から作成

## 図表1-9　主要国の穀物自給率

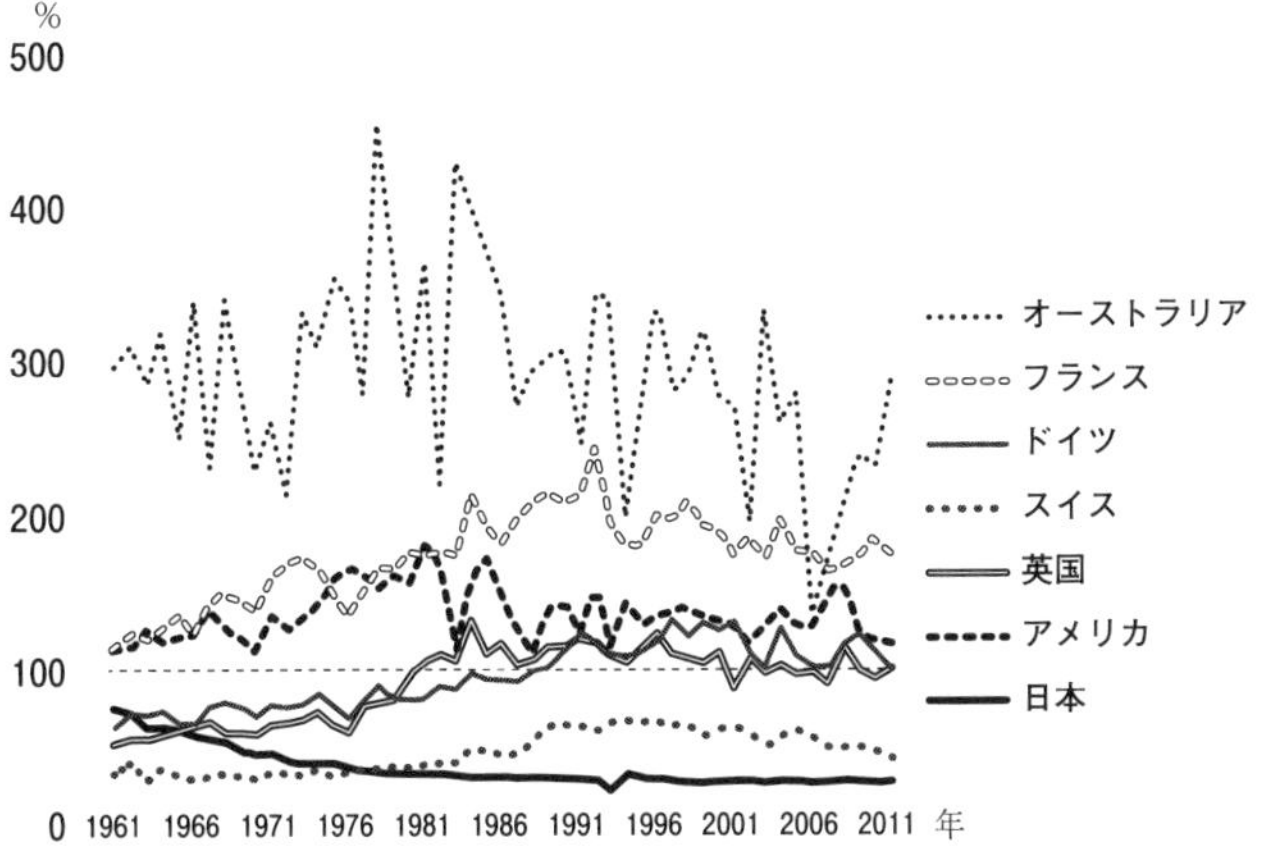


出所　農林水産省「食料需給表」から作成

と自体が無意味だという意見もある。

しかしここで重要なのは、どのような目的のために食料自給率という指標を使うのかということだ。それぞれの自給率にはそれぞれの意味があるが、食料の輸入大国日本にとってもっとも重要なのは、食料輸入ができない不測の事態が発生した際に、国民の食料をどれだけ国内で自給できるかという意味での、食料安全保障上の危険度を表す指標である。そのような、国民の生存を確保するための指標としては、供給熱量自給率がもっとも重要である。もちろん、「輸入が途絶すれば自給率は一〇〇パーセントではないか。飢餓がひろがる極貧国でも自給率一〇〇パーセントはありうるのだから、自給率が高ければよいというものではない」という意見は成り立ち得るが、だから食料自給率に意味がないというのは詭弁である。

農林水産省の食料需給表では、食料自給率だけでなく、国民一人当りの供給熱量などを詳細に把握し、公表している。日本は豊かな食生活を実現したにもかかわらず食料の対外依存度がきわめて高いからこそ、食料自給率の引き上げを国の政策目標に掲げることが必要なのである。

## コミュニティの危機と新しい風

山地がひろがり国土の傾斜の大きい日本では、中山間地域は全国の農地の四割、林野の八割、総人口の一四パーセント、農家人口の四割を占める。この中山間地域から、日本の農業と地域社会が直面する問題が深刻になりつつある。それは農業の危機であるとともに、人口減少と高齢化によってもたらされる地域社会の危機でもある。

日本の農村が直面している危機を「農業集落」をとおして見てみよう。日本の農村では、農業集落を基礎的な単位として、農地や農業水利施設などの管理が共同で行われてきた。また集落は、住民が相互に助け合

図表1-10　規模別に見た農業集落数の変化

| 総戸数 | 2010年 | 2015年 | 5年間の増減 | 2015年の構成比（%） |
|---|---|---|---|---|
| ～9 | 9,191 | 10,311 | 1,120 | 7.5 |
| 10～29 | 34,068 | 34,176 | 108 | 24.7 |
| 30～49 | 24,773 | 23,769 | －1,004 | 17.2 |
| 50～99 | 27,977 | 26,947 | －1,030 | 19.5 |
| 100～149 | 11,867 | 11,614 | －253 | 8.4 |
| 150～199 | 6,444 | 6,373 | －71 | 4.6 |
| 200～299 | 7,356 | 7,260 | －96 | 5.3 |
| 300～499 | 6,646 | 6,635 | －11 | 4.8 |
| 500～ | 10,854 | 11,171 | 317 | 8.1 |
| 合計 | 139,176 | 138,256 | －920 | 100.0 |

出所　農林水産省「農林業センサス」から作成
（注）　非農家を含む総戸数の規模別集計

い、祭りなどの文化を継承していく場でもあった。集落は、住民がその地域で生産活動を行い、生活をしていくうえで欠かせない場なのである。しかし農業集落は急速に進む人口減少と高齢化の波に直面しており、消滅の危機にある集落も生まれている。

農林水産省の「農林業センサス」によれば、二〇一五年の農業集落は一三万八千集落あるが、そのうち中山間地域にある農業集落は七万三千集落で、全体の五三パーセントを占めている。非農家を含む総戸数の規模でみると、二九戸以下の小規模集落が全体の約三分の一を占めており、統計のとれる過去五年間の動きをみると、小規模集落が増加する一方で、総数が減少している（図表1―10）。とくに、九戸以下の極小規模集落の増加がいちじるしい。一九九〇年代に高知大学教授であった大野晃は「限界集落」という概念を提唱し、過疎・高齢化によってもたらされる深刻な問題を提起したが、集落の消滅はすでに始まっているのである。

このような状況は、農業生産などの経済活動と、地域の生活の場としてのコミュニティの両面に影響を及ぼす。

まず農業生産についてみよう。日本の農家は戦後一貫して減少してきたが、政府の基本的な対応は、退出する農家の農地を残存する農業経営に集約し、規模拡大を進めることで構造改革を実現するというものであった。

ここで水田経営体を北海道と都府県に分け、さらに都府県を過疎地域・山村地域・特定農山村に指定されている地域とそれ以外の地域（主に平場農村と都市的地域）に分けてみると、北海道と都府県の規模の差は歴然としており、しかも北海道は規模拡大のテンポが速い（**図表1―11**）。一方、都府県では規模が小さく、とくに過疎・山村地域では二〇一五年でも一戸当り一・四ヘクタールにすぎない。

さらに、米以外の作目を含む全体について、「主業農家」（農業所得が主で、年間六〇日以上農業に従事する六五歳未満の世帯員がいる農家）の有無別に農業集落と経営耕地面積を見たのが**図表1―12**である。ここで問題となるのは、離農する農家が所有する農地の受け皿になる主業農家や組織経営体が確保されているかどうかである。主業農家も組織経営体もない集落の割合は、北海道では二〇パーセントと比較的小さいが、都府県の「過疎・山村以外」では三分の一、「過疎・山村」では半数近くにのぼっている。これらの農業集落にどれだけの農地があるかは、農業センサスで集計されていないので不明であるが、都府県の「過疎・山村地域」の農地だけで全国の農地の三割を占めていることから、今後、離農農家の農地の受け皿となる担い手が絶対的に不足することが懸念される。もちろん、担い手が複数集落にまたがって農地を引き受けることはあるので、必ずしも当該集落に担い手がなければならないわけではないが、担い手がいない集落の営農条件は周辺地域と似ていることが多いので、深刻な問題だというべきである。

つぎに、近年顕著になっている田園回帰の傾向にも着目する必要がある。総務省の調査[3]によれば、都市住

## 図表1-11　水田経営体数と経営面積

（経営体、ha）

| | | 経営体数 | | 経営面積 | | 平均規模 | |
|---|---|---|---|---|---|---|---|
| | | 2005年 | 2015年 | 2005年 | 2015年 | 2005年 | 2015年 |
| 北海道 | | 28,631 | 19,205 | 225,521 | 209,012 | 7.88 | 10.88 |
| 都府県 | 過疎・山村以外 | 1,018,398 | 604,719 | 1,195,031 | 1,007,993 | 1.17 | 1.67 |
| | 過疎・山村 | 667,611 | 502,861 | 640,486 | 712,831 | 0.96 | 1.42 |
| 合計 | | 1,714,640 | 1,126,785 | 2,061,038 | 1,929,836 | 1.20 | 1.71 |

出所　農林水産省「農林業センサス」から作成
（注）　過疎・山村は，過疎地域，振興山村，特定農山村のいずれかに指定された地域

## 図表1-12　主業農家等の有無別農業集落数（2015年）

| | | 主業農家あり | | 主業農家なし | | 農業集落合計 | 経営耕地面積（万 ha） |
|---|---|---|---|---|---|---|---|
| | | 組織経営体あり | 組織経営体なし | 組織経営体あり | 組織経営体なし | | |
| 全国 | | 17,878 | 58,935 | 6,666 | 54,777 | 138,256 | 342 |
| | 構成比（%） | 12.9 | 42.6 | 4.8 | 39.6 | 100.0 | 100.0 |
| 北海道 | | 1,474 | 3,989 | 178 | 1,440 | 7,081 | 105 |
| | 構成比（%） | 20.8 | 56.3 | 2.5 | 20.3 | 100.0 | 30.6 |
| 都府県 | 過疎・山村以外 | 8,560 | 29,401 | 3,023 | 21,658 | 62,642 | 133 |
| | 構成比（%） | 13.7 | 46.9 | 4.8 | 34.6 | 100.0 | 39.0 |
| | 過疎・山村 | 7,844 | 25,545 | 3,465 | 31,679 | 68,533 | 104 |
| | 構成比（%） | 11.4 | 37.3 | 5.1 | 46.2 | 100.0 | 30.4 |

出所　農林水産省「農林業センサス」から作成

（注）　過疎・山村は，過疎地域，振興山村，特定農山村のいずれかに指定された地域
経営耕地面積の構成比は全国に対する比率

民に農山漁村地域への移住に対する考えをたずねたところ、「移住する予定がある」が〇・八パーセント、「いずれは移住したいと思う」が五・四パーセント、「条件があれば移住してみてもよいと思う」が二四・四パーセントと、移住に積極的な考えの回答が約三〇パーセントにのぼった。なかでも二〇代と三〇代の男性は四三パーセントが移住に積極的な回答をするなど、若い世代には移住を前向きに考える傾向が出ている。その理由としては、自然環境に恵まれたところで暮らしたい、都会の喧騒を離れて静かなところで暮らしたい、環境に優しい暮らしをしたい、働き方や暮らし方を変えたい、などが多く、またとくに女性の若い世代では、豊かな自然に恵まれた良好な環境のなかで子どもを育てたいとする理由も多い。

このような傾向は、自然環境が破壊され、行き過ぎた競争のなかで格差が拡大し、生きがいを感じることが難しくなった今日の大都市における問題の反映でもある。こうした問題を解決するためにも、農山村が持続可能である必要があり、その再生が求められている。田園回帰の動きを積極的にとらえ、これからの人間と自然の新しい関係の再構築を図ることが重要であり、農村問題の解決もそのような視野のもとに進めるべきである。

## 2 「農業・農協改革」で噴出する議論と対立

### 強い農業・攻めの農業

日本の農業政策は、二〇一二年一二月の第二次安倍政権の発足以降、大きく変貌した。その内容には、かつての政策や議論のなかにも萌芽的にみられたものも少なくないが、それらが研ぎ澄まされたかたちで提起され、官邸主導で素早く実行に移されたことは、農政や農業協同組合等のあり方をめぐる激しい議論と対立を呼び起こした。そして、日本の農業・農政をめぐって、埋めることのできない巨大な溝があることをはっきりとさせた。

本書は時々の政権の政策を詳しくとり上げるのが目的ではないが、この政策は日本の農業と農政のあり方を考えるための格好の素材となっているため、簡単にその内容を検討しておこう。

二〇一三年一二月、「政策改革のグランドデザイン」として、「農林水産業・地域の活力創造プラン」がとりまとめられた（以後、逐次改訂）。この政策はさまざまな議論と対立を呼び起こしたが、その問題点として、大きく分ければ以下の三点があげられる。

第一は、この政策が、「成長産業化」に大きくシフトし、強い経営の創出に重点が置かれており、日本で大きな割合を占める中・小規模農家は眼中にないことである。そして、農林水産物の輸出に過大な期待がかけられている。そこでは「所得倍増」が謳われたものの、これは農業所得の倍増ではなく、「農業・農村全体の所得の倍増」であり、六次産業化[4]や農村部での企業活動によって生まれる所得も含まれている。したがって、「攻めの農林水産業」をめざす政策は、いままで見てきた農業・農村問題とかみあうものになっていない。

第二に、政策の手法が規制改革に大きくシフトしたことである。農協・農業委員会の改革や農地集約のための組織新設が推進されたが、その内容は規制や制度の緩和・廃止に偏っている。この改革は、農業と地域社会が、そこに住む人々の協同によって営まれていること、また農業・農村の困難を克服していくうえで、農業者や地域の人々の自発的な力を生み出すことが重要であることを見ていない。

第三に、この政策は産業政策と地域政策を車の両輪とするとしているが、両政策の整合と連携が図られているとは言い難い。その後に打ち出された「地方創生」政策と合わせてみても、有効な地域政策とはなっていないのである。

以下、それぞれの点について検討しよう。

**農業は「成長エンジン」になりうるか**

このプランには、「攻めの農林水産業」「強い農林水産業」「農業の成長産業化」「美しく活力ある農山漁村」「農業・農村全体の所得を倍増」などの言葉が並ぶ。そして、輸出促進、六次産業化推進、農地の「担い手」への集約、民主党政権時代の戸別所得補償政策から脱却した経営所得安定対策の見直しと日本型直接支払制度の創設、さらには、農協改革などが目玉政策としてあげられ、二〇二三年度までに「担い手」の農地利用が全農地の八割を占める農業構造を確立するとした。なお、「担い手」とは、市町村によって認定された「認定農業者」など、政府が支援を集中する先としている農業者のことである。

そこで、「担い手」への農地集積の目標と実績を比較してみよう。現状では、農地面積全体は減少を続けており、そのなかで担い手の利用面積の増加によって、担い手の利用割合が徐々に上昇している（図表1―13)。二〇〇一年から二〇一六年までの一五年間における担い手割合の上昇は、二四・五ポイント（年平均一・六三ポイント）である。農地集約政策の切り札として農地中間管理機構が発足した二〇一四年から二〇一六年までの担い手割合の上昇は三・六ポイント（年平均一・八〇ポイント）となったが、これが今後続くと仮定しても、二〇二三年の担い手の割合は六四・九パーセントと目標に遠く及ばない。二〇二三年に八割の農地を集約するためには、二〇一七年以降の年平均上昇ポイントを直近の伸びの二・二倍にする必要があるが、現実的とは思われない。

図表1-13 「担い手」への農地集積（実績と目標）

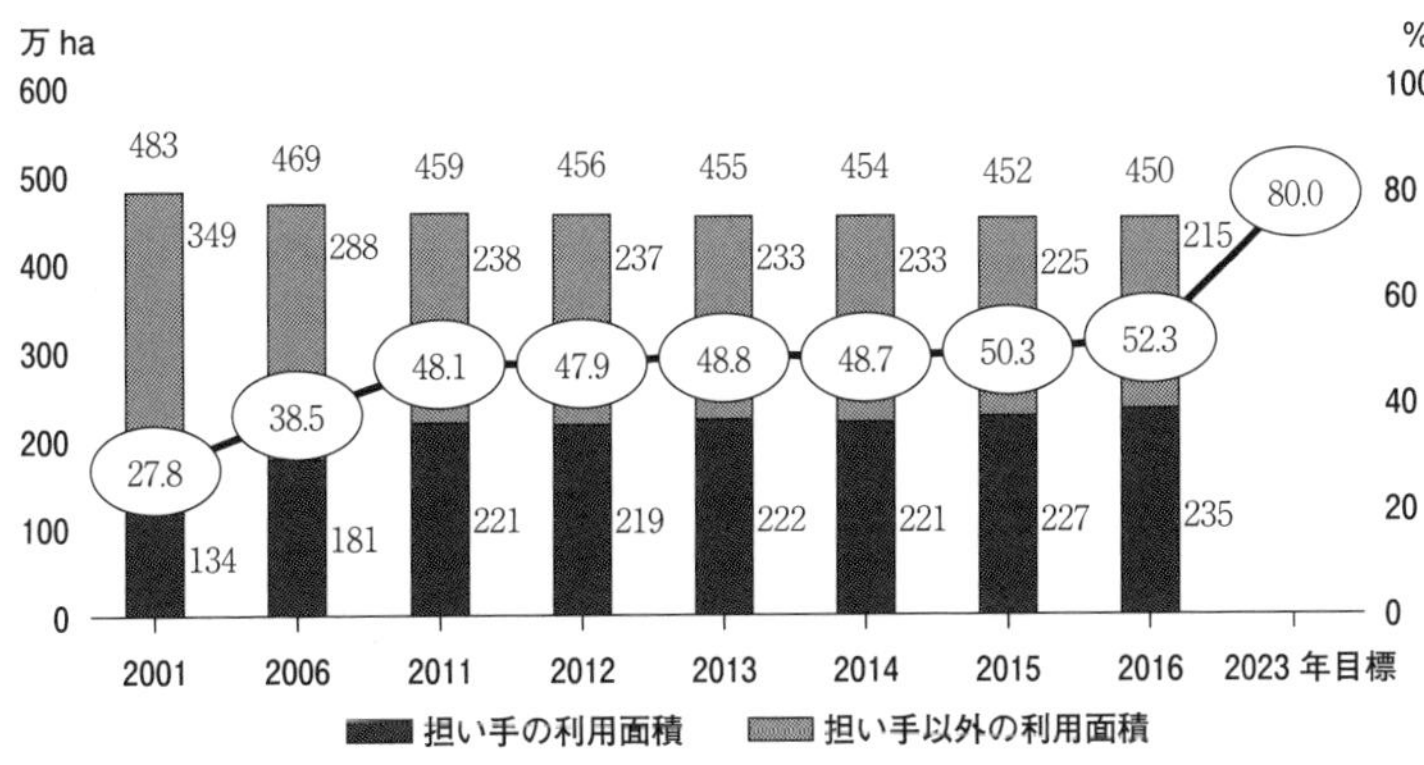


出所　農林水産省「食料・農業・農村白書参考統計表」から作成
（注）　利用面積：自作地，借入地，作業受託地の合計

これは、関係者の努力が不足しているからであろうか。それとも、目標の設定がおかしいのだろうか。担い手への農地集積は、まず平地などの営農条件の良いところから進んだと考えられる。しかし全農地の八割を集積するという目標は、中山間地域など条件の不利な地域での集積も加速しなければ達成できない。一方、中山間地域では、農地の出し手は増加しているものの、受け手が少ない。このため担い手への集積が思うように進んでいないのである。

**図表1―12**で見たように、今後、離農する農家の農地の受け皿になる主業農家や組織経営体がいない集落は相当の割合に達する。全国で八〇パーセントの農地を担い手に集積することが可能なのか、大いに疑問の湧くところである。

しかしじつは、担い手に八割の農地を集約するという目標は、視点を変えれば容易に達成できるのである。農地集約が難しい地域で離農が進み、農地の非農地化が進めば、それは自然に達成されるだろう。「農林水産業・地域の活力創造プラン」は、担い手に八割集約、という目標や、法人経営体数の目標は掲げているが、農地面積をどれだけ確保するのか、全体の農業経営体数はどうなのか、という目標を設定していない。これは逆に言えば、総農地面積が減っても担い手の農地面積割合が上昇し、「攻めの経営」が確立して所得を上げるようになれば、それでよいということにもなる。

「農業の成長産業化」で大きな役割を与えられている輸出については、「二一世紀新農政二〇〇六」（二〇〇六年四月）において、農林水産物の輸出を五年間で倍増すること（二〇〇四年：二九五四億円を二〇〇九年：六〇〇〇億円へ）、「二一世紀新農政二〇〇七」（二〇〇七年四月）において、二〇一三年までに一兆円規模とすることが目標とされていた。輸出実績をみると、二〇〇〇年の三一五九億円から二〇〇七年の五一六〇億円に増加したあと、一進一退を繰り返し、二〇一三年から再び増加基調となって、二〇一七年には八〇七三億円となった。そしてこの間、第二次安倍政権は、二〇二〇年の輸出を一兆円とすることを目標とした。

しかし、輸出が農業の成長産業化に寄与するかといえば、それはきわめて限定的である。

二〇一七年の輸出額（速報値）は八〇七三億円であるが、水産物が二七五〇億円、林産物が三五五億円あり、農産物は四九六八億円である。

農産物の内訳は、加工食品（二三五五億円。うち清涼飲料水とアルコール飲料で六二四億円）とたばこ（二一九億円）で過半を占める。また、畜産品（五一〇億円）や野菜・果実（三七七億円）のなかにも加工品が相当含まれ、さらに、加工品には輸入農産物を原料とするものも少なくない。したがって、生鮮の農畜産物ベースに換算すれば、輸出は数百億円レベル程度とみられる。これが倍増しても、農業部門の総産出額（二〇一五年：八兆八千億円）に対する輸出の寄与度は一パーセント前後にとどまり、輸出を日本農業の救世主のようにみるのは無理である。

もちろん、日本の農産物と食品は、品質面では海外からの評価はきわめて高い。アジア地域をはじめとした高い成長を実現している地域では、高くても品質の良い農産物への需要が一層高まることが予想され、輸出への取組みを強化することは大きな課題である。重要なことは、農産物輸出の意義と限界をしっかり認識することである。

## 規制改革と農協改革

第二次安倍政権の大きな特徴のひとつは、規制改革が重んじられたことである。総理大臣の諮問機関として復活した規制改革会議を震源地とする規制改革が矢継ぎ早に進められ、安倍首相が講演で語った「既得権益の岩盤を打ち破る、ドリルの刃になるのだ」という言葉[5]は有名になった。

規制改革会議は二〇一四年五月、「農業改革に関する意見」を公表した。その主な内容は、農業委員会等の見直し、農地を所有できる法人（農業生産法人）の見直し、農業協同組合の見直し、の三つである。この「意見」は、農協解体ともいうべき内容であった。そして当初案から和らげられたものの、法律等の改正案が二〇一五年に成立した。以下簡単にその内容を見よう。

農業委員会は、農地の売買・賃貸や転用の許認可を行う、いわば「農地の番人」ともいうべき独立の行政委員会である。改正後は農業委員の公選制が廃止され、代わりに市町村長が任命することになった。従来地域の合意を基に行われてきた農地の管理を弱め、市町村長の意向を働かせやすくしたことは大きな問題である。

農地を所有できる法人の見直しでは、改正前は役員の過半数が農作業に従事する必要があったが、改正後は、役員または重要な使用人のうち一人以上が農作業に従事するものとされ、要件が大きく緩和された。

農業協同組合の見直しは驚くべき内容のものが多く、激しい議論を呼んだ。二〇一四年五月の規制改革会議提案には、中央会制度の廃止、全農の株式会社化、単協の信用事業の農林中央金庫（または都道府県段階の信用農業協同組合連合会）への移管等、過激な内容が盛り込まれた。

農協の見直しについては、その後のやりとりでやや押し戻され、大略次の内容となった。そこでは、当初案の柱が大枠では維持されており、また法施行後五年の改革の実施状況をみて、必要があれば措置を講ずることとされた。

① 農協の目的規定から「非営利」規定を削除。
② 農業協同組合法によって定められていた全中（全国農業協同組合中央会）を一般社団法人化し、全中が実施していた農協監査を分離。
③ 農協の経済事業について、委託販売ではなく買取販売を拡大。全農は株式会社化ができることにする。
④ 農協の信用事業を農林中金・信連に移管して、代理店としての事業になることを可能にする。
⑤ 農協を分割して株式会社や生協に組織変更できるようにする。厚生連も社会医療法人に組織変更できるようにする。
⑥ 法施行後五年間調査を実施し、准組合員利用規制のあり方について検討する。

農協の株式会社や生協等への組織変更を可能とするというのは、どういう意味なのか。それは、農協を専業的大規模農業者のための職能組合として純化し、それに合わない事業や組織は、分割して自由に他業態に転換すればよい、ということであろう。将来、准組合員の利用規制が実施されれば、それは単協の分割・組織変更を促す強い力となろう。

農協は現実には、地域の農家が平等な立場で組織する協同組合であり、組合員の意思に反して組織の性格の変更を強いるのは、協同組合の民主主義的な原理に反する。またその事業内容も、農業生産以外にも生活、福祉など多彩である。多くの農村部で、農協は非組合員にとっても生活に欠かせないインフラとしての機能を果たしている。今回の法改正は、このような農協の実態に反するものであった。

もちろん、農協も戦後に発足してから七〇年近くがたち、さまざまな課題があることも事実である。農協は、組織面でも、事業面でも、改革に取り組んできたが、時代の要請からみると、足りないところもあるだろう。いままでみてきたように農業と農山村がきわめて厳しい状況におちいっている状況の下では、農協は従来の事業のあり方に満足しているのではなく、組合員の農業経営を向上させるためにも、地域全体を視野に入れた農業の振興のためにも、地域社会の活性化のためにも、積極的に改革に取り組み、実際に成果をあげていくことが課題である。とくに新しい発想で現状を改革するという点では、足りない点が少なくなかったことも事実である。規制改革会議の提案は、このような農協の足りないところにつけこまれた面があるといえる。

しかし、前記のような改革は、農協本来の働きそのものを否定するものである。このような局面では、農協は協同組合らしさを捨てて株式会社をまねるのではなく、反対に、組合員が積極的に参画する協同組合らしさを一層伸ばし、協同組合の強みを発揮することで問題解決の途を開くことこそが求められるのである。

急進的な規制改革は協同組合のあり方を根底から覆しかねないところまで手がつけられている。そのような政策は、全面的に見直されなければならない。そのためにも、あらためて、農業・農村はいかにあるべきか、それを実現するうえで、協同組合や人々の協同はいかに位置づけられるのかについて、明確化することが課題である。

## 「地方創生」はこれでよいのか

二〇一四年、「地方創生」政策が打ち出された。これは、国が全国版の総合戦略を策定し、それを勘案して都道府県および市町村が総合戦略を策定することを求める。そして、地方の取組みに対して国は支援を実施するとともに、ＫＰＩ（重要業績評価指標）を設定して目標管理を行うというものである。しかし、この政策によって地方が盛り上がっている様子はない。現場からは、地方創生政策が補助金獲得の手段として割り切られているとの声も聞かれる。

なぜなのか。地方創生の総合戦略には、既存の政策や取組みが多いし、机上で考えうるあらゆるものを織り込んだようにもみえる。しかし根本的な問題は、この政策が相変わらず中央主導であり、まず中央が旗を振り、「それを勘案して」地方が取り組む、という構図になっていることである。それは、過去の地域活性化を図る取組みと共通することであるが、順序が逆ではないか。そうではなく、地域における住民や組織、企業などがみずから取組みを始め、それを地方自治体が受け止めて地域全体を良くする観点も含めつつ自治体レベルの計画や要望を形作り、それらを中央が支援する、というかたちでなければ、成功はおぼつかないのではないか。

さきに見てきた農業問題と地域問題をどのようなかたちで解決していくのか、あらためて、包括的な政策が求められている。

## 3　何が本当の問題なのか

### 人口大移動がもたらした持続可能性の危機

何が日本農業の本当の問題なのだろうか。よくいわれるのは、規模が零細なことであり、またそれとも関連するが、生産コストが高く、国際競争力が弱いことである。これは長い間指摘されてきたが、現在急速に誰の目にも見えるようになってきたことは、日本農業の持続可能性に赤信号が灯ったことである。

今日切迫しつつある問題は、現在の農業が営まれるそれぞれの地域で、それぞれの農業経営の年齢や経営規模などの姿・構造をそのままで再生産し、将来に受け継ぐことは不可能だということだ。もちろん、いまの姿が理想的だというわけではないし、一方では新しい元気な経営が育っており、その面では明るい部分も見られる。また実際に農業に携わっている人たちから見れば、いまの営農を次の世代に引き継ぎたいと願っているわけであり、彼らからの批判を受けるかもしれない。

しかし、いままで述べてきたことから言えるのは、日本農業が全体として、現状の姿を再生産することは不可能であり、持続可能ではないということである。以下、その原因として考えられる戦後日本の人口動態、農業経営規模の零細性、自然条件に合わない農業政策、の三点について見ていこう。

経済の高度成長が始まると、農村から都市への人口の激しい移動が生じた。三大都市圏への非三大都市圏からの人口流入は、一九五〇年代なかばには三〇万人前後であったが、一九六〇年代前半には五〇―六〇万人規模に倍増し、その後も四〇万人規模が継続、一九七〇年代前半にようやく沈静化した。各地域内においても農村部から都市部への人口移動が続き、これらの結果、農村には親の世代が残り、跡継ぎも農外就業を主としながら兼業農業に従事する姿が一般的になった。

それにたいして、農地改革で零細な農家を大量に生み出したことが誤りであり、農村から都市への人口の移動を、農村における大規模農業経営の成立につなげるべきだったとの意見もある。しかしそれは「クレオパトラの鼻」のたとえのように、現実的でない歴史のイフ（ｉｆ）である。のちにみるとおり、戦前の農村の貧困の元凶であった寄生地主制の廃絶は、ＧＨＱによる改革以前の問題として、戦前から日本農政の最大の課題であった。また戦後の混乱に満ちた状況のなかで、農家を農地から引きはがすことは農村から都市へ人口を強力にプッシュして社会問題を引き起こし、平和で安定した社会を形成することの障害になったかもしれない。農地改革が実施に移されつつあった一九四七年には、生活権確保と吉田内閣打倒を掲げて「二・一ゼネスト」実施が宣言され、決行直前にマッカーサーＧＨＱ最高司令官の命によりゼネスト突入が阻止された。そのような時代だったのである。

経済の復興とともに農家の子弟が都市に流出するなかで、少し遅れて、稲作の機械化体系ができあがっていき、農家は兼業化によって所得の向上を図るようになった。

高度経済成長期以降の農家人口の都市への移動と農外就業化のなかで、家としての農家は、親の世代や長男が守ることによって維持されてきた。しかし平均的な農家の耕作面積規模は、農業を主として生計をたてていくにはいちじるしく小さく、農外就業から農業に戻る力はきわめて弱かった。そして、農家の年齢構成は年を経るごとに高齢化してきた。また都市に出た農家の子弟家族は、都市での企業勤めが定着し、農村に戻る動きは弱くなった。その結果、「農家の補充不足」の状態が構造的に定着したのである。現在の農業・農村の構造は再生産できない、とさきに述べたのは、そのような意味である。

以上からは、現在の農業・農村問題は、単に現状を守る努力をするだけでは解決できないことがわかる。農業・農村の望ましい方向に向けて、現状を再編していくことが必要なのであり、そのためのビジョンと政策が求められている。

## 「構造改革」と日本農村社会の特質

つぎに、日本農業の問題として指摘される規模の零細性について考えよう。

さきに触れたとおり、農地改革が寄生地主制を解体したことは評価しつつも、それが零細農家を大量に創設し、その後の構造改革が進まなくなったことが問題であるという意見がある。また、一九六一年に施行された農業基本法が「自立経営農家」(「正常な構成の家族のうちの農業従事者が正常な能率を発揮しながらほぼ完全に就業することができる規模の家族農業経営で、当該農業従事者が他産業従事者と均衡する生活を営むことができるような所得を確保することが可能なものをいう。」農業基本法第十五条)の育成を掲げたものの、兼業化が進んで自立経営農家の育成が進まなかったことをもって、構造改革や政策の失敗であったという評価もある[6]。こうした「農業構造改革」への考え方が、今日にいたる規模拡大最優先主義的な政策の下敷きになっている。

その背景には、米国型の大規模農業こそが農業の理想形であり、経済の発展に伴い農民層は農業経営者と脱農した労働者とに分解して、農業の経営規模の拡大が進むはずだという考え方がある。しかし、これは農業に対するきわめて一面的な見方だ。農業は、それぞれの国や地域の自然的条件、歴史的に形成された社会的条件によって姿が異なっており、それを無視してその国の農業を特定の形に変えようとしても、うまくいかない。上記の構造改革で見落とされていたのはそのことであった。ここではまず、それらの意見が無視している、日本の農村社会の特質について見ることにしよう。

日本の農家と農村に関する農村社会学の理論として、「イエ・ムラ理論」がある。これは、主として中世から近世に至る農村の実態から演繹された村落社会を見る枠組みとして、農村研究者の間に広く受け入れられた考え方である。

それによれば、近世の日本の「農家」（イエ）は、「家族」（労働力編成の単位）、「家産」（家存続のための生産手段の体系。農地・水利権の持分等）、「家業」（それらによって遂行される生産）の三つの局面から把握される。[7]農村において直系家族が存続するために、家族・農地・農業生産はこのような特殊な意味を持っていたのである。家族は単なる親・子・孫たちの集団ではなかったし、農地は単なる資産ではなく、家業としての農業は一般的な職業以上の意味を持っていた。

また、農家は単独で生きてきたのではなかった。家産としての農地自体、過去におけるムラ社会の共同作業が蓄積された対象でもあり、農地は個々の農家のものという以上の意味を持っていた。これらの農家によって構成される村落（ムラ）も、単なる家の集まりとして以上の意味を持つ。それは、元々は厳しい生活条件の下で相互に扶助しあうことが必須であったために形成された互酬のつながりであり、権力者による支配の手段としても機能し、ムラは個々の農家をムラの構成員として承認する力も持っていた。また多くのムラは、自治能力を有する「自治村落」としての性格も持っていた。このようなイエとそれが構成するムラの関係が、近世日本の農村を特徴づけていたのである。

しかしムラは、時代によってその範囲や機能に変化が見られた。明治維新以前の「藩政村」（幕末時点で約六万三千）、主にそれが明治期に移行した大字、現在の農業集落（約一三万八千）などである。そしてこれらの領域と関連づけられながら、多くは藩政村と農業集落の中間的な広がりを範囲とする農家小組合[8]や農事実行組合など[9]、農業生産や生活のために重要な役割を果たす組織が存在してきたのである。

江戸時代に典型的にみられた旧来のイエとムラの姿は、明治期以降は変容し、解体してきた。しかし今日でも、農家にとって農地は単なる生産手段ではなく先祖から引き継いだ守るべきものとして意識されているし、ムラの相互扶助的、互酬的な機能は農業用水路の管理など農業用資源の管理、集落営農、祭りなどの伝統文化の継承、そして重要なことを話し合いで解決する集落機能として受け継がれている。明治以降の近代化、とくに戦後の高度経済成長は、イエとしての農家とムラとしての村落社会を大きく変えたが、その行動原理には、伝統的なイエとムラの論理が残っている。村落社会における資源管理や営農で重要な役割を果たしている農業集落は、このような歴史のなかで変容しつつ、受け継がれてきたものといえる。そしてまた、現在、地域再生に重要な役割を果たすことが期待されている地域運営組織も、藩政村、大字などの歴史を背負っている。

農地改革では、耕作者主義の立場に立って、寄生地主等が所有する農地を小作農に移転し、自作農を創設した。小作農は、それぞれのムラで農業を営んできたイエとしての農家であった。農地改革について、小作農が「タダのような値段で農地をもらった」というような言い方がされることもあるが、小作農は長い歴史のなかでその地で農業を営み、幕藩体制期以降の貨幣経済の浸透などを契機として小作農化したのであり、彼らは村落社会の本来的な構成員だったのである。

第二次世界大戦後の土地改革をみると、東ドイツでは地主的大農業経営が解体されて農業労働者や難民に土地が与えられ、その後、農業集団化に向かっていったし、中国でも地主から農地を没収して小農だけでなく貧民などにも農地が分配されるなど、日本とは異なるかたちの改革も多く見られた。日本の農地改革は、表面的にみればＧＨＱの指令によって実施された強制的改革であったが、内実的には、戦前の日本の農村が抱えていた寄生地主制を解消して耕作者が主体となる農村に脱皮する内発的な改革でもあったのである。

こうして戦後日本の農家は、自立した農民となった。そして、ムラは以前のような強い力は失ったものの、共同して営農や資源管理にあたる農村の営みが続けられ、それらが地域の農業を支えてきた。それはやはり、ひとつの歴史的必然だったのだといえる。

また、農業基本法が掲げた自立経営農家の育成が失敗したことも同様である。農業基本法では、経済の成長に伴い多くの零細農家が離農して農村から都市に移住し、残った農地を残存する農家が取得して耕作規模を拡大することが暗黙のうちに前提されていた。しかし実際には、農家にとっては祖先から受け継いだ農地を守り、家族が営む農業を継続することで家の継承を図ることが重要なことであり、農業の機械化によって生まれた労働力の余剰は農外就労に向けられていった。

そして多くの農家は兼業によって他産業に遜色のない所得を実現し、高度経済成長過程に入った日本経済にとっての巨大な消費者となり、安定した社会の基礎となった。また、かれらが中山間地域も含めて全国で営農を継続し、コミュニティが維持されたことによって、地域の資源管理が行われてきたのである。その光の部分から目を背けて大規模経営が成立した日本を夢想し続けることは、歴史のイフ（ｉｆ）、虚構の世界に迷い込むことではないか。

もちろん、農地改革後の農家は、現代の農業経営としては規模が小さすぎた。当時の技術水準の下では、過重な労働によって生計を立てるしかなかったのであるが、その後の経済成長と農業技術の開発を経ても、零細な経営構造は北海道を除き変わっていない。そしていよいよ「農家の補充不足」が目にみえるようになり、農村社会も弱体化して「大きな代替わり」を迎えている今日、新しい農業の担い手像と農村社会像を描いて、それを再編成していくことが課題になっているのである。

## 農業と自然・風土

農業は自然に働きかけ、自然生態系の機能によって生産物を得る行為であり、当然ながら自然のあり方の影響を大きく受け、自然に規定される面が大きい。自然の姿の違いによって、農業技術や農業にかんする制度および組織、さらには農耕文化や広い意味での風土の違いが生まれてくる。

そのような目で日本の自然をみると、まず、人口にたいして土地が少ないこと、また山間地が多く、土地の傾斜度が大きいことが指摘できる。このような国土の条件の下で、日本人は、労働集約的な農業によって人口を養う努力を続けてきた。日本の水田稲作は一般的には水を得やすい谷地の出口から始まり、政治権力の確立と強化に合わせて治水と開田が進んでいった。このようにして、国土の津々浦々に稠密に水田稲作が広がり、そこに人々が住み、農業を営むことによって食料を得ると同時に土地・水・緑などの国土資源が守られる姿ができあがっていったのである。

また気象条件によっても、どのような農業が、どのような農法によって営まれるかの違いが出てくる。日本は南北に長く山間地が多く、亜寒帯から亜熱帯までを含む気象条件の下にあり、また標高差も大きいことから多様な植生に恵まれてきた。そして温暖湿潤な気象の下で、人々は豊かな自然生態系の恩恵の下に農業を営んできた。日本農業のあるべき姿を考える場合、この多様で豊かな生態系に恵まれた自然を生かすということが、まず重要であろう。

農業と気象・風土との関係については、飯沼二郎（一九一八―二〇〇五）の研究をあげなければならない。飯沼は、近代以前の伝統的な世界の農業を、気象条件から四つに類型化した。それをとおして飯沼は、日本では労働集約的な複合型農業をめざし、北ヨーロッパ等では労働粗放的な大規模単作農業をめざすのが、本来合理的であったとした。

飯沼はまず、フランスの自然地理学者E・D・マルトンヌ（一八七三―一九五五）の乾燥指数[10]を用いて、世界を乾燥地帯か湿潤地帯か、夏は乾燥的か湿潤的かによって次の四つに区分した[11]。

図表1-14　世界における農法の区分

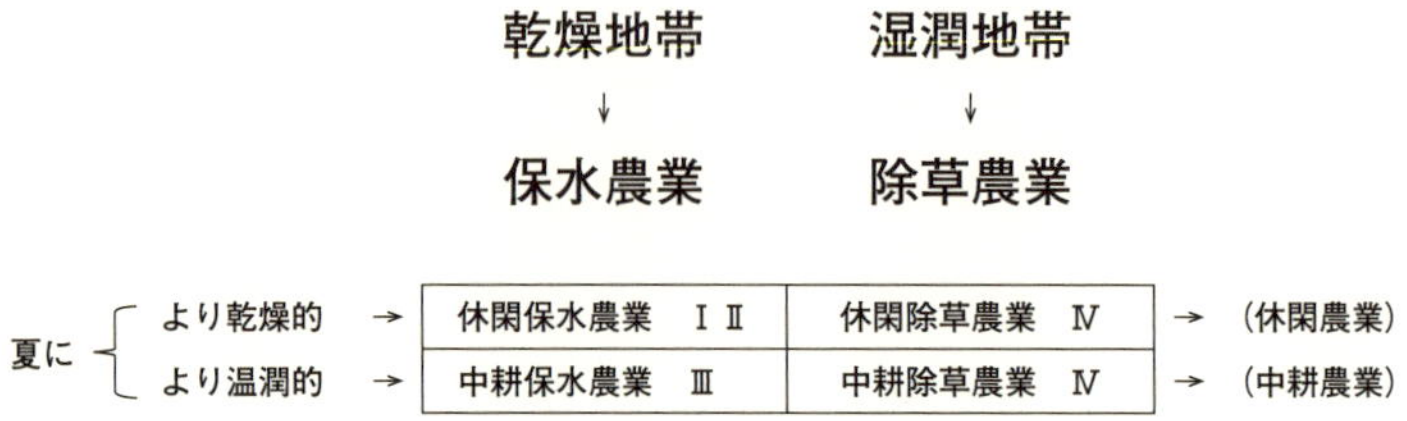

| | 乾燥地帯 | 湿潤地帯 | |
|---|---|---|---|
| | ↓ | ↓ | |
| | 保水農業 | 除草農業 | |
| 夏に より乾燥的 → | 休閑保水農業　Ⅰ Ⅱ | 休閑除草農業　Ⅳ | →（休閑農業） |
| 夏に より温潤的 → | 中耕保水農業　Ⅲ | 中耕除草農業　Ⅳ | →（中耕農業） |

出所　飯沼二郎『増補　農業革命論』（未来社，1987年）p.21から作成
（注）　灌漑が行われない天水農業の場合についての区分である
　Ⅰ～Ⅳはマルトンヌの乾燥指数による4区分で，筆者による加筆

Ⅰ　年指数二〇以下、夏指数五以下
Ⅱ　年指数二〇以上、夏指数五以下
Ⅲ　年指数二〇以下、夏指数五以上
Ⅳ　年指数二〇以上、夏指数五以上

年指数二〇以上は湿潤な地帯、二〇以下は乾燥地帯であり、夏指数五以上は夏に湿潤な地帯、五以下は夏に乾燥している地帯である。

飯沼はこれらによって、伝統的な農業類型を四つに分類した（**図表1―14**）。

「休閑保水農業」地域（Ⅰ、Ⅱ）は、夏は乾燥している地域である（西南アジア、地中海など）。夏は休耕し、乾燥地用の犂（すき）で浅耕、鎮圧して水分の蒸発を防ぐ二圃式農業が行われる。

「中耕（ちゅうこう）保水農業」地域（Ⅲ）は、乾燥地であるが夏雨型のため夏作物の栽培が可能であり、夏作物栽培中は同じく保水作業を行う（パンジャブ、華北など）。なおここで、中耕とは、作物が生育中にその間の土を耕起することを指す。

「休閑除草農業」地域および「中耕除草農業」地域（両方ともⅣの地域）は、湿潤であり農業の盛んな地域である。「休閑除草農業」（北ヨーロッパなど夏により降雨の少ない地域）は、夏に除草することなく栽培し、あるいは休閑して犂耕することで雑草を埋め殺す（三圃式）。

一方「中耕除草農業」（東南アジアや東アジア等夏により高温多湿な地域）では、春から秋まで、すべての作物に中耕除草作業を繰り返さなければならない。

飯沼はこのような分類の上に、北ヨーロッパ（や米国）などの休閑除草地域では、労働集約はじきに合理的な限度に達するため、労働集約よりも土地面積を拡大するほうが経済的に合理的であるとする。

また一方、中耕除草地域においては、投下労働はなかなか合理的な限度に達しないから、土地面積を拡大するよりも、労働の投下を増大するほうが経済的に合理的であるとした。こうして、休閑農業における発展方向が労働粗放化の方向を、中耕農業における発展方向が労働集約化の方向をめざすとした。また、中耕農業は労働集約的にすればするほど農作業の繁閑の差が大きくなるので、経営は複合化せざるをえないこと、一方、休閑農業では、労働粗放的にすればするほど、経営は効率化を求めて単作化の方向に進むとした。

飯沼のこの考え方には、当時、「風土決定論」的であるとの批判もあった。しかし飯沼は、風土によって農法が完全に規定されるといったのではなく、それぞれの農業類型が他の類型の農法を取り入れることで発展することにも注目した。農法の変化はいわばそれぞれの類型という「額縁」のなかで起きることであり、その類型から完全に自由であることはできないと考えたのである。

さきに述べたとおり農業基本法農政は自立経営農家育成を掲げたが、「中耕除草農業」地域の農法ではなく、「休閑除草農業」地域に適した大規模単作機械化農業への道を選択した。飯沼は、農業基本法農政を推進するための「農業近代化推進講習会」の席上で講師が語ったつぎの言葉を思い返して、「なにものかに憑かれたような言葉であり、態度であった」と評しているが、いまから振り返ると興味深い[12]。

「農業構造改善事業というものは、従来のような農業経営の改善ではない。いうなれば部屋の中で家具の配置がえをするのが、従来の経営改善であった。それにたいして今度発足する農業構造改善事業は、部屋そのもののかたちまでかえてしまうのである。あるいは家そのものの土台まで掘りかえして、かえてしまうものなのだ。」

「農業構造改善事業が目ざすものは、アメリカ農業です。零細な日本農業の構造を根本からかえて、機械力を駆使できる大規模経営を確立することです。」

しかし、農業基本法が前提とした小規模農家の農村からの急速な転出は、農村社会の特質に阻まれて起きなかった。そして大規模機械化単作農業に適した技術体系の導入によって生まれた労働力余剰は兼業に向けられ、それは農業機械への過剰投資（機械化貧乏）をもたらし、複合経営への志向の弱さは米のいっそうの生産過剰となった。

さらに、農業基本法が推進した技術と農法は、化学肥料・農薬への依存と多投、堆肥や有機肥料の不足、地域内資源循環（畜産との連携など）の軽視を伴っていた。それらは、土壌・動植物・微生物の相互作用によって農業の生産力を生み出している複雑系の土壌世界を単純化し、地力の低下をもたらしている。

飯沼は、「中耕除草農業」としての日本農業には、労働集約的な家族複合農業が適しているとして、機械化によって浮いた労働力で新しい経営部門を増設し、しかもそれらを相互に密接に結びつけること、このような「近代的な複合経営」にこそ日本農業の将来はかかっていると主張した。これは、今日の私たちからみると、実現可能であったかどうかには疑問がある。米国型農業をめざすのは論外としても、国民の所得が大きく上昇した日本で、農業によって他産業並の所得を確保するためには、農業の経営規模は過小であった。想定を超える高度経済成長と農村から都市への人口の奔流のなかで、また、否応なしに進んできた市場開放のなかで、そのような「近代的な複合経営」を実現することは可能であったかどうか。

また飯沼が類型化した農法は伝統的な農法であり、これらはその後相互に影響を及ぼしあい、また新しい技術を取り入れて、現在は飯沼が描いたようにきれいに対比できるものではないとも思われる。

ともあれ飯沼は、農業基本法の農業近代化は真の近代化ではないと主張し続け、最後まで農政に受け入れられることはなかった。しかし、農政を根本から見直すことが課題になっている現在、その主張は強い輝きを放っているように思われる。

## 農業基本法から半世紀

幕藩体制下の江戸の最盛期の人口は百万人を超え、世界最大の都市であったといわれる。当時、パリのセーヌ川は人糞が流れて不潔であったとされるのにたいし、江戸は清潔な街であった。それは、西尾敏彦が二〇〇九年度の一橋大学における「自然資源経済論」講義で述べたとおり、農地の地力維持方式としてヨーロッパでは畜産と組み合わせた三圃式農業が行われたのにたいし、日本では下草を刈って田畑に敷き込むことに加えて、人糞を下肥（しもごえ）として農地に還元していたためである。[13]

もちろん江戸時代の農業は、約三千万人を養うのが限界であり、たびたび飢饉に見舞われたことも事実ではあるが、当時の自然的技術的条件の下で生産力を最大に発揮する循環型農業が花開いていたことも事実である。また、二〇〇九年度の「自然資源経済論」講義で千賀裕太郎が述べたとおり、幕末から明治初期に日本を訪れた西洋人は、見事に耕作された農村の豊穣、美しい風景を賛嘆し、「天恵を受けた国、地上のパラダイス」（F・A・リュードルフ、一八三四―九一）、「エデンの園」（イザベラ・バード、一八三一―一九〇四）「アジアのアルカディア」（T・ハリス、一八〇四―七八）と書き残した。[14]

私は、懐古趣味的・復古主義的に、当時の農業に戻れと主張するものではないが、江戸時代に日本人が達成した人間と自然との豊かな関係が壊れてしまった現在、そのような豊かさを現代の技術・経済力に合わせた高い次元でふたたび実現することが課題だと主張したい。

米国型農業を夢見て大規模で労働粗放的な土壌収奪的農業を追い求め、中山間地域は衰退・消滅にまかせるのか、温暖湿潤で豊かな生態系のうえに労働集約的な土地生産性の高い農法を積み上げてきた先人たちの努力を受け継ぎ、自然との共生度の高い循環型の新しい農業と農山村をつくるのか。農業基本法が制定されてから半世紀以上経過した今日、日本の農業・農山村政策はその結果を総括することが課題なのではないか。

## 近代化がもたらしたもの、そしてこれから

すでに述べたように、高度経済成長期以降の人口大移動が今日の農業の担い手不足の原因であるが、そのような人口動態は突然起こったのではない。戦後の激しい人口移動は、明治以降の経済発展と都市の成長によって準備されてきたものである。そういう意味では、幕藩体制から目を覚ました日本が、近代化・産業化の道を走り続けた結果、農業と自然とのかかわり方が大きく変わったということでもある。

同じように、日本の農村社会も、江戸時代のイエ・ムラ理論で説明される姿から、明治以降の市場経済の展開とそれへの農業・農村側からの対応のなかで、長期間に大きく変容してきた。

さらにいえば、もっと長期でみることも必要である。ここではきわめて単純な区分だが、人類の長い歴史を狩猟採集時代・農耕時代・工業化時代・ポスト工業化時代に分けてみた（図表1—15）。

狩猟採集時代は、人間が自然に従属する時代であった。しかし、この関係の持続可能性は高い。また難しい表現ではあるが、「関係の豊かさ」を考えると、人間が自然に手を加えて初めて得られる豊かさがないという点では、豊かさが高いとはいえない。しかし、そこに生きる人々にとっては、自然のなかに包摂され自然と一体になっているという意味では豊かだったといえるかもしれない。

図表1-15　時代により変化してきた人間と自然との関係

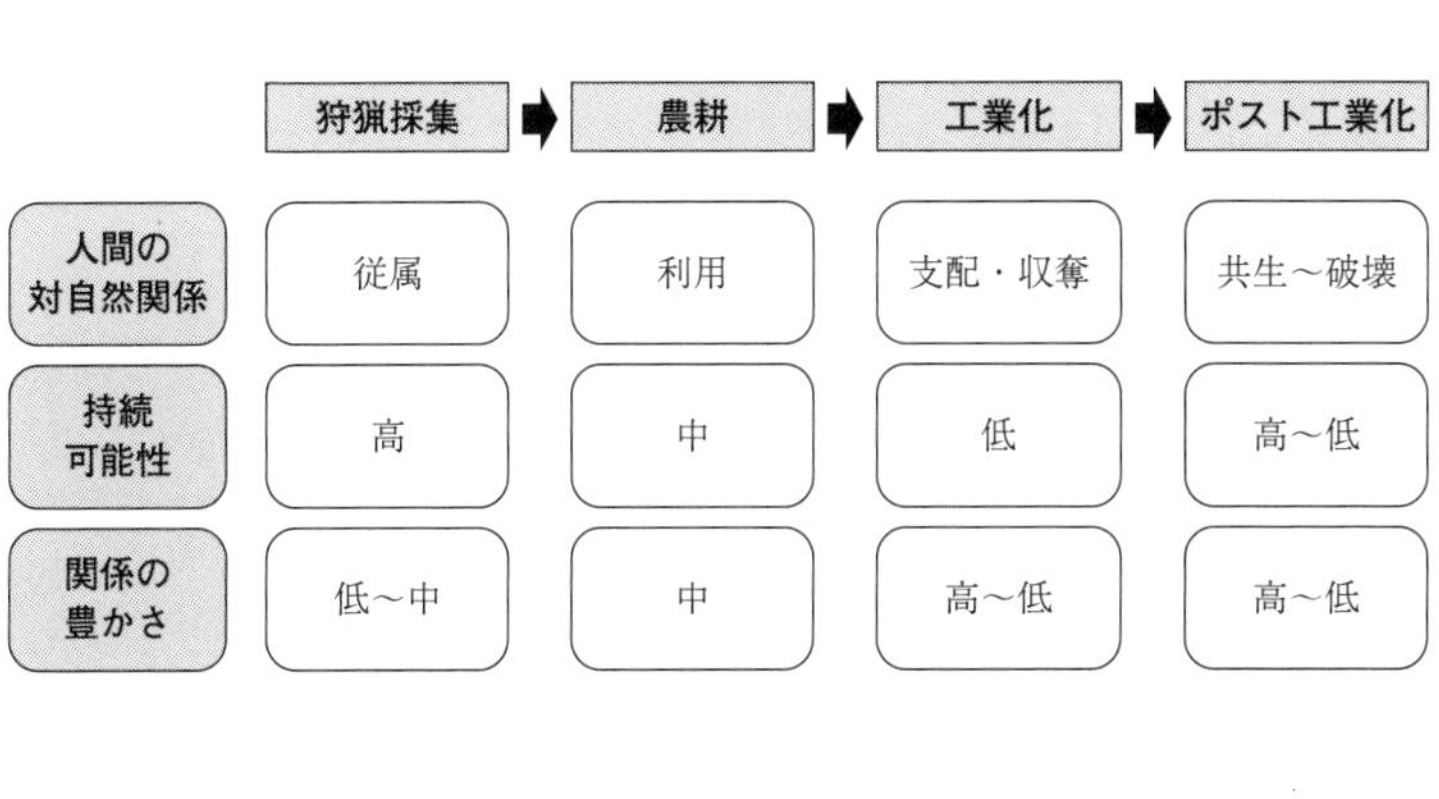

狩猟採集
農耕
工業化
ポスト工業化
人間の対自然関係
従属
利用
支配・収奪
共生〜破壊
持続可能性
高
中
低
高〜低
関係の豊かさ
低〜中
中
高〜低
高〜低


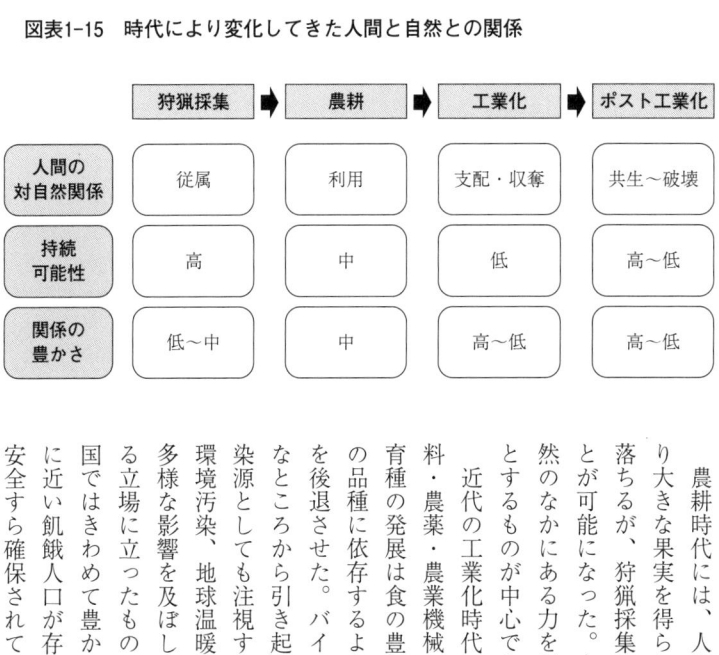

農耕時代には、人間が自然に働きかけ、それを改変することでより大きな果実を得られるようになった。その分、持続可能性はやや落ちるが、狩猟採集時代より自然との間で豊かな関係を取り結ぶことが可能になった。自然を改変するとはいっても、この時代は、自然のなかにある力を引き出すことによって、より良い結果を得ようとするものが中心であった。

近代の工業化時代には、人間と自然との関係が逆転する。化学肥料・農薬・農業機械の登場は人間と自然との力関係を一変させた。育種の発展は食の豊かさに大いに貢献したが、人間の食はごく少数の品種に依存するようになり、生物多様性の面からも、持続可能性を後退させた。バイオ・テクノロジーは、自然の改変をより根源的なところから引き起こしている。農業はまた、周辺環境への環境汚染源としても注視すべき存在になった。一方、工業化がもたらした環境汚染、地球温暖化など環境への負荷は増大し、それは農業にも多様な影響を及ぼしている。こうして、人間は自然を支配し収奪する立場に立ったものの、持続可能性の点では大きく後退した。先進国ではきわめて豊かな食生活が実現した一方で、世界には一〇億人に近い飢餓人口が存在する現実。風味豊かな自然食品がある一方で、安全すら確保されていない食品の横溢。この時代の人間と自然の関係が豊かであるかどうかは、国・地域・人々の自然との関係のあり方や、かれらの考え方によって、大きく異なるものになっている。

そして、これからの時代を「ポスト工業化時代」と呼ぶならば、人間と自然との関係は、どうなるのだろうか。それは、その時代に生きようとしている私たちの考えと行動にかかっている。工業化時代と同じ考え方で自然を支配・収奪しようとすれば、それは自然破壊へとつながり、地球そのものの持続可能性を困難にするだろう。そうではなく、今日における経済と技術の発展のうえに立って、「自然との共生」の関係をいかにして、どのようなものとしてつくり上げるかが、私たちの課題であろう。

本章では、「自然資源経済」の代表的なものとして、農業について考えてきた。しかし農業は農村という場で営まれるものであり、そこにある農村地域社会と不可分である。自然資源経済という場合も、単に農林水産業だけでなく、農山漁村地域に豊富に賦存する自然エネルギーを利用する再生可能エネルギー、さらには農山漁村の豊かな自然と景観があってこそ成立する観光や農業農村教育、それらを支える地方自治体や地域の協同組合などもその範疇に入ってくる。また、グローバリゼーションが農林水産業に及ぼす影響はますます強まり、従来の制度や政策では対応できない問題も拡大しつつある。このような幅広い分野を包括した、持続可能で豊かな社会をつくるための新たな制度と政策が求められているのである。

1　農林水産省の「農林業センサス」で用いられる用語であり、農業に主として従事した世帯員（農業就業人口）のうち、一年間のふだんの主な状態が「仕事に従事していた者」を指す。感覚的な表現をすれば、「お仕事は何ですか？」と問われて「私の職業は農業です」と答える人ということになろう。

2　ガット・ウルグアイ・ラウンド合意で設定された、輸入が少ない品目の最低限の輸入機会。日本は、米の関税化猶予を行う代償措置として、通常より大きい枠を受け入れた。一九九九年に米の関税化を実施した後のミニマム・アクセスは、国内消費量の七・二パーセント（毎年約七七玄米トン）。

3　総務省「これからの移住・交流施策のあり方に関する検討会報告書」（二〇一八年）

4　六次産業化とは、農業経営が生産から加工・流通・販売の分野に拡大することで、より大きい付加価値の獲得をめざすことを指す。

5　二〇一四年一月二二日、世界経済フォーラム年次会議冒頭演説から。

6　たとえば、山下一仁『いま甦る柳田國男の農政改革』（新潮選書、二〇一八年）

7　高橋明善「農村社会編成の論理と展開」『村落社会研究　第二七集　農村社会編成の論理と展開Ⅲ　転換期農村の主体形成』（農山漁村文化協会、一九九一年）、二六頁。

8　明治期に生まれ、以後道府県、市町村、産業組合によって奨励されたムラレベルの共同組織。生産、経済、消費、生活全般などの事業を目的として、一定区域内のほとんどすべての農家が参加した。他に、特定の事業を目的とする農家小組合もあった。

9　一九三二年の産業組合法改正によって産業組合への加入が可能とされた組織。法人化した農家小組合。零細農家をムラぐるみで産業組合に編入することになり、戦時体制下では戦時統制の手段となった。

10　I=R/(T+10)で表わされる。ただし、Iは乾燥指数、Rは一定期間の雨量合計（ミリメートル）、Tは同じ期間の平均気温（摂氏）。乾燥指数が二〇以上であれば湿潤地、二〇以下であれば乾燥地、とくに一〇以下であれば砂漠とした。

11　飯沼二郎『増補　農業革命論』（未来社、一九八七年）、一四―一二三頁。

12　飯沼二郎「近代農学の成立と限界――テーアの「合理的農業論」」『飯沼二郎著作集第三巻　農学研究』（未来社、一九九四年）、一三―一四頁。

13　西尾敏彦「農業における資源利用とその問題点」寺西俊一・石田信隆編著『自然資源経済論入門1　農林水産業を見つめなおす』（中央経済社、二〇一〇年）、一一四―一二〇頁。

14　千賀裕太郎「コモンズとしての地域資源管理」同上、二九五―二九六頁。

# 第二章　これからの農業・農山村政策

## 1　自然資源経済論と農林水産業

### 植物は人の思いに応える

二〇一四年一月一五日の一橋大学における「自然資源経済論」の講義で、広島県大崎上島の先進的な農業法人である農事組合法人神峯園(しんぽうえん)をつくり上げてきた横本正樹は、次のように語った。

食べ物の原点は植物ですが、皆さんは、植物がそれを育てる人の思いに応えるということを知っていますか?

植物もまた生き物ですから、愛情には応え、美味しいと言われれば喜び、花が美しいと言われればもっと褒められよう、期待に応えようと自身を変化させていくようになります。

そうでなければ、人が植物を栽培するようになってこのかた、このように多種多様で生産性の高い、味の良い作物に変化してきたことの説明がつきません。人による育種の成果とされていますが、植物の内発的な意思がなければ起こりえなかったと私は思います。

篤農家の多くはこのことを知っているので、常に作物に対して口に出して、あるいは心のなかで声掛けしています。

この言葉は、農業、そして人間と自然との関係の本質をよく表していると思う。人間の生存に欠かせない食料を生み出す農業は、完全に、生態系のシステムそのものを利用して行われる。いや、人間自体が生態系の一部なのだ。横本はそのことを、肌になじむ実感のある言葉で語っている。そして、このような農業こそが日本の文化の源なのであり、二一世紀はそのような意味での「農」の時代だと語った。

しかし横本は、終日作物に語りかけ詩をつくる仙人のような暮らしをしているのではない。彼は東京で育ち、東京の大学を卒業後、瀬戸内海のみかんの島で祖父が営んでいた農業を引き継いだ。しかし当時からみかんの生産過剰が問題となり始めていたことから、西日本で初めてブルーベリーの栽培を成功させ、農業法人を作って地域の農家を巻き込みながら加工事業を展開し、レモン栽培を広げるなど、新しい分野を積極的に開拓してきた。自らの経営だけでなく地域の農業をも変え、農業経営者としても、地域人としても、リーダー的な存在なのである。農業の姿は時代によって変化してはいくものの、農業の本質は忘れてはならず、道を外してはいけないのだということを強調したかったのだと思う。

現代社会における農業は、横本が語ったような「人間と自然との幸せな結婚」とでもいうような姿ばかりではない。人間は科学によって、自然を改変する大きな力を手に入れたが、その力の使い方次第では、自然を大きく毀損し、その結果、自然から手痛い報復を受けることになるかもしれない。そのような農業も各所でみられ、拡大している。

許容限度を超える水の採取がもたらす地下水の枯渇や、自然環境や地域社会を不毛なものにしてしまうプランテーション型農業など、目先の利益だけを考える農業が自然を破壊し、地域社会を破壊し、果ては不毛の地にしてしまうことは少なくない。NAFTA（北米自由貿易協定）の発効とともに遺伝子組替品を含むトウモロコシが米国からメキシコへ大量に輸出された結果、メキシコの農業が破壊され、伝統食品であるトルティーヤの文化が変わり、大量の農民が米国への不法移民と化したメキシコのような例もある。

さらに、農業が生態系の仕組みそのものを傷つけてしまう問題も、近年は大きく拡大している。経営採算を優先させて、家畜を処理した後に残るくず肉、内臓、骨、血液などを「肉骨粉（にくこっぷん）」という飼料として給与する畜産は、牛の脳に異常プリオンを蓄積させて牛を「狂わせ」、BSE問題として世界を震撼させた。いま欧米で確立しつつあるアニマル・ウエルフェア（動物福祉）も、動物愛護の精神や倫理観に加え、人間や動物もその一部である生態系への広い視野に立った認識に基づくものであろう。遺伝子組替食品への市民の抵抗は、日本だけでなくヨーロッパでもきわめて根強い。米国で遺伝子組替による成長ホルモンを投与して生産される牛肉は、EUでは輸入が禁止されており、米EU間の農産物貿易をめぐる争点のひとつである。こうした遺伝子組替食品への抵抗は、人間が自然そのものを人為で改変することをどこまで許せばよいのかという、まっとうな疑問・不安から来るものであろう。このような不安をひき起こす生命科学の発展は著しい。

これらの新しい技術は、労働力不足、生産コストの引下げ、飢餓人口の解消など多くの課題を解決するうえで期待されている面もあり、一概に技術進歩に反対するのは間違いであろう。しかしその弊害を防止する措置も不可欠であり、予防原則に立って、慎重な検討が行われる必要がある。人間と自然との関係を壊さずより良いものにしていくこと、それを実現し管理する社会システムの構築が必要なのである。

自然資源経済論がめざすのは、横本が語ったような人間と自然との関係をふまえながら、いかにすればそのような社会システム（以下、「成熟した自然資源経済」と呼ぶ）を作ることができるのかを明らかにすることだといってもよいだろう。

## 社会的・連帯経済

自然資源「経済」という以上、市場の機能を重視すべきであることは言うまでもない。グローバルな巨大資本が利益を獲得するために力任せに自然を破壊し、格差を拡大させて安定した社会を破壊することには反対であるが、農業が成立し、より良い姿に向けて向上するうえで市場の機能は重要であるし、活用しなければならない。

しかしそれだけでは、前述したような多くの問題を加速させる懸念がある。そのために、政府の機能も重要である。その場合の政府の機能は、「成熟した自然資源経済」を実現するための規制・誘導・支援政策ということになる。

自然資源経済論は、これらの「市場」と「政府」に加えて、「社会的・連帯経済」を三つ目の柱として重視する。これらの三つは「私」「公」「共」と呼ばれることもあるが、「共」のとらえ方は、コモンズ、協同組合など、広い範囲から狭い範囲まで、さまざまなとらえ方がなされている。ここで社会的・連帯経済という場合、それは市場、政府に対する第三のセクターとして、広い範囲でとらえる。その歴史は市場経済よりももっと古く、自然資源経済の黎明期まで遡るだろう。そして今日も、農協や生協などの日本で典型的な協同組合だけでなく、イタリアなどで多く見られる社会的協同組合[1]、ボランティア的で小規模な活動も含めた連帯経済[2]、コミュニティの共同で行われる活動など、幅広い活動がある。

日本の農村部でも、農協・漁協・森林組合・農事組合法人などの他にも、集落の共同活動、農協女性部が自発的に取り組む直売事業や加工事業などの共同の活動が行われてきた。さらに、高齢化が進展するなかで、介護保険制度の発足以前から、組合員・地域住民が自ら参加する住民参加型ボランティア組織「ＪＡ助けあい組織」が全国で生まれ、介護保険制度発足後も、その制度の対象外のニーズ（家事支援、配食サービス、ミニデイサービス等）に対応する活動が行われている。これらの活動は農協が中心になったものが多いが、それは地域を支える生活インフラといってよい働きをしているのである。

社会的・連帯経済の発展を一層促すことが、「成熟した自然資源経済」を実現していくうえで、きわめて重要であろう。それは、農業に携わり、あるいは地域に居住する人たちが持つニーズや希望を社会的・連帯経済としての動きにしていくことが、農業や地域の課題を解決するうえで有効だからである。それをすべて政府の機能として行おうとしても、膨大な費用が必要になるのに比べ、その効果は期待を下回るだろう。人々の協同と連帯の力を正当に評価し、それを引き出すことに、政府はもっと力を入れるべきである。

## 成熟した自然資源経済と「社会的共通資本」

このように、成熟した自然資源経済を実現するうえで、市場、政府、社会的・連帯経済それぞれが重要な役割を持っている。私は、成熟した自然資源経済の考え方は、宇沢弘文（一九二八—二〇一四）が提起した社会的共通資本の考え方に通じていると思う。宇沢は、大気・森林・河川・水・土壌などの自然環境、道路・交通機関・上下水道・電力・ガスなどの社会的インフラストラクチャー、そして教育・医療・司法・金融制度などの制度資本を「社会的共通資本」と呼んだ。そしてそれらを、「一つの国ないし特定の地域に住むすべての人々が、ゆたかな経済生活を営み、すぐれた文化を展開し、人間的に魅力ある社会を持続的、安定的に維持することを可能にするような社会的装置」と定義した。[3] そしてそのような観点から農業のあり方を論じた。

また宇沢は、社会的共通資本の管理、運営について、「社会的共通資本は、それぞれの分野における職業的専門家によって、専門的知見にもとづき、職業的規律にしたがって管理、運営されるものであること」「社会的共通資本の管理を委ねられた機構は、あくまでも独立で、自立的な立場に立って、専門的知見にもとづき、職業的規律にしたがって行動し、市民に対して直接的に管理責任を負うものでなければならない」「政府の経済的機能は、さまざまな種類の社会的共通資本の管理、運営がフィデュシアリー（fiduciary：受託・信託）の原則に忠実におこなわれているかを監理し、それらの間の財政的バランスを保つことができるようにするものである」と述べている。

これは、社会的共通資本の考え方に共感する人々の間でも、難解な部分である。「社会的共通資本の管理、運営を委ねられた機構」とはどのようなものを指すのか。私は、ここで宇沢は、必ずしも具体的な機構・組織だけを指したのではないと考える。宇沢は、社会的共通資本の管理が国家の統治機構としての政府の時々の政策によって左右されるのではなく、社会的共通資本に対する専門的かつ高い知見にもとづいて、熟議ある民主主義的な仕組みのうえに（「市民に対して直接的に管理責任を負う」）行われるべきであり、そのような社会システムが必要だと主張したのだと解釈している。

宇沢が「社会的共通資本が具体的にどのような構成要素からなり、どのようにして管理、運営されているか、また、どのような基準によって、社会的共通資本自体が利用されたり、あるいはそのサービスが分配されているかによって、一つの国ないし特定の地域の社会的、経済的構造が特徴づけられる」「制度主義の経済制度を特徴づけるのは、社会的共通資本（Social Overhead Capital）[4]と、さまざまな社会的共通資本を管理する社会的組織のあり方とである」と書いていることも、このような文脈から理解できるだろう。

そうした視点からみると、日本の農業政策には大きな問題があるといわざるをえない。それは当然ながら、「もうかる農業経営を育てる攻めの農政」などというものでは間違いであるし、そのような「産業政策」を補完する「農村政策」を加えればよいというものでもない。そうではなく、持続可能で成熟した自然資源経済をつくりあげていくこと、そのような姿に再編成するための農業・農村政策はいかにあるべきかという観点から、農政を体系的に構築しなおさなければならない。

## 2 戦後日本農政の概観と今後の課題

### 戦後農政の時期区分

戦後日本の農政の変遷を理解するためには、特徴ある時期ごとに時期区分することが望ましいが、どのように時期区分するのがよいだろうか。農林水産省は、これを次のとおり四つに区分している。

① 終戦後から基本法農政まで（一九四五―六〇年）
（戦後改革、食料増産、統制撤廃など）[5]

② 農業基本法の下での農政展開（一九六一―八〇年）
（生産性向上と農工間所得格差是正を目標とする基本法農政の展開）

③ 国際化の進展と食料・農業・農村基本法の制定（一九八一―九九年）
（ガット・ウルグアイ・ラウンド等国際化の進展と米流通の自由化・食管制度廃止から新しい基本法制定まで）

④ 食料・農業・農村基本法の理念にもとづく施策の具体化（二〇〇〇年―）
（食料・農業・農村基本法にもとづく施策の具体化）

私は、このような区分は農政が現在抱えている問題を不鮮明にすると考える。この四区分は、国際化と食管制度（食糧管理法に基づき主要食糧を国が管理する制度）の廃止後に食料・農業・農村基本法が確立され、その後は基本法の具体化を進めればよいという構成になっている。

しかし後に詳しく見るとおり、ウルグアイ・ラウンドからＷＴＯ（世界貿易機関）、ＦＴＡ（自由貿易協定）と続く国際化の動向にたいして、日本の農政は十分な対応ができていないないし、食管制度廃止後の農政についても、民主党時代の戸別所得補償の是非も含めて、さまざまな議論があるのが現実である。

さらに、食料・農業・農村基本法の制定以降も一貫して「効率的かつ安定的な農業経営が農業生産の相当部分を担う農業構造を確立する」ことが政策の重点目標に掲げられているが、第一章で指摘した米国型農業への志向が継続されている点について見直す必要がある。担い手への農地の集約と規模拡大を進めることは課題ではあるが、一方で中山間地域等において農業生産体制がいちじるしく脆弱化している現状を見ると、農地集約だけでなく、それを含むより大きな政策体系が求められているのである。農業基本法以降、農政の底流をなしてきた大規模単作機械化農業への志向から脱却して、日本の自然条件や歴史のなかで形成された農村社会に適合する農法へ転換することもより高い次元の課題である。

その意味で、国際化と食管制度廃止後の農業生産のあり方を包含する政策体系は、いまだ未完成だと考えるべきではないか。したがって戦後日本の農政は、きわめて大きなくくりにはなるが、図表２—１のように戦後農政を三つの時期に区分すべきであると考える。

① 終戦から農基法制定まで（一九四五—六一年）
（戦後改革、食料増産、統制撤廃など）

② 生産拡大と国際化の進展（一九六二—九五年）
（生産性向上と農工間所得格差是正を目標とする農業基本法による農政展開）

図表2-1　戦後の農政推移概観

| | 年 | 重要な出来事 |
|---|---|---|
| 終戦から農基法制定まで | 1945 | 終戦 |
| | 1945－ | 農地改革 |
| | 1952 | 農地法制定 |
| | 1947 | 農協法制定 |
| | 1956 | 「もはや戦後ではない」(経済白書) |
| | 1961 | 農業基本法制定 |
| 生産拡大と国際化の進展 | 1967 | 米の完全自給を達成 |
| | 1969 | 自主流通米制度の発足 |
| | 1970 | 米の生産調整の開始 |
| | 1988 | 日米農産物交渉合意（牛肉・オレンジ自由化） |
| | 1992 | 「新しい食料・農業・農村政策の方向」(新政策) |
| | 1993 | ガット・ウルグアイ・ラウンド農業合意 |
| | 1995 | 食糧管理法廃止・食糧法制定 |
| 食管制度廃止と自由化下の政策構築へ | 1999 | 「食料・農業・農村基本法」制定 |
| | 2000 | 「食料・農業・農村基本計画」策定 |
| | 2000 | 中山間地域等直接支払制度導入 |
| | 2002 | 「米政策改革大綱」決定 |
| | 2005 | 経営所得安定対策等大綱決定 |
| | 2009 | 民主党政権発足，戸別所得補償制度（2010-） |
| | 2012 | 第 2 次安倍政権発足，経営所得安定対策（2013-） |
| | 2013 | 農林水産業・地域の活力創造プラン |

### ③ 食管制度廃止と自由化下の政策構築へ（一九九六年─現在）

#### （一九九五年の食管制度廃止とWTO・FTA進展下における農業政策の追求）

なお、ウルグアイ・ラウンドは国際交渉のなかで生じたものであり、食管法廃止は、ウルグアイ・ラウンド合意に基づく国内農業支持（保護）の削減との関連はあるにせよ、国内の米需給の変化がもたらしたものである。国際的な要因と国内的な要因が同時期にあるからといって、まとめて時期区分の境界とすることへの異議があるかもしれない。しかし重要なことは、ウルグアイ・ラウンドでは農産物に関するすべての国境措置を関税化することが取り決められ、以後、国内農業政策と対外貿易政策が否応なしにリンクすることになったことである。

そしてEU（欧州連合）や米国の農業政策はそれに対応して変化を遂げてきたが、日本の農政は以下に見るとおり、十分な対応ができていない。一九六一年の農業基本法制定以降に生じてきたさまざまな問題、そして一九九〇年代の大きな環境変化に対して、いまだに包括的で体系的な農政対応ができていないことが問題なのである。

## 日本型農業ビジョンの確立

第一章で指摘したように、農業基本法は米国型農業を理想として、大規模機械化単作農業を推進した。それは、経済成長とともに農家の離農が大量に発生することを前提にして、農業経営の規模拡大を進めることを大きな目標とした。その考え方は、農業基本法に続いて制定された食料・農業・農村基本法にも受け継がれ、二〇一二年に発足した安倍政権が推進した農政において極限にまで達した。

しかし日本農業は、それらの政策で想定されたような規模拡大は進まず、反対に、多数の農家の兼業農家化、化学肥料と農薬依存による土壌の劣化、小規模単作経営の農業機械化による過剰投資、それらの結果としての農業の足腰の弱体化と農村地域社会の脆弱化をもたらした。農業人口の高齢化によって農業・農村地域の持続可能性が危機に直面している今日、あらためて日本農業のあるべき姿についてしっかりとしたビジョンを確立し、そのための農政を構築することが求められているが、ここではそれを自然資源経済論の視角から提起したい。

第一に、農業基本法以来前提とされてきたように、市場経済における非効率な農業は切り捨て、工業的な思想により農業を合理化することによって競争力を高めるという考え方を改めることである。国民に食料を供給する農業には、単なる商品としての農産物を生産する産業であること以上の意義がある。また、農業は人間もその一部である生態系の働きによって行われるものであり、生態系が健全で豊かであるかどうかと深く結びついている。さらに、自然に対する人間の働きかけとして行われる農業は、その地域における自然条件に合った二次的自然を生み出し、それは、人間が生きていくうえでの多面的機能を発揮し、その蓄積のうえに文化を含む風土を形づくる。

したがって、農業は市場経済における一部門という以上の意義をもつものであり、このような農業の特性を最大限に伸ばすことに基本的な価値が置かれるべきである。そして、それが阻害されるような行き過ぎた市場競争や貿易自由化は、その観点から制御されるべきである。農政が日本農業の将来ビジョンを立てるうえでは、まずそのことを明確にし、国民的な共通認識とすべきである。

第二に、農業基本法以降に進められた大規模機械化単作農業への志向を改め、日本の自然的条件に適合する多様な農業、温暖湿潤で国土が変化に富み、農業生産に本来有利であるという特性を最大限に発揮できる農業への転換を図るべきである。

それでは、日本型農業はどのような方向をめざすべきなのか。

ドイツの科学者J・F・リービヒ（一八〇三―七三）は、窒素・リン酸・カリが植物の三大栄養素であり、無機物が植物の栄養素になっていることを明らかにして、化学肥料を生み出し、「農芸化学の父」と呼ばれる。化学肥料は食料生産の増大に大きく貢献したが、一方で人間と自然との関係を大きく変え、新しい問題をもたらした。有機農業研究者の中島紀一は、「農耕とは、農地という半自然の環境下で、重層的・生命連鎖的自然小循環をうまく成立させ、その安定的活性を高めるなかで、作物の主体性を発揮させようとする人為の体系である」とする。そして、リービヒについては、大地を単なる化学栄養物質の一元的ストックと考えて、「生命連鎖的小循環という視角をもてなかった」と批判している。中島は、有機農業技術論の骨格は低投入・内部循環・自然共生であるとするが、それは合成化学物質を使用しない農業というにとどまらず、「外部資材等の投入削減が、圃場生態系の形成や地域自然との良好な関係性形成を促し、自然共生の線上に本来的な生産力形成が図られるという展望が設定されているのである」と主張する。[6]この観点からは、「土を主な場として展開する土壌微生物、土壌小動物、昆虫や雑草たちが織りなす「自然共生の世界」の形成」こそが基盤であることになる。

これからの日本型農業を展望するにあたり、自然が豊かで多様性に富む日本の特徴を最大限に活かすためには、「農業の工業化」を志向するのではなく、中島の言うような「自然共生の線上に本来的な生産力形成が図られる」農業をめざすべきである。もちろん、すべての農業をただちに有機農業に転換することは非現実的であるが、そのような自然共生型の農業に向かう道筋を明らかにし、政策を構築することが課題ではないか。

農業経済学者の矢口克也（芳生）は、第二次世界大戦後の日本農業の近代化（機械化・化学化・装置化・単

作化）により「労働および土地生産性が飛躍的に向上した。しかし、農法の変革はなかった。機械化・装置化は過剰投資と石油依存をもたらし、化学化・単作化は化学物質依存と地力低下、土地・機械利用率の低下、土地生産性の停滞を背負うことになった」とする。[7] そして、水田農業における農法革新の課題として、田畑輪換（導入のあり方によっては、冬の休閑をなくして土地・機械・労働力利用率を高め、地力増強・雑草抑制、水による土壌消毒、労働・費用の節約の効果がある）、移植方式で化学肥料の表層施用による「浅耕多肥」の水稲単作・連作農業から直播方式で深耕の地力増強を伴う方式への転換、地域農業の組織化、自然循環・環境保全・省エネ型農業への転換、耕畜連携、中山間地域における牛やヤギなどの放牧等、さまざまな課題を提起している。

このように、農業の多面的意義の国民的理解のうえに、自然共生型農業を築くこと、そのために、農法の革新を実現していくことが課題になる。その場合には、農業を地域に根ざした自然資源経済としてとらえるならば、これら以外にも、生物多様性を保全するための取組み（たとえば、水田・水路・ため池と生態系とが分断された状況からの回復を図る魚道の設置等）、森林・里山を地域の自然資源経済のなかに調和的で持続可能なかたちで位置づけ、その利用・管理を革新していくことも課題である。

さらに、狭い意味での農業に限定せず、加工・流通の段階も自然共生的に改善し、農山村に豊富に賦存する自然エネルギーも地域の利益・福祉につながるかたちで活用し、また観光や農業教育・農業体験などをとおして、農村外の人々にとっても自然共生社会に生きることが実感できるような取組みを展開することが課題ではないか。

以下、日本の農業政策が抱える具体的な課題について考えることとしたい。

## 経営・所得政策はこれでよいか

食管制度の時代には、米価は政府が決定していた。その米価の決定方法は「生産費・所得補償方式」とよばれ、政府が把握した米の生産費を前提に一定の所得水準が確保される水準に米価を定めるというものであった。この方式は政府の売買逆ザヤ（買入価格より売渡価格が安い）をもたらし、食管会計の赤字が問題となった。一九六九年からは食管会計を経由しない自主流通米制度が導入され拡大したが、米は不足から余剰の時代に転換し、戦時下の一九四二年にスタートした食管制度は廃止されることになった。

こうして一九九五年に食糧管理法が廃止され、新たに食糧法が制定されてからは、政府は米の生産調整や備蓄には関与を続けたものの、米の流通は自由化されていき、米の価格も自由な市場取引のなかで形成されることになった。

しかし、このことによって政府が農家の経営に関与しなくなったわけではない。農業は自然生態系の働きによって行われる営みであり、気候によって豊作・不作の大きな波がある。また重要な生産要素である農地は広大な面積を必要とし、流動性にとぼしい。市場の状況に合わせて経営を拡大・縮小し、別の経営に転換しようとしても、短期間で対応することは難しい。そしていったん農地が放棄されると、それを元に戻すには大変な労力が必要であり、国全体としても、農業が縮小してしまうと安全保障上の重大問題になる。また、こうして作られる農産物は、国民の生存にとって不可欠なものであり、需要は常に一定水準の量があるので、市場にまかせていれば、作柄の豊凶によって価格は乱高下せざるをえない。

このため諸外国では、農業が持続的に行われるよう、経営対策や需給対策が行われている。「日本農業は保護されすぎている」という思い込みの議論が聞かれることもあるが、第四章でＥＵ・オーストリアの例をとり上げるように、日本よりもはるかに強い競争力を持つＥＵや米国においても、きわめて充実した制度や対策が行われているのである。

食管制度が廃止されて以降、日本においても、米の生産調整を維持しつつ経営・所得対策が幾度も見直されながら実施されてきた。

現在行われている政策の源流ともいえるのは、二〇〇二年に決定された「米政策改革大綱」によって二〇〇四年にスタートした米政策改革である。この改革では、「米づくりの本来あるべき姿」を二〇一〇年度までに実現するとして、認定農業者などの「担い手」に農地利用を集積するとした。そして、担い手を対象に、稲作の基準収入と実績収入の差を補てんする「担い手経営安定対策」をスタートさせた。そして二〇〇五年に決定された「農業構造の展望」では、二〇一五年に経営耕地面積の七割から九割を担い手に集積するという展望が示されたのである。さらに二〇〇七年度からは、米以外に麦、大豆なども含む「品目横断的経営安定対策」に改変された。

この流れは二〇〇九年に登場した民主党政権によって大きく変わった。二〇一〇年度から一二年度にかけて実施された戸別所得補償制度は、支払対象を担い手に限定せず、生産調整に参加する販売農家と集落営農に対して交付金が交付された。

このような変遷を経て、二〇一二年に発足した第二次安倍政権の下で推進されている経営所得安定対策は、ふたたび担い手を対象とする政策に変更されている。

現在行われている経営所得安定対策について簡単にみると、認定農業者や集落営農等を対象に、二種類の交付金が支払われる仕組みになっている。

そのひとつは「ゲタ対策」と通称されるもので、諸外国に対して生産条件面で不利がある麦・大豆などの畑作物を対象に、標準的な生産費と標準的な販売価格の差を補てんするものである。もうひとつは「ナラシ対策」と通称されるもので、米・麦・大豆等の販売収入の変動を緩和するための支払である。またそれ以外にも、水田を活用して麦・大豆・飼料用米・米粉用米などの生産に対する支払も行われている。これは、米の需要が長期継続的に減少している一方で、日本の土地・自然条件からは米生産が有利であり、また水田を活用することが食料自給確保のためにも望ましいことから実施されている政策である。とくに近年は飼料用米に力が入れられている。補助金を飼料生産に使うのか、という批判もあるが、海外から輸入する飼料に依存しない循環型の畜産を振興するためにも、米の需給を安定させるためにも重要な政策である。なお飼料用米は、今後多収・低コスト化のための品種開発・農法の導入により生産コストの低減が期待されており、そのような努力をいっそう進めることが課題である。

このように、日本の農政は一貫して、担い手が農地の大部分を担う姿をめざして進められてきたが、第一章（図表1―13、四九頁）でも見たとおり、担い手への農地集積は思うように進んでおらず、むしろ日本農業の脆弱性がますます露わになりつつある。その背景にあるのは、農地を集積するうえでの技術的な障害といった小手先の問題ではなく、第一章で見たような、日本農業が歩んできた歴史や、日本の農村社会および自然・風土によって規定される要因が大きいというべきであろう。

また民主党政権が実施した戸別所得補償政策は、選別を排したという点で現場からの評価は高かったが、日本農業全体としての将来ビジョンは弱く、農家に将来の希望を持たせるという点では不十分なものであった。このことはまた、戸別所得補償政策にたいして「バラマキ」であるという批判を呼ぶ原因ともなった。

こうした意味で、あらためて日本農業と農山村の将来ビジョンをしっかりと描きなおすこと、そしてそれと整合する内容の、現実を変える力のある経営・所得政策を再構築することが求められているのである。

## 「日本型直接支払」について

ウルグアイ・ラウンド交渉の結果、EUは農産物の域内の価格支持水準を引き下げ、輸出補助金を削減する代わりに、農業生産者に対する直接支払を導入した。その後、関税や価格政策で農家を守るのではなく、農家に対して直接補助金を支払う直接支払が世界で拡大している。それはさらに、農家の所得を支える目的だけでなく、環境の保全や改善、条件不利地域の景観維持などの目的のための補助金としても使われるようになっている。

関税か直接支払かという議論は次項で扱うこととするが、日本でも既存の政策を継続・拡充して、二〇一四年度から「日本型直接支払」が実施された。これは、「地域の共同活動の困難化に伴い、担い手への水路、農道等の地域資源の維持管理の負担が増大し、担い手による規模拡大が阻害されることが懸念される」[8]状況のため、農業・農村の多面的機能の発揮のための地域活動や営農の継続等に対して支援を行うもので、多面的機能支払、中山間地域直接支払、環境保全型農業直接支払の三つの直接支払からなる。以下、簡単にその内容を見てみよう。

第一に、「多面的機能支払」は、二〇一七年度予算額は四八二億円で、日本型直接支払予算の六三パーセントを占める。これは、農地維持支払（水路・農道の管理などの共同活動を支援）と資源向上支払（水路・農道・ため池の補修や植栽による景観形成など地域資源の質的向上を図る共同活動を支援）からなる。

これらは、中山間地域等で人口の高齢化と減少が進み、地域資源の維持管理の困難が強まっていることから、対応としては一定程度、有効な政策といえる。しかし、それは資源管理低下の懸念への対症療法であり、これを続けることによってその懸念を招いている原因がなくなるわけではない。また、さらに大きな問題として、これが共同活動に対してだけ支払われることである。多面的機能は水路や農道によって生まれるというよりは、農業生産と結合されて、生産と分離できないかたちで生まれる。日本では地域資源の管理は農村集落の共同活動によって行われる場合がかなり多いことから、共同活動への支援には意味があるが、農業生産と結合した多面的機能という意味では、生産者に対する直接支払も必要である。この点を改善しなければ、共同活動に支援をしようとしても、共同活動に参加する人たち自身がいなくなってしまいかねない。

第二に、「中山間地域直接支払」は、二〇一七年度予算額は二六三億円で、日本型直接支払予算の三四パーセントを占める。中山間地域で集落協定を締結し、五年以上農業生産を継続する農業者に支払うもので、支払単価は中山間地域と平地との生産条件格差の範囲内で設定する。

これは、耕作放棄の発生防止や農作業の共同化等の活動に支払われるが、その支払先は個人だけでなく共同取組活動も含まれる。確かに、中山問地域での営農継続に向けての話し合いや取組みを喚起し、これらの地域での農業経営を一定程度支える役割は果たしていると評価できる。しかし近年は、農家の高齢化や病気による協定参加者数の減少により、この支払制度に取り組む面積は頭打ちないし減少傾向にある（図表2―2）。

また、この制度で支払われる交付金のほぼ半分（二〇一六年度は四七・九パーセント）は共同取組活動に配分されており、それには意義があるとはいえ、「平地地域との生産条件格差」を埋めるという意味では不十分である。この制度は、中山間地域での離農と農地荒廃を抑える受け身の対応としては一定の効果があったと思われるが、積極的にこれらの地域の農業を持続可能な姿に再編する力があるかといえば、そうではない。バラマキというような批判は、まったくあたらないし、むしろ大いに不足しているというのが、現場の実感なのではないか。

たとえば山岳地帯の多いオーストリアでは、農家の受け取る補助金が農業所得に占める割合は八七・五パ

図表2-2　中山間地域等直接支払交付面積

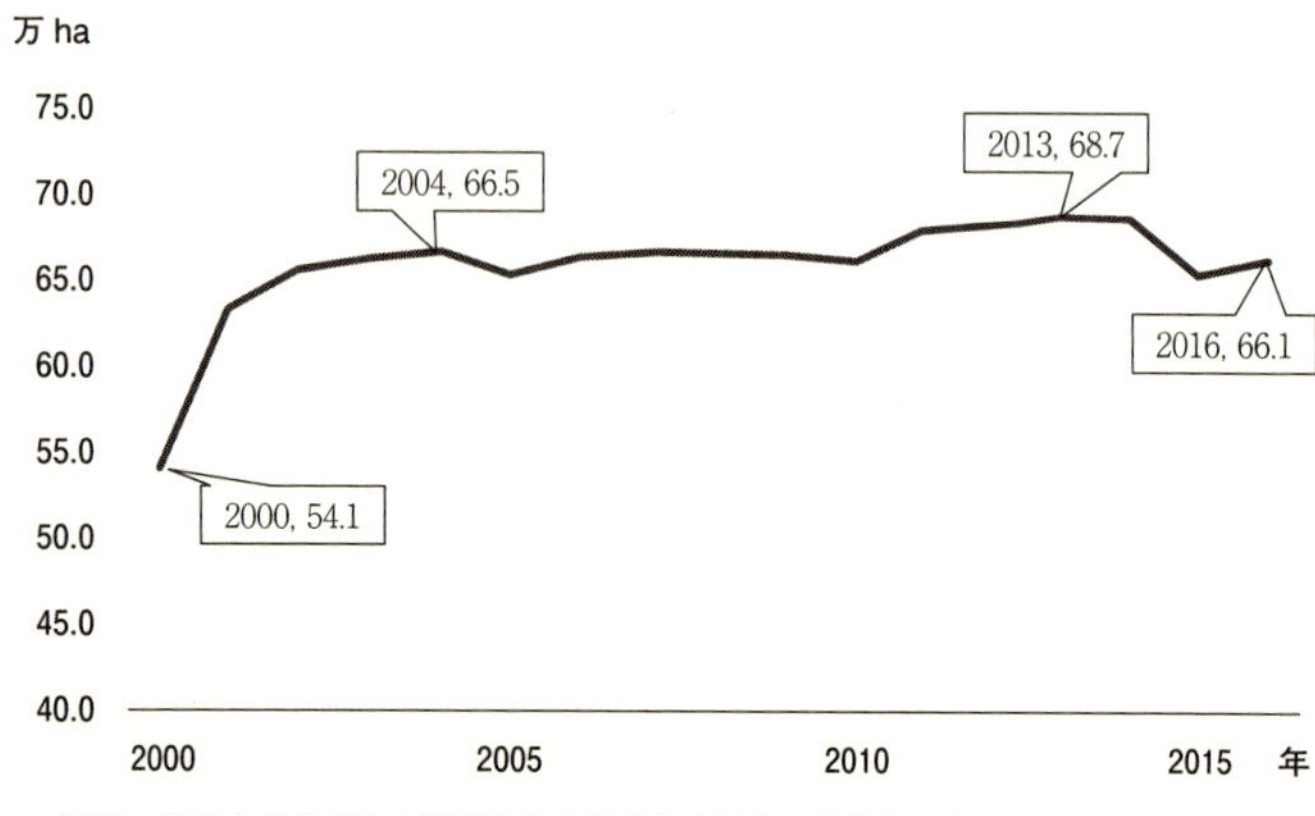


出所　農林水産省「中山間地域等直接支払交付金の実施状況」から作成

ーセントに達しており、日本との差は歴然としている（二〇一四年、市場作物の場合。農林水産環境省におけるヒアリングによる。詳しくは本書第四章を参照）。

第三に、「環境保全型農業直接支払」は、二〇一七年度予算額は二四億円で、日本型直接支払予算の三パーセントである。これは、地球温暖化防止に効果の高い営農活動（カバークロップ、堆肥の活用など）や、生物多様性の保全に効果の高い営農活動（有機農業など）に支払われる。

二〇一七年度（見込）で件数三四八一件、面積八万九千ヘクタールとなっており、まだ一部の取組みにとどまっている。本書七九頁以下の「日本型農業ビジョンの確立」の項で見たような日本農業が抱える課題を解決するためには、環境の保全・向上に資する個々の取組みに加え、化学肥料・農薬低投入と地力増強を図る地域での取組みや地域複合農業への取組み、自然と共生する農業に向けての農法の革新なども対象として、それらの取組みを大きく広げることが必要であろう。

以上見てきたように、日本型直接支払は相応の効果を発揮してはいるが、多面的機能の維持、中山間地域農業の支援、環境の保護と改善それぞれにおいて、その内容はまだ期待される広がりを持っていないし、量的にも、日本農業の困難な現状を打破するうえではきわめて不十分である。もちろん、単に支払を増やせば問題が解決されるわけではない。持続可能な生産体制にしていくために集落営農への支援を抜本的に強化すること、担い手農家が周辺農地所有者と協定を結んで農地の有効利用を継続することへの支援、そして、それが資源の保全や環境の向上にさらに資するよう、農業・環境支払を充実させ、それとのクロスコンプライアンス（補助金受給のために義務づける環境等の条件）を強化するなど、農業・農村政策全般を見直し、新しい有効な対策を生み出すことが課題になるだろう。

また、ＥＵにおける直接支払が域内価格引下げとセットで導入されたことからわかるように、直接支払はその他の所得政策と密接に関連している。日本の場合、さきにとり上げた経営所得安定対策等の経営所得対策が実施されているが、それらとの関連においても、日本型直接支払が評価され、その見直しが行われなければならない。

## 社会的・連帯経済の意義

自然資源経済論では、自然と調和した経済・社会をつくる主体として、市場、国家に加えて協同組合などの「社会的経済」も同様に重視する。また、ボランティア的な活動を含む、多様な「連帯経済」も重要である。現に日本の農村でも、女性たちによるボランティア的な直売所運営、加工事業、福祉事業などがたくさん見られる。

第一章で見たとおり、日本の農村では、古くから農村社会のムラ的な絆が農業生産や地域社会の営みに大きな力を発揮してきた。近世のムラはすでに弱まり、解体されたといってもよい状況ではあるが、これからの農業・農村を考える場合にも、そこに住む人々が協同して知恵を出し合い、助け合って自分たちの願いをかなえていくことは、きわめて重要である。それは、一人ひとりではできない力を生み出すし、政府が直接行うよりも少ない費用でより良い成果を生み出すことが可能になるだろう。「市場か補助金か」というような単純な視点ではなく、社会的・連帯経済の重要性を認め、農協が協同組合らしさを伸ばしてその力がより発揮されるように支援することも、農政の重要な役割である。極端で誤った農協改革によって、農協を「農業経営者が収益を上げることに貢献する経済組織」として純化しようとするような政策は、行ってはならない。

### 米の生産調整をどう考えるか

具体的な政策ではあるが、米の生産調整についても触れておきたい。

日本では一九六〇年代半ばに米の自給を達成するまでは、米が主食でありながら不足の状態が続いてきた。江戸時代までは、米の生産力が人口規模を規定していたし、明治以降も、米の増産が図られたものの国内では自給できず、植民地への依存や、農家が米を満足に食べられない状態が長く続いた。

ところが高度経済成長期以降は、米が余る時代となり、米の生産調整が続けられてきた。米は需要の価格弾力性が小さく、需給調整なしには価格が大きく乱高下して、稲作経営が持続できないためである。このような政策は、欧米でも、酪農等の重要な品目で行われてきたことであり、日本に特異なことではない。しかし、米が余剰の時代になると、戦中から続いた食管制度は意味がなくなり、順次流通が自由化され、一九九五年には食糧管理法が廃止された。

食管制度廃止後も、生産調整は所得安定対策等による補助金の需給要件とするなどの仕組みも織り込みつつ継続されてきた。ところが政府は、二〇一八年度から、生産調整の目標配分を民間に委ね、生産調整を民間の手で実施することとした。規制改革サイドから長年叫ばれてきた生産調整の廃止は、ここにきて、ようやく実現しつつあるかのようにみえる。

しかし生産調整推進のための民間組織を作るとはいえ、その実効をあげていくことができるかは不透明である。そして、仮に需給が緩和して米価が大きく下落すれば、大規模な専業的稲作経営から行き詰まることは明らかである。小規模兼業農家は自家飯米生産農家も多く、また兼業収入があるので価格下落への抵抗力が強いからである。「その場合には、大規模生産者を直接支払で支援すればよい」という意見もあるが、それはいままでみてきた農業全体をどうするのかという視点から外れて、単に大規模経営をつくればよいという偏った議論になる。

規制を緩和し自由な市場流通に委ねるだけでは、日本農業の姿が望ましい姿に向かっていくとは限らず、むしろ意図せざる縮小などの問題が生ずるかもしれない。米の生産調整をめぐる議論は、このように蛇蜂取らず、袋小路に入った感がある。

さらにここで指摘しておきたいことは、日本の米生産コストは下がってきたものの、食管制度廃止後の米価下落はそれを上回っており、すでに採算割れの農家も多いということである（図表2―3）。このような状態を継続しても、それが望ましい稲作の姿になるとは思えない。今後米価が現状程度であっても経営継承がうまくいかない農家の撤退が進み、それでも兼業家族農業は広範囲に残るだろう。一方、これ以上の米価下落は、専業的な担い手層の経営難を増すだろう。食管制度廃止によって需給と生産調整が緩んだ状況を放置することで構造改革が実現できると考えるのは誤りなのである。

しかし将来、中国をはじめアジア諸国において、中間層の人々も豊かになるほどの経済成長が実現した暁

**図表2-3　米価と生産費の指数**（1992=100）

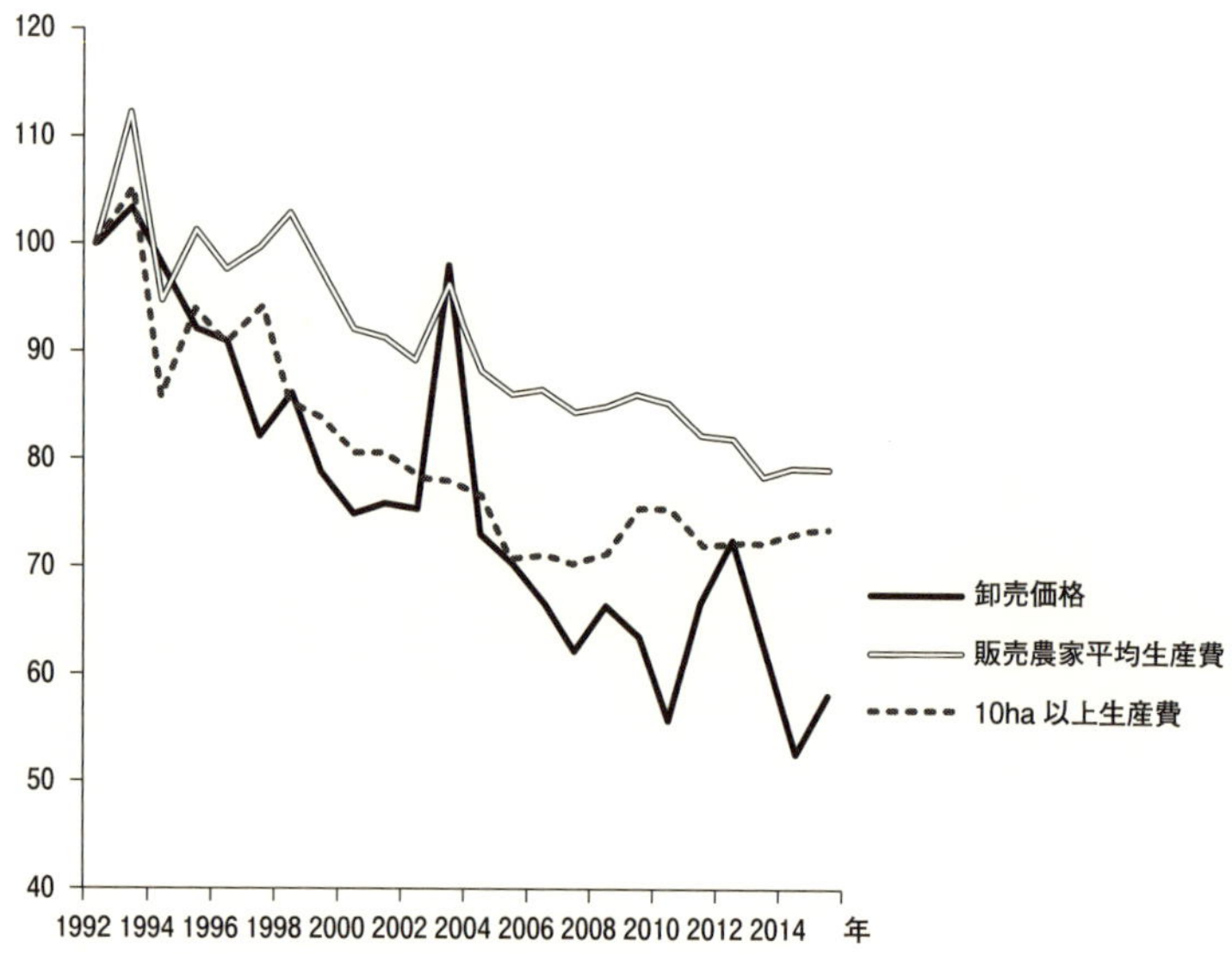


出所　卸売価格／農水省「米をめぐる参考資料」. 2005年度までは（財）全国米穀取引・価格形成センター入札結果, 2006年以降は農林水産省調べの相対取引価格
生産費　／農水省「農業経営統計調査」

には、日本の米への需要も高まるかもしれない。一〇年以上前であるが、中国の農業部（農業省）の幹部に会った時のことである。話が米の生産調整に及んだ時、彼は冗談まじりに、「中国がもっと豊かになれば、生産調整などしなくても、中国で全部食べてあげますよ」と語った。「そうなれば日本人が食べる米はあるのだろうか」という思いも私の脳裏をかすめはしたが、日本農業の未来は暗くないと思わせる言葉ではあった。もちろんそんな時代が来れば、中国の農業も需要に合わせて大きく変わっているであろうが、変化の激しいアジアの将来には、いまの常識論では見通せないことがたくさんある。しかし、原理主義的な「規制改革」で日本国内の米生産を自由に委ねてしまえば、そのような時代が来る前

に、日本の米生産は縮小せざるをえない。

どうすればよいのか。残念ながら即効薬は見当たらないが、条件の良い地域では引き続き担い手への農地集積を進め、条件の不利な地域では地域の農業が将来にわたり継続されるよう、集落営農や担い手が協定を結んで営農を維持する取組みへの支援を抜本的に強化する。また、すでに述べたように、田畑輪換・複合経営・地域循環型農業・環境保全型農業など農法と経営の革新に取り組み、自然と共生する多様な農業生産を発展させる。これは飼料用米生産と併せて、米の供給圧力を緩和することになる。このようななかで、生産調整については実効性のある仕組みを維持する。

このような取組みをしても、農家が減少する趨勢は変わらず、あるいは今後加速するかもしれないが、世代替わりの大きな波のなかで、米の需給問題を解決していくのが、現実的な対応ではないだろうか。

## 農村地域政策の貧困

すでに見たとおり、農林水産省の政策のなかにも農村振興政策があるが、中山間地域対策などを含む「日本型直接支払」も、農村振興面で十分に有効な成果をあげているとはいえない。また日本固有の問題として、省庁縦割りの弊害がもっとも表れているのも、農村振興政策においてであろう。

このような状況を打破するかの期待をまとって登場したのが、二〇一四年にスタートした「地方創生」政策であった。地方創生政策の問題点については第一章第二節の「「農業・農協改革」で噴出する議論と対立」（四六頁以下）でとり上げたが、もっとも大きな問題は、それが地域自らの内発的な発展への取組みを喚起するものになっていないことである。

これからの地域再生のためには、第一には、内発的で利益が外部に流出しない地域経済をつくりあげることが必要である。農林水産業や観光も含めた、地域の特色ある産業を育てるとともに、地域内の産業連関を深めて、利益が地域外に流出しない経済をつくっていく必要がある。そのためには、地域に賦存する自然エネルギーを活用する再生可能エネルギー事業に地域自らが取り組み、エネルギー自給を高めることも有効であろう（詳しくは、第六章参照）。

第二には、地域の人や組織の間から、よりよい地域を作ろうとする内発的な動きを巻き起こすことが必要である。地方創生政策は、地方における雇用の創出や移住促進などに重点が置かれているが、まず重要なことは、現に地方に住んでいる人たちがその地域に住むことを幸せに感じることではないのだろうか。そのために、地域の人々が望むことは多い。地域の賑わいを取り戻したい、というように、すぐには実現が難しいものもあるが、地域をもっと美しくしたい、集まってお茶を飲み話ができる場所がほしい、など、実現しやすいこともたくさんある。このような多様なニーズをとらえ、住民たちの自発的な取組みを喚起すること、そのような動きを拡大していくことが、地域再生の基礎になければならない。「上から」メニューを示して旗を振るのではなく、あくまで地域から動きを起こしていくことが重要なのである。[9]

このような取組みを支援する政策が、オーストリアでは幅広く行われている。ドルフ・エアノイエルング（Dorferneuerung：英語では village renewal）、「村のリニューアル」という事業である。これは、地域の住民たちが話し合って、村をよくするための案を出しあうことから始まる。村の自治体がこれに協力することも多い。その内容は、村を美しくしたい、子供の遊び場がほしい、住民が集まれる建物・レストラン・カフェがほしい、教育・生涯教育・レジャーなどを充実させたい、村としての事業を興したい、などさまざまなものがある。そして州は、テーマに応じた専門家を派遣して、これらの議論を支援する（詳しくは、第四章参照）。

このような場合、日本ではともするとコンサルタント任せになって、あまり役に立たない体裁だけ立派な報告書ができて終わりとなるのであるが、オーストリアではあくまで住民が主体であり、その具体的な取組みには、州からの補助金も支出される。このような取組みが蓄積しているオーストリアの農村は、どこへ行ってもとても美しく、人々の暮らしは楽しく幸せそうである。こうした内発的な地域作りを進める制度が、日本でも必要である。

## 3　対外経済政策と農政

### 農産物市場開放の歴史

ガット（GATT：関税と貿易に関する一般協定）における貿易交渉は、一九四七年の第一回交渉から九四年に終結したウルグアイ・ラウンドまで、八回行われた。このうち、第七回の東京ラウンドまでは、特定の品目にかかる関税交渉が中心的な内容であった。この間、日本は一九五五年にガットに加入して交渉に参加し、以後関税の引下げに取り組んできた（図表2—4）。

ガット交渉は、ウルグアイ・ラウンド（一九八六—九四年）になって、まったく様相の異なるものになった。そこでは、農産物について、①すべての非関税措置の関税化（包括的関税化）、農産物関税を平均三六パーセント、品目ごとに最低一五パーセント削減、②国内支持（補助金・価格支持等）を二〇パーセント削減、③輸出補助金の削減（金額で三六パーセント、数量で二一パーセント）等が取り決められた。そして、合意の結果締結されたＷＴＯ農業協定では、「改革過程の継続」という条項が設けられ、ラウンド合意の実施期間（六年間）終了前に新しい交渉を開始することが定められた。このように、ウルグアイ・ラウンドではすべての品目を関税化するとともに、[10]関税やその他の保護を一定のルールによって削減することとなり、また、継続的な保護削減交渉を行うことも合意されたのである。

その後新しく設立されたWTO（世界貿易機構）の下で、二〇〇一年にドーハ・ラウンドが立ち上げられた。ドーハ・ラウンドは、それまで米国とEUが主要なプレーヤーであった状況から一変して、発展途上国の力が格段に強くなった交渉であった。

この農業交渉では、関税や保護を削減するルールをめぐって厳しい交渉が続けられ、二〇〇八年八月には、合意する一歩手前まで進んだ。この時日本は、関税引下げの扱いを緩くする「重要品目」を全品目数の一〇パーセント以上確保する方針で交渉に臨んだが、交渉終盤に至っても重要品目四パーセントの確保しか見込めず、絶体絶命の窮地に陥った。当時私は報道によって交渉の成行きを見守っていたが、交渉終盤に入って打開の道がまったく見えなくなり、農林水産大臣以下現地の農業交渉チームに焦燥と無力感が膨らんでいったことをよく覚えている。ところが交渉の最終局面に至って、発展途上国への配慮が不十分だとするインド・中国等と米国の対立が炎上して交渉は決裂、日本は救われたかたちとなったのである。その後ドーハ・ラウンドは漂流状態となっている。

こうしてWTO体制の下で多国間の貿易交渉を進めることが困難になるなかで、個別国間で取り決めるFTA・EPA[11]が世界に拡大した。かつて日本は、WTO交渉を基本とする方針であったが、こうした情勢変化のなかで、FTAに本格的に取り組むようになった。

その結果、二〇〇二年に発効したシンガポールとのEPA（経済連携協定）を皮切りに、次々とEPAを締結していったが、しばらくの間は、日本農業への影響が小さい国との締結が中心であった。

## 図表2-4　農産物市場開放の経緯

| 年 | 主な出来事 |
|---|---|
| 1955 | ガット加入 |
| 1960 | 農産品121品目自由化 |
| 1967 | ガット・ケネディ・ラウンド妥結 |
| 1972 | 農林水産物のうち50%強（270品目）の関税引下げ |
| 1978 | ガット・東京ラウンド妥結を受け，牛肉・かんきつの輸入枠拡大 |
| 1988 | 日米農産物交渉で牛肉・かんきつの輸入枠拡大，輸入数量制限撤廃等の合意 |
| 1993 | ガット・ウルグアイ・ラウンド農業合意．包括的関税化，米ミニマムアクセス等 |
| 1995 | WTO 発足 |
| 1999 | 米の関税化を実施 |
| 2001 | WTO 発足ドーハ・ラウンド開始 |
| 2002 | シンガポールとの EPA 発効。以後2017年までに，メキシコ，マレーシア，チリ，タイ，インドネシア，ブルネイ，ASEAN，フィリピン，スイス，ベトナム，インド，ペルー，豪州，モンゴルと EPA 発効 |
| 2002 | 外務省「日本の FTA 戦略」 |
| 2008 | WTO 閣僚会合（ジュネーブ）決裂，以後交渉は漂流へ |
| 2009 | 民主党，マニフェストに「東アジア共同体の構築」を掲げる |
| 2010 | 菅首相，TPP 交渉参加検討を表明 |
| 2013 | TPP 交渉に参加，RCEP・日中韓・日 EU 交渉開始 |
| 2015 | 日豪 EPA 発効 |
| 2017 | 米国，TPP 交渉から離脱 |
| 2017 | TPP11大筋合意，2018年 3 月署名．日 EUEPA 妥結 |

それが変わってきたのが、二〇一五年発効の日豪ＥＰＡ以降である。日豪ＥＰＡでは、とくに牛肉の自由化内容が国内生産に与える影響が懸念され、政府は国内対策とのはざまで難しい対応を強いられた。そのなかで日本の対外経済政策は、物品貿易や投資の自由化を一層推進する立場に立ち、ＩＳＤＳ（国家と投資家の間の紛争解決手続）など米国型ルールを受け入れ、発展途上国に対してはその受け入れを求めるなど、米国中心の貿易・経済圏の推進を進める立場を鮮明にしていく。そのなかでＴＰＰに精力的に取り組み、米国が離脱した後も、米国の復帰も期待しながらその合意に向けた主導的役割を演じた。このような状況のなかで、日本の経済連携はどのような方向に向かうのか、そのなかで農業はどのように取り扱われるのか、根本に立ち返った議論が必要な段階に入ってきている。

## 日本の対外農業交渉

日本の対外農業交渉をめぐる環境はウルグアイ・ラウンド以降、劇的に変化した。ウルグアイ・ラウンド合意では、日本は米の関税化を回避する代わりにミニマム・アクセス数量の上乗せを受け入れたが、当面大きな変化をこうむることは回避した。[12] しかしウルグアイ・ラウンド合意で、すべての国境措置を関税化したなかで継続的に自由化交渉が行われること、とくに削減対象とする価格支持や補助金等を統一的な指標[13]で表して削減していくことが定められたことは、そのことを前提とした内外一体的な農政の構築が迫られたことになる。

ウルグアイ・ラウンドが与えたインパクトの大きさという点では、ＥＵや米国も同様であった。交渉の大きな焦点は、輸出補助金を活用して農産物の輸出を拡大するＥＵと、同じく農産物の大輸出国である米国の対立であった。ＥＵは一九九二年のＣＡＰ（共通農業政策）の改革によって、農家への直接支払を導入し、輸出補助金の削減に耐えられる政策への大転換を行ったのである。また米国も、自国の利益の確保を最優先にしつつ、直接支払制度を導入するなど、新たな農業保護政策を次々に導入してきている。

こうしたなかで、ドーハ・ラウンド開始後の日本の交渉は、新しい状況に適応したものとはいえなかった。日本はドーハ・ラウンドで、「多様な農業の共存」を基本的な哲学として、農業の多面的機能への配慮や食料安全保障の確保を主張する提案を行った。そして交渉の戦術としては、先進食料輸入国で構成するG10[14]グループとして、多面的機能を維持し柔軟な保護削減をすることを主張した。

しかし日本の主張の弱点は、多面的機能への配慮という主張が、関税削減・保護削減など具体的な交渉事項とのつながりを欠いていたことである。一般的な理念としては立派であっても、だから具体的にはこのような内容で合意しようではないか、と迫ることのできる具体的提案（たとえばEUにおける直接支払）とそれを正当化する論理が必要であった。日本は理念を主張し、したがって重要品目を多く確保したいと主張したのだが、交渉では一方的に押し込まれることになったのである。G10という仲間はいたのだが、水田農業を中心とする日本と韓国は、他のヨーロッパ諸国の事情とは大きく異なる。日本が多面的機能を基礎に置いた提案をするのであれば、日本自ら主体的に、日本としての具体的提案と論理を考え、主張する必要があったのである。そしてそれと整合性のあるかたちで、国内農業政策が体系化される必要があった。ドーハ・ラウンドは漂流中ではあるが、この点はしっかりと総括されなければならない。

さらに、FTA交渉の時代に入っても、農政対応は逐次的であった。当初は、農業への影響のない国とのFTAに優先して取り組んだが、日豪EPA、TPP、日EU・EPAなどになると、農業への大きな被害が予想される交渉になってきた。しかし政府の対応をみると、TPPの場合に典型的に見られるように締結ありきの姿勢が強まり、農業全体への影響をしっかり見て政策を考えるというスタンスからは程遠くなった。

たとえば、二〇一八年に署名が行われたTPP11では、そもそも米国という最大の市場が抜けたにもかかわらず経済効果の予測が過大に出されているのに加え、農業部門への影響は、「生産額が約九〇〇―一五〇〇億円減少するものの、国内対策により引き続き生産や農家所得が確保され、国内生産量が維持される」と説明されている。[15] この説明には、生産額減少が過少ではないかとの批判もあるが、もっとも問題なのは、市場開放によって生じる生産減少は内外の構造的な生産コスト格差が原因であり、短期的な国内対策でカバーできるはずがないにもかかわらず、それで自由化の影響が吸収できるとしていることである。

今後は、対外農業交渉における日本の立場として、理念にとどまらず、EUや米国、さらには発展途上国との交渉で負けない論理をしっかりと構築して進めるべきであり、また、協定が国内農業に及ぼす影響を正確に予測して、それらとの連関のとれた国内農政を構築していくことが大きな課題である。

## 関税か直接支払か

日本の農政をめぐってよく意見が対立することのひとつに、「国内農業の保護は関税で行うべきか、直接支払で行うべきか」という問題がある。

ウルグアイ・ラウンド交渉におけるEUと米国の対立は、EUの抜本的な農政改革によっていったん終息することとなった。それは、一九九二年の「マクシャリー改革」と呼ばれており、域内支持価格の引下げとそれに対する補償措置としての直接支払の導入、直接支払の受給条件として休耕を義務づけるものであった。

直接支払は、その後EUの政策手段として、生産から切り離されたデカップリング、さらには農業環境支払の導入等へと大きく発展した。米国もその後一部の政策に直接支払を導入し、それは二〇一四年の米国農業法で実質的に価格支持・所得保障的な仕組みに変更されたが、政策の位置づけとしては直接支払とされている。

こうして直接支払が先進国の間で広がるなかで、日本が主に関税によって農業を保護しているのは時代遅れであり、直接支払に転換すべきだとの意見も少なくない。関税は消費者負担型の政策である一方、直接支払は納税者負担型であり、納税者負担型の方が支援の対象を絞りやすいとする意見がある。また関税で守ってもその利益が農家以外に流出している可能性があり、農家の所得維持を目的とするのであれば、ターゲットを絞って直接農家に支払う方がよいとの意見もある。

しかしこの議論は、日本とEUや米国との間には大きな違いがあることを見ていない。EUや米国は、巨大な農産物輸出国（地域）である。EUが域内の農産物支持価格を下げ、輸出補助金を削減して、その代償として直接支払を行えば、農家にとっての支援水準に変化はないことになる。しかし農産物を大量に輸入する立場の日本ではどうだろうか。関税を撤廃して関税に相当する直接支払を導入すれば、巨額の財政措置が必要になる。将来、農産物の内外の需給や価格が変動しても、つねにそれをカバーできるだけの予算措置が必要になる。また、財政上の制約が強まり、予算の確保ができなくなることもありうる。それに失敗して、いったん国内農業が破壊されれば、それを回復することはほぼ不可能であろう。

このように、輸出国と輸入国では、関税と直接支払の持つ意味合いに大きな違いがある。輸入国の立場としては、関税がもっとも確実な国境措置であることに変わりはない。したがって日本は今後も、農業分野では関税を優先的な国境措置として位置づけるべきである。もちろん、現在も「日本型直接支払」が実施されており、所得確保や資源・環境保護等のための有効な政策手段として直接支払も活用していく。しかし最後の歯止めとしての関税を撤廃することについては慎重であるべきである。

### 直接支払は公正な政策か

ＥＵは、共通農業政策（以下ＣＡＰ）をたびたび改革して、直接支払の制度を発展させてきた（詳細は第四章参照）。ＥＵは一九九二年のマクシャリー改革で初めて直接支払を導入したが、その際、生産調整を義務づけた。これは、生産調整を伴っているから生産刺激的でないという理由で、ウルグアイ・ラウンド交渉で合意する補助金削減の対象から外すことを狙ったものである。

その後ＥＵは一九九九年の改革で、ＣＡＰを二本立ての政策とした。従来の市場・価格政策（第一の柱）に加えて、農村振興政策を第二の柱として導入したのである。農村振興政策はその後順次拡充され、農村地域の改善への取組み支援、食品の品質向上、農業環境・気候対応、有機農業、農村地域における基礎的サービスなど、多様なものとなっている。

また、それ以外にも、第一の柱から第二の柱に政策を移転していく「モジュレーション」（一九九九年の改革）、直接支払と生産を切り離す「デカップリング」（支払の基準を農地面積から基準年における直接支払の受給実績に変更。二〇〇三年の改革）、「グリーニング」（第一の柱の直接支払を環境親和的なものにする仕組みの導入。二〇一三年の改革）などの改革を実施してきた。

これらの結果、ＥＵのＣＡＰは、生産を刺激しない政策となり、農村振興と環境重視の政策へと姿を変えてきたと評価されている。

しかしここでも、直接支払の光と影の両面をよく見る必要がある。

確かにＥＵの政策は、生産拡大を刺激する補助金によって農産物の市場争奪戦を激化させた過去の政策とは異なるものになった。また、環境や農村振興政策へのシフトは、環境に優しい農業を推進し、人々の定住を支える農村作りに貢献している。しかしＥＵの農業補助金は、「デカップルされた支払い」や環境・農村振興のための支払いに大きくシフトしたとはいえ、トータルでみると、巨額の財政規模を維持している。デカップル支払は生産を義務づけていないとはいえ、全体としてみれば、ＥＵの直接支払がＥＵの農業生産を支えていることはまぎれもない事実である。

　こうして支えられるＥＵの農業は、域外に大量の農産物を輸出している。「自国の環境保護名目で補助金が支出された農業が、輸出によって外国の農業を縮小させ、その国の食料安全保障と環境を破壊する」ということは、正当化されるのだろうか。また、関税を批判する論拠としてあげられる「貿易を歪曲する」という点についても、関税撤廃の結果、環境が破壊され、食料安全保障などの食料主権が損なわれた場合、環境や人権・食料主権よりも貿易の歪曲性を除去することに価値を置くのかという問題にもなる。そのような直接支払や関税撤廃は、国際的にみて公正な政策であろうか。

　なぜこのようなことになるのだろうか。それは、ＥＵは農業が環境におよぼす外部経済効果（国土の保全、自然環境の保全、良好な景観の形成など）を公共財であるとし、それを維持し増強するために直接支払を行うことが正当化されるとするが、その「公共財」としての性格は当然のことながら、国境を越えることはできないからである。ＥＵ域内住民にとっての緑は、域外住民にとっての公共財とはいえない。したがって、国境をまたぐ次元で、直接支払の是非が問われなければならない。そのような意味で、直接支払は善であり関税は悪であるというような単純な議論は、まったく成り立たないのである。

　政策はその目的が明示されていても、それがもたらす効果はそれだけではないし、場合によっては、別の効果こそが政策立案者の本音であったりする。ＥＵの直接支払がそのような悪意ある意図的なカモフラージュだとは思わないが、輸入国側から見ると、その理屈は決して公正とばかりは言えないのである。ＯＥＣＤ（経済開発協力機構）は直接支払について規範的な議論を深め、理論化を図っているが、それもこのような意味で限界のある議論であり、具体的な政策は、当事国の生々しい事情が色濃く反映されるということを忘れてはならない。CAPの改革も、関係国等の生々しい利害対立を反映しつつ行われたのである。[16]

逆に言えば、日本はその利益を維持し獲得するための、有効な理論と政策を生み出すことが必要なのである。従来の対外交渉と国内政策を見ると、この点がきわめて弱い。日本人は、既存のルールに忠実に従って力を発揮することは得意だが、新しいルールを作ることは苦手だといわれる。このことは、まさに農業交渉に当てはまることである。今後の交渉ではそのことを意識して、自国の利益にかない、他国からも認められるルールを生み出し適用させる能力を鍛えていかねばならない。日本が直接支払を本格的に導入することになれば、既存の仕組みをそのまま真似るのではなく、十分な議論を経て構築された日本型ルールとセットでなければうまくいかないだろう。

## 日本の対外経済政策の課題

日本が経済連携交渉において、米国型ルールの導入に重点を置き、農業分野の関税などの国境措置の削減を大胆に認めるようになった背景としては、FTA・EPAの締結が世界で広がり、交渉内容自体がより進んだ自由化を求めるものになったことがあるだろう。かつてはガットやWTOの土俵のうえで、参加各国全体の合意を形成することにより進められてきた自由化は、個別国間の交渉により際限なく自由化が進んでいく時代となった。しかしそれが行き過ぎると、先進国と発展途上国の間のバランスが崩れ、食料安全保障、環境保護、農業の多面的機能、農村開発、貧困解消など、WTOで「非貿易的関心事項」として考慮すべきとされていた問題が大きくなる。その意味では、各国の経済交渉はWTOの枠内で実施することが望ましく、WTOの機能の回復を図る必要がある。

図表2-5　経済連携をめぐる2つの対立軸と4つの方向

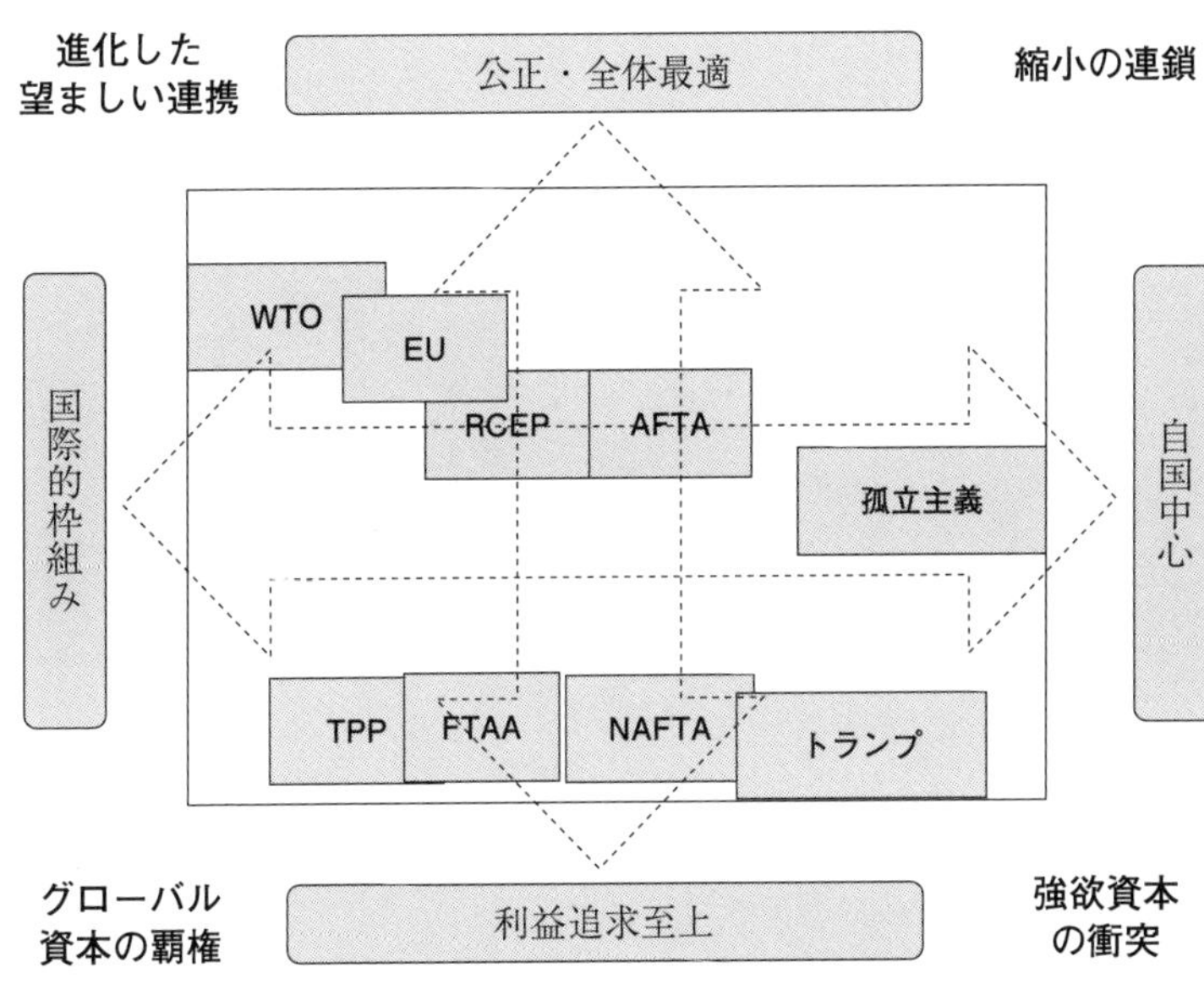


しかし、現状ではＷＴＯは存在感が薄いことを考えると、日本はＥＰＡの分野でも、発展途上国や非貿易的関心事項への配慮が行われるような方向にリードしていくべきである。それでは、経済連携はどのような方向に向かうべきなのか。それを示したのが図表2―5である。[17]

これは、国際的枠組み重視か自国中心主義か、利益追求至上主義か公正・全体最適かという二つの対立軸で経済連携を分類したものである。近年は、ＷＴＯかＥＰＡかの違いはあるが、国際的枠組みによって連携の拡大を図ろうとする動きが続いていた。しかし二〇一七年の米国トランプ政権の登場によって、強烈な自国中心・利益追求至上主義の大国の登場を見ることとなった。トランプ政権は多国間の枠組みよりは個別国間の直接交渉で利益を獲得する方針であるが、それは米国が世界のルールを律しきることができなくなってきたことの表れでもある。これは広い意味での、パクス・アメリカーナの「終わりの始まり」なのである。

こうした状況の変化は従来、米国の戦略に従う面が強かった日本にも、その全面的な見直しを求めてくる。対外経済政策においても、独立国としての明確なビジョン、戦略、主張、交渉力が必要になる。日本としては、国際的枠組みを重視しつつ、発展途上国や非貿易的関心事項にも十分に配慮した公正で参加国の全体最適が図られるような連携をめざすべきである。

WTO交渉であれば、そのような内容を共通のルールとして協定に盛り込むことになるが、EPAの場合はそのような場がないことが問題である。当面は、それぞれのEPA協定の条項に、発展途上国や非貿易的関心事項の重視、環境、公正な経済関係などの項目を入れ込むことを主張していくことが課題ではないだろうか。そして本来であれば、国連やWTOなどにおいて、各国が締結したEPAが南北問題や非貿易的関心事項などの分野で問題を発生させていないかどうかを監視し、問題があれば是正を勧告する機能が具備されるべきである。

日本の対外経済政策の問題としては、以上の他に、地域戦略があいまいになったことがあげられる。二〇〇二年に外務省が策定した「日本のFTA戦略」では、東アジアにおいて、日本が主導するかたちで、地域の経済システムの構築整備を図るとあるように、経済成長著しい東アジアの連携を重視する方針を明確に打ち出していた。また二〇〇九年に登場した鳩山由起夫民主党政権は、総選挙のマニフェストに「東アジア共同体の構築をめざし、アジア外交を強化する」ことを掲げた。これは、すでに現実として東アジアにおいて分厚い経済のネットワークが形成されていることからみても、妥当な考えであった。

その後、とくにTPP問題が浮上して以降、日本の経済外交は米国のアジア太平洋戦略に乗る傾向が強まり、アジアにおける連携にとってむしろ攪乱要因となることも少なくない。これは、中国が急速な成長で大国の一翼を担うようになるなかで、米中の主導権争いが表面化し、そのなかで日本の立ち位置を米国側に明確にシフトしてきたことがもたらしたものであろう。

しかし日本は、アジアで最初に先進国となった国であり、また過去の戦争の歴史からも、アジアの平和と発展に率先して役割を果たすべき立場にある。日本が早くからそのような外交を進めていれば、今日の政治・経済面の軋轢や緊張も、もっと和らぎ、経済連携ももっとよいかたちで進んでいたのではないか。

アジアは中国をはじめとして、今世紀にもっとも成長する地域であり、それはすでに目に見えるものとなりつつある。そして、日本もすでにアジア経済のなかに分かちがたく結びついているのである。もちろん今日のアジアには、覇権主義や歴史・領土問題などさまざまな問題があることは事実であるが、日本も率先してアジアの一員として、アジアとともに成長し平和な世界を構築する立場に立つことこそが、日本経済の成長のみならず、日本の安全保障にとっても決定的な利益をもたらすのではないだろうか。

## 4　自然共生型農業の実現に向けた政策提言

### 農業・農山村政策が目ざすべき方向

以上、日本の農政と対外経済政策が抱える問題点について見てきた。これからの農業・農村政策は、どのような方向をめざすべきだろうか。

それは一口に言えば、「成熟した自然資源経済」のなかに位置づけられる農業・農村である。つまり、豊かな自然環境・生態系、発展した経済の生産力・技術のうえに、持続可能で豊かな農業・食生活・地域社会を実現している農業・農村である。そしてその持続可能性を担保し、適切に管理する社会システムが機能している社会である。あるいは、このようにして人間と自然との関係がより高いレベルで再構築された世界、といってもよい。以下、さらに具体的なイメージにしていこう。

農業は、専業的な担い手、集落営農、兼業家族農家、自給的・生きがい農家、新しいライフスタイルを求めて農村に来た移住者などによる多様な農業が共存し、全体として食料生産、多面的機能、地域のコミュニティ、地域の文化の向上に貢献する姿をめざす。

その場合、平場(ひらば)等の条件の優れた地域では、専業的な担い手への農地集積を進め、効率的で先進的な農業経営を広げる。加工・流通部門などへの事業を拡大するいわゆる「六次産業化」や、輸出への取組みも積極的に進める。

中山間地域等の条件の不利な地域では、集落営農を軸に持続可能な農業経営への転換を図る。集落営農の法人化をさらに進め、新規就農者や農村への移住者の受け皿としても集落営農を活用する。さらにその先には、抜本的な支援が必要ではあるが、集落営農は農業・農村体験、観光、再生可能エネルギーなど多様な事業を既存の集落組織との連携・補完の関係のうえに総合的に行うことで、地域経済の核のひとつとなる可能性もある、といえば夢物語であろうか。農業に「攻め」という言葉を使うのであれば、むしろそのような集落営農を生み出す攻めの政策がほしいところである。

都市地域では、市街化区域内にある農地も含めて保全を図り、都市農業を都市地域に積極的に貢献する存在として振興し、農地を含む良好な都市環境の形成を図る。「美しい都市農業」を作る運動などを起こしてはどうか。そして、市民農園や農業体験、地産地消の直売所やレストラン、料理教室などを農協などが中心となって積極的に展開し、緑豊かで自然と一体感のあるうるおいに満ちた都市生活を生み出していく。

中小規模家族農家や自給的・生きがい農家も、自然資源経済の重要な担い手である。彼らが日本の食料自給に果たす役割や、農村における資源・環境の保全に果たす役割を正当に評価する。たとえば山形県は、二〇一八年度から「地域農業を支える元気な中小稲作農家支援事業」を開始した。これは、中小規模農家も地域の稲作を支える重要な存在であることから、五ヘクタール未満の稲作農家や団体を対象に、付加価値の高い農業経営等の実現に向けた取組みを支援するものである。これはまさに現実の必要性から生まれた政策であり、全国的な政策に広げていくことが望ましい。

これらの農業生産活動全体に関することとして、地力を高め、自然生態系を豊かにしてその働きを向上させ、化学肥料・農薬の投入を抑制し、循環型で自然との共生度が高まるような田畑輪換、複合経営、耕畜連携、有機農業・環境保全型農業への農法転換・経営転換を図る。この取組みは個別経営にとってと同様、地域の広がりのなかで行うことがさらに重要であり、農協・行政（普及センター等）・研究機関（大学や行政の研究機関）が連携して推進する。欧州や韓国では協同組合による有機農業への取組みが盛んであるが、日本の農協は、このような取組みを抜本的に強化すべきではないか。

新規農業参入者や農村への移住者は、農村が活力を維持し強化するうえで、欠かせない存在である。自然のなかで暮らしたい、良好な環境のなかで子育てをしたい、都会の喧騒とストレスから離れたい、落ち着いた環境で創造的な仕事をしたい、二地域居住をしたいなどの多様なニーズをとらえ、農業を含む仕事の機会の確保、住宅などの居住環境の整備、地域のコミュニティに溶け込むための取組みを進める。

農山村地域に居住する人々が幸せに暮らせることを大きな目標として、居住環境をよくし、地域を美しくし、地域の文化を豊かにし、経済を興す住民たちの希望をかたちにし、内発的な取組みを支援する。

しかし今後、地域人口の動向によっては、いままで集落の共同によって維持されてきた農地・水路・農道等地域資源の管理が困難になることも考えられ、さらには、地域のコミュニティ自体が存続困難になる可能性もある。農山村居住を希望する人々を積極的に受け入れ、新旧の住民がともに喜んで参加できる自由で平等で開放的で活発なコミュニティづくりを進める。いわば、新しいムラづくりである。

## 森林をどう利用するのか

本章では主に農業を扱っているが、農山村地域という場合は、森林も重要な存在である。江戸時代の日本の国土は、広大な草地・里山で覆われていたといわれる。古島敏雄（一九一二―一九九五）は一八八二年当時の山林局長桜井勉（一八四三―一九三一）の論文「日本乃山林」からの引用で、当時の山林面積が全土地の二割九分として計上されたとしている。[18] 現在、国土面積に占める森林面積は六七パーセントであるから、当時の本格的な森林は今日の半分以下であったことになる。当時広大な面積を占めていた里山や草地などは、牛馬の飼料にする秣（まぐさ）、水田に緑肥として使う刈敷、屋根を葺く茅、堆肥の原料を採取し、また放牧を行う場であった。また里山は、薪炭林として、エネルギー生産の大きな役割を果たしていた。

しかし、化学肥料の登場とエネルギー革命は、山野がもっていた肥料のための利用と薪炭生産林としての役割を終えさせた。一方で、明治以降に森林造成が進められ、第二次世界大戦前後に大量伐採で荒廃した森林は、その後の人工造林の努力によって拡大され、今日の森林が国土の約七割を占める姿に至った。しかし、戦後早い時期に行われた木材輸入の自由化は、森林経営を圧迫し、管理が十分に行われない森林が広がる今日の事態を招いている。

このように、日本における森林の姿は時代によって一定ではなく、幕末明治期以降を見ても、きわめて大きく変貌してきた。したがって将来の農山村地域を考える場合にも、森林の現状を固定的に考えるのは適当ではない。将来の農山村に森林をどう位置づけ、どのように利用し、保全するのかを考えることが必要である。国産材としての利用、バイオマス資源としての利用、自然環境としての保全、災害防止・国土保全の観点からのあり方を総合的に検討することが課題になる。その場合には、森林面積の約三割を占める国有林野も例外とすることなく、日本全体および地域ごとにおける森林利用のあり方を、国有林と民有林を合わせてトータルで検討すべきである。

## 新技術をどのような方向で活用するのか

つぎに、今後農業・農山村に劇的な変化をもたらすと予想される新技術についても触れておきたい。現在競って研究が進められているロボットやＩｏＴなどの新技術、とくにＡＩの可能性は、農業においても大きい。当面の効果としては労働力不足の解消や農作業の省力化などが思い浮かぶが、さらに広い範囲で可能性が広がっていくと思われる。それは、日本の水田稲作に不可欠である精密な水管理を容易にし、圃場や家畜の管理をはるかに高いレベルで効率的に行うことを可能にするだろう。もしかすると日本農業を、国土の傾斜が大きく圃場が狭小で分散錯圃であるという宿命から解放する日が来るかもしれない。

ここで重要なことは、技術開発をどのような方向で行うかである。そこで再び、農業基本法の路線が問われることになる。大規模・単作・新技術活用の工場生産的農業をめざすのか、自然共生的で成熟した自然資源経済型農業をめざすのかということである。これからは、日本農政が半世紀前に選択した大地の恵みを収奪する方向ではなく、生態系の働きを豊かにし、循環的で持続可能な農業を実現する方向で、ＡＩやＩｏＴが活用されるべきである。たとえば、日本の有機農業にとっては温暖多湿で雑草や昆虫が多いことがネックとされるが、それを乗り越えることも新技術が可能にするかもしれない。「スマート有機農業」を研究してはどうか。それは、現代の研究機関における成果だけでなく、前近代の篤農家から今日の有機農業者にいたる農業技術革新の蓄積を、より高いレベルで実践可能な技術としてくれるだろう。

### アジア的規模で「成熟した自然資源経済」を実現する

以上のような農業・農山村の姿を実現するうえで、対外的には、必要な国境措置を設定・堅持し、またそれとリンクした日本の農政について、外国の認知を得られるような経済外交を展開する。

対外関係においては、風土と文化の面で共通あるいは類似点が多く、今世紀に最も発展することが見込まれるアジアとの関係を重視する。過去の何人かの日本の首相は「アジアの成長を取り込む」と語ったが、そうではなく、「アジアとともに成長する」という考え方が重要である。そのためには、アジア諸国との経済連携交渉において、互恵の精神に基づき、緩やかで相互にメリットが生まれる連携をめざす。そして、農業・農村の分野でもアジア諸国共通の課題が多いことから、これらの問題に取り組む「協力と連携」に力を入れる。

たとえば、次のような項目が考えられる。

・食料安全保障
・食品の安全・安心
・食品流通の制度とインフラ
・特色ある産品を生み出す産地形成と高付加価値化
・農民組織の育成と運営

・農業金融
・農林水産業と環境保全
・農林水産業・農村地域と再生可能エネルギー
・農山漁村と観光
・農山漁村の内発的発展
・経済成長で変貌する農村社会の持続可能性

このような協力と連携によって、将来的にアジア的規模で「成熟した自然資源経済」を生み出す展望が生まれる。いまがそれを始めるチャンスであり、日本がそのためにできることもまた、きわめて大きい。このような広い視野に立って、今後の農政が構築されていくことが望ましいのである。

**農業・農山村政策の枠組みの試案**

本章の最後に、以上の検討をふまえて、農業・農山村政策の新しい枠組みの試案を提言したい。ここでは、米および畑作に関する中心的な政策を対象とする。現在は「経営所得安定対策」および地域政策・多面的機能対策としての「日本型直接支払」が実施されているが、それと対比させつつ、新しい政策の枠組みを**図表2―6**に示した。

新しい政策の枠組みは、二つの意味を持っている。第一は、従来の政策を見直し、経営対策、多面的機能維持と自然共生型農業への転換、農村対策それぞれの分野で、目的を明確にしてより有効な政策に改善していくことである。第二は、外国との貿易交渉によって日本の国境措置を低くせざるをえなくなった場合に、外国を納得させることができるような仕組みを構築しつつ、自由化の影響を最小限に抑えることである。

これはあくまで試案であるが、考え方としては、関税を国境措置として重視し、直接支払等の補助金を組み合わせて、農業を維持・発展させるとともに、自然共生型農業へと改善していくものである。

そして、直接支払等の補助金に関しては、政策目的が達成されるよう、「クロスコンプライアンス」と「レファランスレベル」の設定を行う。

クロスコンプライアンスとは、補助金受給の条件として、特定の環境条件の達成等を義務づけるものである。現在、中山間地域等直接支払で設定されている水路・農道管理の共同活動などがその例である。レファランスレベルとは、農家と社会の責任分界点を意味し、その水準までは農家の責任となる。具体的には、農家の営農の現在の環境状態をXC、レファランスレベルをXR、政策が目標とするレベル（ターゲットレベル）をXTとすると、XC＜XR＜XTの場合は、規制や税などの手法により農家の責任でXRを達成してもらう。また、XR＜XC＜XTの場合は、XCをXT引き上げるためには直接支払を行う。このように、クロスコンプライアンスとレファランスレベルとは、補完的な関係にある。[19]

新しい政策試案の具体的な中身に入ろう。

この試案は、全体を「第一の柱――経営安定直接支払」と「第二の柱――自然共生直接支払」の二本柱で構成する。

新しい政策としてとくに強調したいのは、「第二の柱――自然共生直接支払」のなかに、まったく新しい政策として導入する「多面的機能維持水田支払」と「「日本型村のリニューアル」直接支払」の二つである。以下、現行政策との相違点等について説明する。

図表2-6　新しい政策の枠組み（現行政策との対比において）

| 現行政策 | 新しい政策 |
|---|---|
| **1．経営所得安定対策**<br><br>・畑作のゲタ対策<br>（所得底支えの支払）<br>・米・畑作ナラシ対策<br>（収入変動緩和）<br>・対象は認定農業者・集落営農等に限定 | **1．経営所得安定対策**<br><br>**①経営所得安定支払**<br>ゲタ・ナラシ対策を継続<br>対象者を販売農家等に拡大<br>単価は調整<br>**②中山間地域直接支払**<br>単価を上乗せ<br>集落営農を抜本支援 |
| **2．日本型直接支払**<br><br>**①多面的機能支払**<br>・農地維持支払<br>水路等の基礎的保全に関する共同活動を支援<br>・資源向上支払<br>農地・水路・農道等地域資源の質的向上を図る共同活動を支援<br>**②中山間地域等直接支払**<br>・中山間地域の農業維持活動を支援<br>集落協定締結が要件<br>共同活動も対象<br>**③環境保全型農業直接支払**<br>・化学肥料・農薬使用低減等<br>団体対象 | **2．自然共生直接支払**<br><br>**①多面的機能維持水田支払**<br>稲作がはたす多面的機能の重要性に鑑み水田対象に環境支払を実施<br><br><br><br><br>**②環境保全型農業直接支払**<br>・現行の支援対象を拡大<br>田畑輪換・耕畜連携等低投入地力増強型農法を支援<br>個別経営も対象<br>**③「日本型村のリニューアル」直接支払**<br>・ドルフ・エアノイエルングの日本版<br>住民主導の内発型取組みを支援<br>自治体・協同組合・地域運営組織の協働重視 |

下線は現行政策と異なる主な部分

## （1）第一の柱——経営安定直接支払

①経営所得安定支払

従来の経営所得安定対策における「ゲタ対策」「ナラシ対策」を継続するが、認定農業者、集落営農、認定新規就農者に限定されている要件を拡大し、販売農家（経営耕地面積が三〇アール以上または年間農産物販売額が五〇万円以上の農家）であれば受給できるようにする。

さきにも触れたが、ゲタ対策とは「畑作物の直接支払」で、諸外国との生産条件格差がある麦、大豆等について生産コストと販売額の差相当額を直接交付するものである。またナラシ対策とは「米・畑作物の収入減少影響緩和対策」で、当該年の収入が過去実績から算定される標準的収入を下回った場合に、その差額の九割が補てんされるものである。（ただし、その原資は国と農業者が積み立てる等の理由から、実質的には収入減少の九割まで補てんされるわけではない。）

②中山間地域直接支払

従来の「中山間地域等直接支払」を見直し、経営安定対策としてここに位置づける。

従来の「中山間地域等直接支払」は、「農業の生産条件が不利な地域における農業生産活動を継続するため、国及び地方自治体による支援を行う制度」として、集落等を単位に農地を維持・管理する協定を締結して生産活動等を行う場合に交付金を出するものである。これはすでに触れたとおり、「中山間地域等の条件不利地域と平地とのコスト差を支援する」ものだと説明されているが、実際には農地・水路・農道の維持管理や多面的機能の維持増進など、共同活動に交付金の約半分が支出されており、目的との間でかい離が生じている。このため、「中山間地域等直接支払」は条件不利地域でのコスト差支援として明確化し、資源や多面的機能維持増進のための支払は、第二の柱のなかでの直接支払やそのためのクロスコンプライアンスとして織り込む。

また、集落営農に対する支払は、とくに抜本的に重点化し、集落営農の体制を強化し、持続可能な運営と事業内容の発展を図る。

## (2)　第二の柱――自然共生直接支払

①多面的機能維持水田支払

日本では、水田が多面的機能の発揮に果たす役割が大きく、水田が果たしている多面的機能は水田で営まれる農業生産と切り離すことができない。このため、水田そのものを多面的機能維持水田と位置づけ、それに対して直接支払を行う。これは、すでにその必要性について強調した日本独特の論理にもとづく新しい仕組みである。

クロスコンプライアンスを導入し、耕作放棄の防止、水路・農道の維持管理、一定水準以上の農業環境の達成等を交付金受給の条件とする。農村計画制度を見直してゾーニングを行い、多面的機能への貢献の高い水田を優遇することも検討する。また、第四章で見るオーストリアの条件不利地域支払や、さきに見た山形県の「地域農業を支える元気な中小稲作農家支援事業」のように、中小農家を一層支援する仕組みを織り込むことも可能である。

多面的機能維持水田支払は、一定水準以上の管理が行われている水田自体を支払の対象とするので、水田農業を支える岩盤としての役割を発揮する。そして、水田における生産活動と多面的機能の発揮は分離できないことから、この直接支払はWTOのルール上の「緑の政策」（削減する必要のない政策）と位置づける。なお、従来の政策で名称の似ている「多面的機能支払」は、「環境保全型農業直接支払」に統合する。

②環境保全型農業直接支払
従来実施されてきた「多面的機能支払」は、支援対象活動が農地維持活動、水路等施設の長寿化活動、植栽など環境保全活動等となっており、その範囲が狭い。また対象者も、共同で取り組む組織に限られる。従来の「環境保全型農業直接支払」も、支援対象となる営農活動が化学肥料・農薬の低減に偏るなど、その範囲が限定されており、予算規模も小さい。このため、それらをここに吸収しつつ大幅に拡充する。

一定水準以上の資源維持・管理活動、環境保全活動、さらには環境保全型農業や有機農業、田畑輪換や複合経営により低投入・地力増強を図る農法への転換、耕畜連携等を対象とする。支援先としては、農業者の組織および個人の双方とする。これらの支払は、レファランスレベルを超える営農活動に対する支払と位置づけるものである。

③「日本型村のリニューアル」直接支払
オーストリアにおけるドルフ・エアノイエルング（Dorferneuerung）政策の日本版と位置づける。

地域住民のグループ（任意グループ、集落、地域運営組織、農協の組合員組織、商店街組織、中小企業者のグループ等）が行う地域の自然環境や居住環境の向上、活動拠点の整備、共同して行う起業などの内発的な取組みを、企画段階から地方自治体等と連携して支援する支払である。

住民グループが集まり、地域をよくするための希望やアイデアを出し合い、自分たちの力で取り組む。地域運営組織も重要な当事者とする。農協組織、商工会や中小企業団体、地方自治体、大学の研究者など、地域の実態をよく知る専門家をアドバイザーとして登録し、話し合い、企画、実施、フォローアップのそれぞれの段階でアドバイスを行う。

## 米・畑作以外の作目について

以上検討した政策は、米、麦、大豆等の畑作物を対象とする政策である。それら以外の作目について問題となるのは、畜産であろう。日本の場合、飼料自給率は二六パーセント（二〇一七年概算値）と低く、畜産自体、輸入穀物による濃厚飼料を給与している割合が高いからである。

しかし、すでに触れたとおり、地域内の資源循環を強めて低投入型農業を作っていくうえで、耕畜連携（畜産農家がたい肥を耕種農家に供給し、耕種農家が飼料作物を生産するなどにより、相互の連携を深めること）や放牧を進めることが課題であり、そのためには畜産は不可欠である。また現在、水田を有効活用するために飼料用米の生産が推進されているが、それには健全な畜産経営が存在することが必要であり、この意味で畜産は水田の保全ともつながっている。

また、畜産が持つ広い意味での多面的機能には、地域社会・コミュニティの維持への貢献もあげられる。

このようなことから、多面的機能支払を設計するにあたっては、自給飼料や国産粗飼料を一定以上の割合で使用する畜産経営などを対象とするほか、耕畜連携に参加する経営、放牧を行う経営、さらには地域における労働力雇用への貢献が一定水準以上ある経営も対象とすべきである。

畜産経営に対する支援政策としては、この他にも、加工原料乳生産者補給金、肉用子牛生産者補給金、養豚経営安定対策事業、鶏卵生産者経営安定対策事業、畜産クラスター事業などさまざまな施策が実施されている。これらの施策とここにあげた直接支払を組み合わせ、安定的な制度を構築していくことが課題になるだろう。

## 政策の具体化のために

すでに指摘したとおり、直接支払政策を本格的に導入するには、その前提として国民の理解が十分に得られている必要があり、また長期的に安定して実行されることへの制度的な担保措置を講じておくことが不可欠である。

このため憲法において、食料安全保障の確保を定め、食料・農業・農村基本法に、食料安全保障のために必要な財政措置を講じることを政府の義務として明記する等の措置が必要ではないか。同様の先行事例として、スイスで二〇一七年九月に国民投票が行われ、主要国として初めて憲法に食料安全保障を規定することが定められたことをあげておきたい。

対外経済交渉との関連では、新しい政策の枠組みの中で提示した「自然共生直接支払」を日本独自の「緑の政策」（注13も参照）として位置づけ、そのための理論武装を固めていくことが不可欠である。

また「日本型村のリニューアル」直接支払は、「上からの」改革としての「地方創生」とは異なる、「下からの」内発的地域発展をめざす政策であり、これが安易な外部コンサルタント依存に流れてしまうのではなく、真に地域から発する地域作りに貢献する制度に育てていくことが課題になる。そのためには、地方自治体の役割も重要である。あるいは、自治体がそのような機能を具備できるよう、自治体改革が必要になるか

図表2-7　政策転換のイメージ

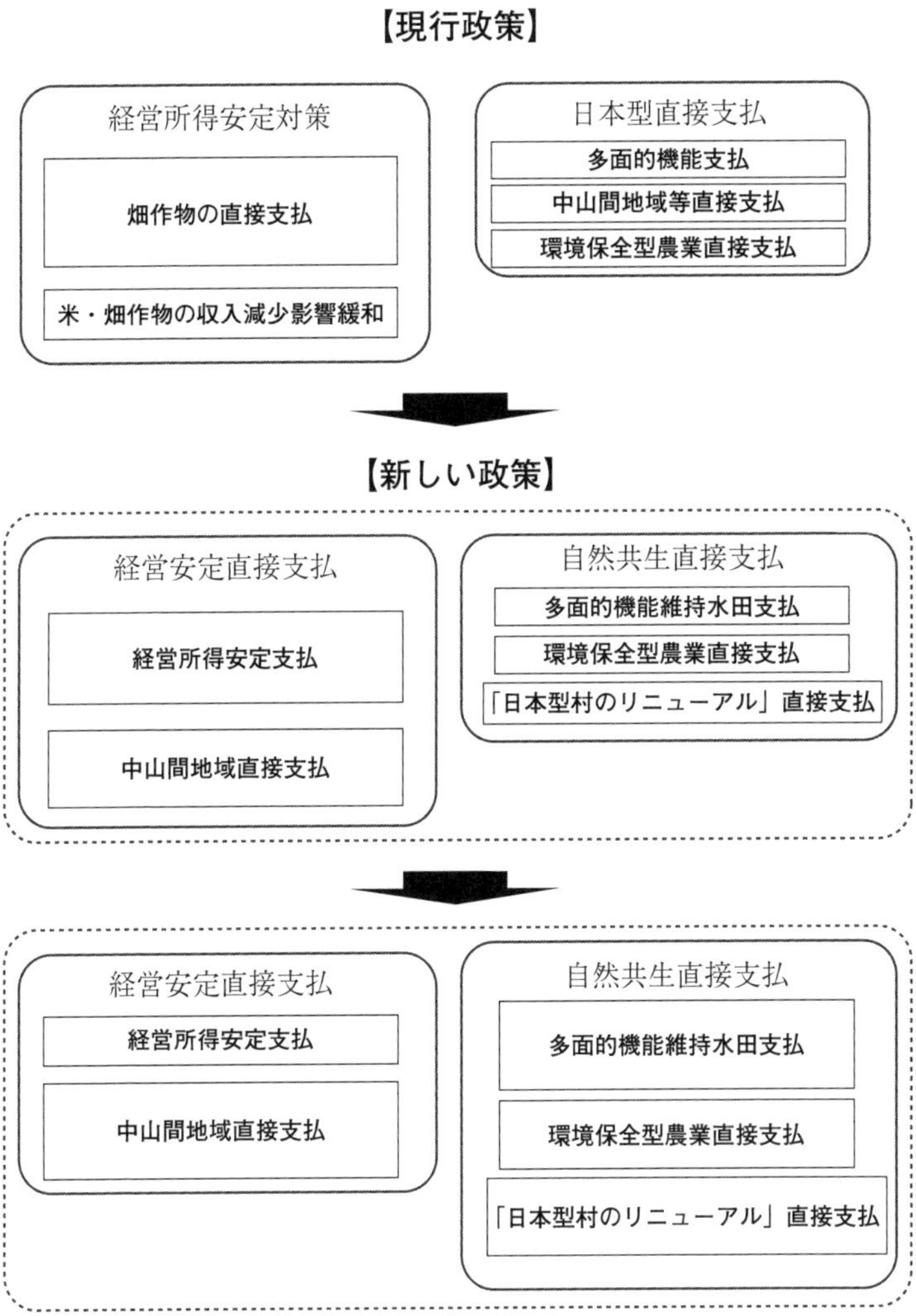

【現行政策】

経営所得安定対策
- 畑作物の直接支払
- 米・畑作物の収入減少影響緩和

日本型直接支払
- 多面的機能支払
- 中山間地域等直接支払
- 環境保全型農業直接支払

【新しい政策】

経営安定直接支払
- 経営所得安定支払
- 中山間地域直接支払

自然共生直接支払
- 多面的機能維持水田支払
- 環境保全型農業直接支払
- 「日本型村のリニューアル」直接支払

↓

経営安定直接支払
- 経営所得安定支払
- 中山間地域直接支払

自然共生直接支払
- 多面的機能維持水田支払
- 環境保全型農業直接支払
- 「日本型村のリニューアル」直接支払

もしれない。

この政策を実施するための予算はどの程度必要かも検討しなければならない。内容次第では現在の予算規模とそれほど変わらないであろうし、大きく増加することもありうる。

イメージとしては、**図表2―7**（前頁）に示したように、当初は仕組みとしては導入するが予算規模は可能な範囲で拡大するにとどめておき、政策の効果や農業・農村の状況推移を見ながら多面的機能維持水田支払等を拡大していくことが考えられる。また、市場開放に対する防御壁としての機能からいえば、開放に伴う影響を予測しそれに対応できると判断される水準の政策をとり、その効果を見ながら予算規模を調整することになるだろう。逆に言えば、この仕組みで吸収しきれない被害が出ると予想されるような市場開放は行わないという判断が必要になる。こうして、対外交渉と国内政策のリンクができあがるのである。

以上、第一章ではまず、日本農業と農山村がどのような困難に直面しているか、そして、それはなぜ、どのようにして起こったのかを問題にした。そして、農業・農山村政策のあり方について、規制改革偏重から推進された極端な政策を題材としつつ、自然資源経済論の立場から考えた。

そしてこれらをふまえて、第二章で今後の農業・農山村政策のあり方を論じ、具体的な政策案について提言した。

この二つの章では、農地改革および自立経営育成政策と農業構造改革、米政策、日本の対外経済政策と対外地域戦略、関税政策や直接支払の是非とあり方等、現在も議論が分かれ、あるいは十分に議論が尽くされていないテーマについて、あえて論争的に問題提起をし、私なりの結論を提示したつもりである。

ここで改めて強調したいことは、本書のタイトル『農家が消える』に端的に表した現状に対する私たちの危機感である。第一章で分析したとおり、自然的・社会的・歴史的要因にもとづいて成立している日本の農家は、戦後日本で生じた激しい人口移動、極限に近づきつつある市場開放、そのなかで進められる新自由主義的な農業政策によって減少を続け、いよいよ危機に直面するにいたっている。そしてこれは、小さな農家にとっての危機というにとどまらず、大規模農家や法人経営にとっての危機でもあり、また広範囲の農山村の地域社会の危機でもあることは、すでに明らかにしたとおりである。

この状況を打開するためには農業・農山村政策の抜本的な見直しが必要である。このため第二章で新しい政策の提言を行ったのであるが、これをきっかけとして、日本の農業・農山村の将来につながる建設的な議論が起こることを願うものである。

最後に、本書全編で提起している自然資源経済論の枠組みの重要性についても強調しておきたい。第一章と第二章で対象とした農業・農山村の検討からも、それは貿易と経済連携のあり方、地域経済のあり方、地域に根差した再生可能エネルギー利用のあり方、環境問題、景観とアメニティ、地方自治体のあり方など、きわめて広範囲な問題につながっていることが明らかになった。

次章以降の記述についても、そのような自然資源経済論の大きな枠組みのもとでとらえていただければ幸いである。

1　福祉、保育などの社会的サービスを提供する「公益」を目的とする労働者生産協同組合。
2　「互酬」を基盤的な原理とし、コミュニティを基盤とし、経済活動を通して新たな関係性を構築する。（二〇一七年一二月七日、北島健一立教大学コミュニティ福祉学部教授による一橋大学「自然資源経済論」講義から）

3　以下、宇沢弘文『社会的共通資本』（岩波新書、二〇〇〇年）、ii頁、二一―二三頁。

4　宇沢はのちに、英語表記をSocial Common Capitalに変更している。

5　以下、カッコ内は筆者による注記。

6　中島紀一『有機農業の技術とは何か』（農山漁村文化協会、二〇一三年）、一三〇―一三七頁。

7　矢口克也「農法的視点からみた水田農業再構築の課題」『レファランス』（国立国会図書館、平成二三年八月号）、三二頁。

8　農林水産省「日本型直接支払について」（平成二八年五月）

9　詳細は、石田信隆・農林中金総合研究所『「地方創生」はこれでよいのか』（家の光協会、二〇一五年）参照。

10　日本は米を関税化する代わりにミニマム・アクセス（最低輸入量）を通常より多く設定する特例措置の適用で合意したが、ミニマム・アクセス米が米の国内需給に与える影響が大きく、一九九九年に米を関税化した。なお、包括的関税化の合意では、関税化にあたって内外価格差相当の関税を設定することが認められた。

11　ＦＴＡ（Free Trade Agreement：自由貿易協定）は、物品やサービスの貿易自由化を取り決める協定。ＥＰＡ（Economic Partnership Agreement：経済連携協定）はそれに加え、投資の自由化やさまざまなルールの制定などより広い分野の協定を指す。現在は、ＥＰＡの内容を持つ協定がほとんどである。

12　その後日本は一九九九年に米を関税化した。

13　ＡＭＳ（Aggregate Measurement of Support）。削減対象となる国内助成総量。ウルグアイ・ラウンドでは、農業補助政策を「緑の政策」（研究開発、基盤整備、生産から切り離された直接支払）、「青の政策」（生産調整を伴う直接支払）、「黄の政策」（生産刺激的な補助金や価格支持など、緑・青以外の政策）に区分し、黄の政策を貿易歪曲的政策として、削減することが取り決められた。

14　日本、韓国、スイス、ノルウェー等。

15　農林水産省「農林水産物の生産額への影響について（ＴＰＰ11）」（平成二九年一二月）

16　アルリンド・クーニャ、アラン・スウィンバンク著、市田知子他訳『ＥＵ共通農業政策改革の内幕』（農林統計出版、二〇一四年）

17　筆者作成。初出は進藤榮一・朽木昭文・松下和夫共編『東アジア連携の道をひらく』（花伝社、二〇一七年）、三一頁。

18　野田公夫「序章　里山・草原・遊休農地をどうとらえるか」『里山・遊休農地を生かす』（農山漁村文化協会、二〇一一年）、一七—一八頁。

19　荘林幹太郎・木村伸吾『農業直接支払いの概念と政策設計』（農林統計協会、二〇一〇年）、二〇〇—二〇五頁。

## 第一・二章参考文献


・青木陽二『一九九〇年までに日本に来訪した西洋人の風景評価に関する記述』（国立環境研究所研究報告第一八五号、二〇〇四年）

・生源寺眞一『農業再建』（岩波書店、二〇〇八年）

・田代洋一『戦後レジームからの脱却農政』（筑波書房、二〇一四年）

・野田公夫『日本農業の発展論理』（農山漁村文化協会、二〇一二年）

・豊嘉哲『欧州統合と共通農業政策』（芦書房、二〇一六年）

・ローズマリー・フェネル著、荏開津典生訳『EU共通農業政策の歴史と展望』（財団法人食料・農業政策研究センター、一九九九年）

# 第三章　人間と自然資源のかかわりを再構築するために

自然資源経済とは、「各種の自然資源を基礎とし、そのうえに成り立つ経済」（序章参照）のことを指すが、現状の日本をみると、拠って立つはずの自然資源と人間のかかわりが大きく変化し、その持続可能性が危ぶまれる状況にある。とくに日本の農山村を見渡すと、里山の荒廃や耕作放棄地の発生など、自然資源利用の衰退に伴う問題によってますます衰退するという事態が起こっており、人間と自然資源のかかわりを見直し、持続可能なものへと再構築する必要性が高まっている。

人間と自然資源のかかわりを見直すためには、その実態を把握することが不可欠である。そこで本章の第一節では、そもそも人間と自然資源のかかわりはどのようなものだったのかを、森林利用の歴史を中心に振り返る。続く第二節では、人間と自然資源のかかわりをめぐる社会関係や利用の総体性に着目し、自然資源利用の持つ多面的な意義を明らかにする。それらを受けた第三節では、現在、なぜ人間と自然資源のかかわりが変化し、さまざまな問題が引き起こされているのかを整理する。そして第四節では、人間と自然資源のかかわりを再構築するための論点と議論の方向性を示すことにしたい。

## 1　森林利用の歴史

### 過剰な森林伐採

人類の歴史は自然の資源を利用することで発展してきた。とくに森林資源は非常に重要で、人類が身近にかつ積極的に利用をはじめた資源のひとつといえるだろう。以下では、主に森林資源を通した人と自然資源のかかわりの歴史を概観してみよう。[1]

人類は、森林や草地において得られる植物を収穫し、また動物を捕獲することで食料を得ていた。いまから約一万二千年から約四千年前に、世界各地で農耕がはじまり、人と森との関係に大きな変化が生じた。[2]農耕の拡大とともに、各地の森林は破壊され、約五千年前に都市文明が各地で勃興することで森林破壊のペースが加速したのである。森林破壊に加え、気候変動の影響から乾燥化や砂漠化が進行するとともに木材不足による文明の衰退という事態も生じた。[3]農耕の普及や文明の発達など、人類の発展は大きく森林資源に依存する一方、過度な利用によって自らの生活基盤を破壊した結果、社会の衰退を招いたのである。

森林資源の過剰利用によって地域社会自体が根こそぎ破壊された事例として、太平洋に浮かぶイースター島の事例があげられるだろう。人口が少ないうちは森林資源を利用しながら共存していた社会において、人口が増加した結果（二百人程度から一五世紀には最大七千人程度が定住していた）、過剰な森林伐採が進行した。開墾、生活用具への利用だけでなく、モアイ像などの石像を運ぶために木材を利用するなど、祭祀にも多くの木材が使われたため、森林が枯渇し生活に欠かせないさまざまなものが不足したのである。木材不足は家や筏（いかだ）の製作を不可能にし、島民は資源不足のまま、島から脱出することもできず、絶海の孤島で生活レベルは悪化し続けた。外部環境の影響をほとんど受けないなかで、森林破壊による社会の衰退が生じてしまった典型的な事例だといえる。こうした森林伐採の進行による植生の破壊や地力の劣化といった土壌問題を引き起こす例として、インダス川流域の文明、中国、中世エチオピア、メキシコのマヤ文明などがあげられる。[4]

一方で資源保護を目的としていなくても、結果として持続可能な資源利用を実現した社会も存在した。歴史学者のJ・ダイアモンドは、そうした持続可能な資源利用を実現した社会として、ニューギニア高地と南太平洋に浮かぶティコピア島（ソロモン諸島）、そして日本をとり上げている。[5]

## 日本の森林利用

日本の森林は現在、国土の約三分の二を占めているため、昔から自然との共存を重視した社会であったという言説もみられ、この「豊かな森林」が太古から存在し続けていたと思われやすい。しかし、日本列島では、必ずしも森林を大事にしてきたわけではなかった。日本林業史を研究したC・タットマンは、日本人と森林との融和的な関係についての言説を批判し、近代以前の日本では二回の森林危機があったことを明らかにしている。[6]

最初の森林危機は奈良・平安時代であった。支配者によって都に寺院や神社、居住する宮殿などが数多く建設されたため木材が大量に消費され、加えて施工技術が未熟だったため、その建物は二〇年に一度の建て替えが必要とされた。建造物の建築とともに定期的な建て替えの必要から、都では大量の木材供給が必要とされたのである。都があった畿内（大和、近江と呼ばれる現在の奈良県、滋賀県）では、良質な木材が供給される森林が大量伐採された結果、木材供給の限界を迎え、新たな建造物の建設が困難となった。建て替えなどの木材需要が高まるたびに、良質な木材が得られる森林を探すこととなり、満足な木材が供給しやすい場所が都として選ばれるようになったのである。このように遷都（都の移転）が行われたのは、政治的な要因以外にもこうした資源制約も原因のひとつであったと考えられている。平安京に移されたのち、畿内の森林は良質な木材をまかなうことができなくなり、それ以降、木材の再利用や使う樹種の変化、利用方法の工夫といった対応でしのいだのである。

二度目は、戦国時代末期から近世初頭にかけての約百年間であった。戦闘行為に用いる工作物の建築や合戦で用いる馬の秣（まぐさ）や燃材など軍事的な需要や橋、道路といったインフラ整備に、その後は、城下町、寺院建設などによって木材需要が高まった。豊臣秀吉や徳川家康らは、巨大な権力基盤を利用して各地で森林開発を進め、巨大な建造物を建設した。加えて庶民（農民・町人）の木材利用の増加も要因のひとつであった。たとえば、百万人の人口を抱えていた江戸は、頻繁に起こる火事のたびに再建のため大量の木材が必要となった。このような近世初期の木材の大量消費は、伐採地域の拡大をもたらすとともに、河川の上流部の山奥や遠隔地の森林の開発を進展させた。一六六〇年代には日本全体の木材需要が森林のストックの能力を超える規模となり資源枯渇の危機に直面していたのである。

日本における森林資源利用は、一八世紀後半以降、植林・森林管理のさまざまな技術が普及し、各地で人工林が登場することで大きく変化した。同時代の農業経営の指南書には、樹木と森林とのかかわりの重要性が指摘されるとともに、造林技術に関してさまざまな方法が紹介されていた。人工的な造林作業は、多種多様な方法が地域ごとに構築されたものの、相当量の労力が必要で、またリスクが大きい不確かな事業であった。数十年間、人工林を維持するためには、多くの費用と手間がかかったからである。ただ、需要に合わせた樹種の育成ができるなどメリットも存在したため、市場の動向に応じて、新たな技術を用いて積極的な植林事業を進める地域も登場した。産地の銘柄品が登場し、吉野杉で有名な奈良県吉野は、灘の酒造業への樽を供給する林業地帯として発展したのである。

このように、木材生産を人工林にシフトさせることで、近世日本の森林資源は長期的安定が図られた。幕府や領主によるさまざまな規制など森林保護への対応も重要であったが、市場の動向に刺激された民間の林業従事者による人工林業の展開も日本の森林を維持していくうえで不可欠な存在だった。[7] 森林資源の利用は、私たちの生活を支える一方で、人類が自らその利用を誤ることによって文明の崩壊を引き起こす危険も存在するなど、自然資源との付き合い方が社会の永続的な維持にとってきわめて重要であることを示唆している。

## 「村」における資源とのつきあい

では、これまで人々は自然資源とどのようなつきあい方をしていたのであろうか。今日、都市での生活が中心となった私たちの生活では、自然資源との直接的な結びつきを想起することは困難であろう。そこで農林水産業の生業が中心であった過去の時代において、人々はどのようにして自然資源とつきあってきたのかを確認してみよう。

一般的に森林といっても、町場の近くから山深いところまで、人々の生活空間との関係によってその役割は大きく異なっていた。集落に接した山は「里山」、人里離れた山は「奥山」と呼ばれた。近世社会の農村の人々にとって重要な山は、生活にかかわる「里山」であった（「奥山」は、領主らが建築材を求めて「御林（おはやし）」とするような森林であった）。人々は、里山からエネルギー源として薪や炭の燃料や家屋の建築資材、木の実や山菜といった食料を得ていた。里山自体が生活に密接にかかわっていたからこそ、利用者であった百姓らによって管理・運営されていたのである。

また、近世社会では、田畑の肥料に自給肥料が広く利用され、人糞尿や厩肥（きゅうひ）とともに山の草木を利用し、それら山の草や柴、落ち葉などを田畑に敷き込み、地中で腐らせて利用する刈敷（かりしき）として利用していた。ただ、刈敷などの草木を得るための林野は、田畑面積の約一〇倍必要であり、農業を行ううえでは大量の草や柴が必要だった。そのため、百姓らが草や柴を得ることを目的に行った山焼きや野火によって、各地の山々の自然環境が大きく改変され、「草山」「柴山」が出現していた。たとえば、飯田藩（現在の長野県飯田市）脇坂氏の村々では一七世紀中ごろに九七の村のうち、柴山、草山は全体の六割を超え、また林業地帯であった飛騨地方では、草山に加え、はげ山もみられていた。[8]都市部でも同様の傾向がみられ、江戸後期の京都を描いた絵図から、周辺の山には高木はほとんどなく、草木もないはげ山が多かったことをうかがい知ることができる。[9]

　草山、柴山の拡大は、近世社会の人口増加とそれに伴う耕地増加によって引き起こされた。自然の改変による草山の増加は、さまざまな弊害をもたらすとともに、山の利用や農業のあり方をも大きく変えた。森林から草山や柴山への改変は、樹木が持っていた保水力などを低下させ、大雨による土砂の流出や下流域への洪水といった被害を引き起こしたのである。下流域での草山被害への対応として、一六六〇年代に幕府が初めて全国的な林野利用に関する触れを出し、淀川・大和川流域で土砂留制度を採用した。山城から近江の山間部で木の根が刈り取られた結果、土砂流出、河川の利用を妨げる事態が見られ、木・草の根の刈り取りの禁止と土砂流出への植林等を定めたのである。

　その結果、土砂流出が減少した一方、上流部の草・柴を利用する人々の林野利用が大きく変化した。また、草や柴の利用禁止によって、新たに干鰯（ほしか）や油粕といった金肥（きんぴ）（購入肥料）が導入された。商品作物を栽培するための金肥導入という側面だけでなく、自然環境の制約に伴い農業経営のありようが変化したのである。[10]

　人々の生活や生業との結びつきが強い里山などでの林野利用のあり方は「入会（いりあい）」と呼ばれ、資源利用において共同利用するためのさまざまなルールや規制が設けられていた。たとえば、収穫できる場所、持ち出すことができる収穫物の数や大きさ、立ち入りの順序、作業日数、作業者の人数、使える道具の種類などを事細かに規定することで、利用者間の分配の不公平性を回避し、また資源の持続的な利用を可能としていた。

こうした資源の共同利用のあり方は、近世の村社会を形作っていた村請制（むらうけせい）と呼ばれる仕組みのなかで調整されていた。この村請制は、領主との支配関係の下で、ある種の自律性を持った集団で、村の存続や家の継承を目的に自然資源を利用・調整していた。近世の土地所有・利用秩序は、近代以降の社会の前提と異なった観念のなかで位置づけられており、個人の私的利害ではなく、村落内での共同性が重視されていたのである。林野利用は、耕地の農業生産のための水利や資材供給機能を有するため、村落による資源配分機能から村によって利用が秩序づけられていた。

## 近代以降の資源利用

近代以降の資源利用のあり方は、国家が新たに付与した「近代的土地所有権」によって、大きく変化した。維新政府によって導入された「近代的土地所有権」の制度が私的土地所有を確立させたことで、それまで有機的連関を維持していた土地利用や資源利用は分断され、住民による資源利用は大きく制約を受けるようになったからである。そして、土地の所有と利用との対立（＝近世から続く利用秩序の慣行と私的土地所有との対抗）が新たな問題となった。[11] 近世にみられた割地（わりち）制度の慣行や焼畑農業（山林や草山の材木・柴を伐り、火をつけて焼き払った跡地に雑穀などの作物を数年間だけ作付ける粗放的な農業）など、土地利用慣行の多くは否定され、村落の土地利用は大きく変容を遂げた。たとえば、焼畑は主に生産性の低い土地で行われ、山野の生態系に合わせて自己完結的なメカニズムを利用していた。しかし、官林・官有地での野焼き・火入れの禁止が焼畑の禁止につながり、新たな開墾や立木の育成によって焼畑は縮小したのである。

明治以降も旧来の林野利用は一定程度継続し、薪柴、橋梁・神社の用材、水防・水利用資材など、また刈敷として肥料に利用されていたものの、農業生産の進展に伴い、大豆粕や魚肥といった購入肥料が利用されるようになった。加えて、第一次世界大戦後は、速効性の無機肥料（過リン酸石灰、硫安、石灰窒素などの化学肥料）が電力業や合成アンモニアを製造する化学工業の発展に伴い普及した。農業経営において林野との結びつきがなくなっていくだけでなく、工業部門に従属するようになったのである。[12]

人工林業の登場によって近世日本における森林資源利用の危機を脱した後、明治以降の森林資源、とくに木材は、工業化が進展するなかでどのように利用されたのであろうか。日本の森林面積は、二〇世紀初頭の二二〇〇万町歩から一九四〇年代には一七〇〇―一八〇〇万町歩（一町歩は約一ヘクタール）まで減少し、工業化の過程において森林伐採が進行した。さまざまな用途の材料として使用されていた木材は、一八八〇年代二〇〇〇万石から一九一九年六九〇〇万石、一九三九年には一億石を突破した（一石＝〇・二七八立方メートル）。木材の用途はさまざまで、住宅用材、鉄道の枕木、電話事業の電信柱、炭鉱での坑木（坑内の支柱など）、機械部品の木型、馬車・荷車の車体、製紙用・人絹用のパルプ、新聞・雑誌、木箱などの包装用材・合板単板用材などがあげられる。こうした幅広い分野での利用が拡大するなど、木材は産業化（幅広い社会経済の変化の過程）に不可欠な資源だったのである。[13]

ただ、戦前期の木材消費の多くは、自給される薪や木炭などエネルギー源としての燃材で、全体の消費量の過半を占めていた。農業での利用が減少するなかで、人々の生活において、とくに家庭では、燃材として利用されていた。現代の私たちの生活であたりまえのように利用する都市ガス、電気といった生活インフラはまだ一部に普及する程度で、高度成長期までの日本では、大都市であってもそれらの普及は遅かった。実際、台所では煮炊きでかまどが用いられ、また七輪やコンロなどが使用されていた。[14]工業が進展する近代以降の資源とのつきあいは、木材は産業面でより多く利用される一方、農林水産業や生活の場での利用は限られた存在となっていくのである。こうした資源とのつきあい方の変化（都市生活の進展も含む）は大きな影響を残すことになる。

## 生存保障としての自然

自然資源は人々が生業や生活を営むうえで欠かせない存在であるとともに、社会を維持するための重要な基盤でもある。とくに森林資源は人々の暮らしを支えるだけでなく、さまざまな気候変動や自然災害から人々の生存を守る機能も有している。実際、多発するさまざまな自然災害において、森林が持つ減災機能が注目され、その役割が再評価されている。二〇一一年三月一一日に発生した東日本大震災では、東北地方の太平洋沿岸は津波被害によって多くの犠牲者を出した。町に押し寄せた津波の大きな力によって文明社会の営みが簡単に壊れていく様子を数々の映像が伝えた。一方で、多くの被害を出したものの、海岸付近の森林が一定の減災効果を持ち、津波被害を減らしたという事実も私たちは知ることとなった。

私たちの生活や生存を脅かす災害は不可避なものであり、先人たちはたびたび大きな被害を受けてきた。しかし、さまざまな工夫によってこうした天変地変から人々の営みを守ろうとする取組みが行われてきた。とくに、近世以降、災害から人々を守るための森林の保護・育成、整備が行われてきた。季節風が多い地域では風から屋敷を守る防風林、海からの砂や潮、津波から守る防砂林、防潮林などがつくられている。また、大都市であった江戸では火災から町を守るための防火林として、「植溜（うえだめ）」が火除地（ひよけち）とともに設置されていた。[15]

また、災害には天変地変だけでなく、人々の「生存」を脅かす存在である飢饉も含まれる。近世社会ではたびたび飢饉が発生していた。飢饉の際には、領主の山が領民に開放される「御救山（おすくいやま）」が東北地方の各地で行われた。金や御救米の代わりに森林が開放され、人々は山に入って自然採集で食料を確保したのである。実際、ワラビやトコロとよばれる山菜を採取して飢えをしのいだ（ただ、それでも数万人の餓死者が生じている事実は忘れてはならない）。森林は人々が生存にすがる最後のよりどころであった。

こうした食糧不足における森林利用は近代以降にもみられている。一九一三年に北日本を襲った大凶作では、米不作のなかで（例年の約二割程度の作柄）、人々は松の皮や山菜などの森林の恵みから飢えをしのいだ。[16] このように、森林は人々の生活・生存を支え、社会を安定させる存在として機能していたのである。ただ、生活や産業において森林の果たす役割が減少する今日では、森林の過少利用が問題となりつつある。この点は、第三節で詳しく述べている。

## 2　自然資源をめぐる社会関係

### 自然資源を利用するルール

さて、人間と自然資源のかかわりの歴史を振り返ってもわかるように、人間は自然資源を個々人で利用してきたというよりは、社会のルールのなかで、あるいは共同作業によって利用してきたといえる。つまり、自然資源の利用のありようは、人間と人間との関係、すなわち社会関係（経済はもちろん、法制度や地域のルールなどを含む）を抜きに考えることはできない。

また、自然資源とは、ただそこに存在するだけで、おのずから自然資源となるわけではない。素材としての自然が資源かどうかは、人間がそこに有用性を見出すかどうかにかかっている。資源の概念について詳細な分析を行った佐藤仁は、資源を「働きかけの対象となる可能性の束」と端的に言い表しているが[17]、自然資源は、人間が何らかの働きかけを行う対象となって、はじめて価値を持つのである。

このように理解すると、人間から自然資源に対する働きかけのあり方を問うことの重要性がよくわかる。一般に、自然資源には、競合性という性質がある。人間にとって有用な資源ほど、その利用を多くの人が求めるという性質である。だからこそ、自然資源の利用には、さまざまなルールが必要となる。そのルールの代表的なものが所有制度である。所有制度には「個人所有」のほか、国家や地方政府などによる「公的所有」や複数の人々による「共同所有」などもある。

しかし、自然資源との関係を考える場合、所有制度も絶対的ではない。実際に各地域で自然資源の利用・管理のあり方をみると、土地の所有形態にとらわれず、その地域に適したルールを築いていることが多い。前節で触れた日本における森林利用をめぐる「入会(いりあい)」は、その典型例である。「入会」は自然資源を共同で利用・管理するためのしくみとして、地域コミュニティによって運営されてきた。自然資源を共同で利用・管理するしくみはコモンズ（commons）とも呼ばれ、世界各地で事例・理論の両面から研究が重ねられてきたが、日本の入会制度はコモンズ研究における代表的な研究対象にもなってきた。

また、地域コミュニティは、自然資源を利用するための基盤の管理を共同で行ってきた。たとえば、農道や用排水施設、ため池などは個々人が農業を営むための重要な基盤だが、これらは集落組織の共同作業によって維持・管理されてきた。機械化が進む以前は、農作業自体も「ユイ」と呼ばれる共同作業で行われてきた。農地には、このような共同作業が必要であることから、近代になって「近代的土地所有権」が導入されて以降も、さらには戦後の農地制度においてさえも、個人所有に網がかけられるように「むらのもの」という共同所有観が根づいていた[18]。つまり、農地はたとえ個人所有地であっても、農業基盤の共同管理をする都合などから勝手に処分することは許されず、地域コミュニティの合意を必要とする「集落の土地」としての側面を持ってきたのである。もっとも、戦後の日本社会のなかでは、このような共同利用のルールや社会組織は近代化のなかで解体すべき封建社会の遺制として捉えられたことも多かった。しかし、地域社会の疲弊が顕在化し、自然資源の利用・管理が問題になるなかで、あらためてその役割が見直されている。

村落研究の第一人者である池上甲一は、農山村の資源には社会関係が歴史的に堆積しており、その社会関係自体が人々の生活を支える共通資本になっていると指摘し、「むらの資源はソーシャルキャピタル」[19]であると表現している。ソーシャルキャピタル（社会関係資本）とは、社会の効率性を高め、相互に利益を得るためのルールや社会的信頼、ネットワークなどを指す。自然資源の利用・管理には、さまざまな社会関係が蓄積している。自然資源を利用する地域コミュニティにとって、自然資源はそれ自体の有用性に価値があるのと同時に、社会関係資本の蓄積にも意義が見出せるのである。

また、こうした側面を指して、哲学者の内山節は「村とか集落というとき、日本の村や集落は伝統的には自然と人間の里を意味している。自然もまた社会の構成者なのである」[20]と述べている。農山村では、自然資源の利用を通じてさまざまな社会関係が築かれている。社会と自然とは不可分な関係にあり、その一体性にこそ農山村の本質があるのである。

## 自然資源の利用は複合的、総体的

社会と自然とのかかわりを掘り下げることによって、自然資源の意義について、より深く考察してみよう。

農山村では、人々は決して特定の自然資源に特化して利用するのではなく、多様な自然資源を利用しながら生活を成り立たせてきた。森林利用の歴史をさかのぼってみても、林業だけで生活する林業者のほうが稀であり、木材生産にせよ、炭焼きにせよ、薪の自家消費にせよ、さまざまな生業のなかの副業のひとつとして行ってきたというのが実態である。

たとえば、鹿児島県奄美市の打田原集落は、野菜などの園芸農業を主業としてきた。園芸の作目自体もニンジンやキャベツなどの露地野菜、ポンカンやパパイヤなどの果樹など、合計で五〇種以上と豊富だった。しかし、それ以外にも自然資源の利用について調査すると、「里山」からは薪炭用の木材のほか、八〇種以上の山菜や有用植物を、海からは七三種もの魚介類（三二種の魚類、一三種類の貝類などを含む）や一〇種以上の海藻を採取してきたことが明らかになった（図表3―1）。園芸作物の多くは品種改良を経た栽培種であるが、その他のほとんどは野生種である。また、野生種であっても人間が利用しやすいように積極的に植栽したり、生育しやすい環境を整えたりといった、いわゆる「半栽培[21]」の状態にある自然資源も少なくなかった。こうした多様な自然資源の利用によって生活を組み立ててきたのである。

農業を営むかたわらで山や川、海から自然資源を採取するといった自然資源の複合的な利用は、自然資源を利用できない時には違う自然資源を利用するといったようなリスク回避につながることなど、前節で述べた生存保障にもつながる大きな意義を持つ。さらに、こうした多様な自然資源の利用が文化の蓄積につながってきたことも重要である。

自然資源の利用は、それ自体が人間が生存・生活するための重要な基盤であるが、それだけではなく、祭事や食文化といった精神世界にかかわる文化にまで深く結びついている。打田原集落をはじめとする奄美大島では、正月に始まり、三月のハマオレ（五穀豊穣を祈り、集落民が集まって海辺でご馳走を食べる）、五月節句（男子の成長を祝い、餅などを食べる）、八月のアラセツ（来年の豊作を祈りご馳走を食べる）など、毎月のように年中行事が行われるが、そのほとんどが農業や自然資源の利用に関係するものである。また、これらの

**図表3-1　鹿児島県奄美市打田原集落で利用される自然資源の例**

| 自然資源の分類 | | 種名 |
|---|---|---|
| 園芸作物 | 野菜 | ネージン（ニンジン），タマナ（キャベツ），トッツブル（カボチャ），ドコネ（ダイコン）など50種 |
| | 果樹 | ポンカン，マンジョイ（パパイヤ）など６種 |
| 山の資源 | 有用植物 | マツ（リュウキュウマツ），スティチ（ソテツ），マーデー（マダケ）など55種 |
| | 山菜 | フツィ（ニシヨモギ），ツワ（ツワブキ）など25種 |
| 川の資源 | 魚介類 | タナガ（テナガエビ），マーガン（モクズガニ）など６種 |
| 海の資源 | 魚介類 | スレィン（キビナゴ）などの魚類，トゥビンニャ（マガキガイ）などの貝類を含む73種 |
| | 海藻 | イギス，フノリ，アオサなど12種 |

海と山に囲まれる奄美市打田原集落

年中行事は、正月の三献料理には地域ごとに決まった食材・農作物が欠かせないほか、五月節句にはゲットウやクマタケランの葉で包んだカシャ餅が必須であるなど、奄美の多様な自然資源と結びついている。[22]こうした年中行事や普段の食事の折々で、人々は自然との深い関係性を再認識することになる。

また、自然資源の意義を考えるうえでは、マイナー・サブシステンス（minor subsistence）という概念も重要である。[23]マイナー・サブシステンスとは、最重要とされる生業活動の陰にありながらも脈々と受け継がれてきた生業である。消失したところで経済的影響は大きくないけれども当事者たちによる熱意のなかで続けられてきたいわゆる「遊び仕事」で、山菜・キノコ採りや魚釣り、潮干狩り、鳥獣猟などが代表的である。マイナー・サブシステンスが注目されるのは、それ自体にいくらかの経済的な意味があるだけではなく、社会的、文化的、宗教的な価値につながっているからである。マイナー・サブシステンスは、比較的単純な技術水準で行われることが多いが、だからこそ個々人の身体的経験に基づく技法の習得が必須であり、継続的で深い自然とのかかわりを必要とする。それゆえに成果が得られたときに大きな楽しみや喜びといった情緒的な価値を得ることができるし、「魚釣り名人」「山菜取り名人」といわれるような名手は、地域内で声望を受けるなど、地域の社会関係にも深くかかわってくる。

環境哲学・倫理学を専門とする鬼頭秀一は、社会的・経済的にも文化的・宗教的にも総体としての自然とつながり、不可分な関係性を築きながら生業と生活を営んでいる状態を「かかわりの全体性」と呼んでいる。[24]以上のように農山村の社会をみると、総体的なかかわりを通じて、人々は自然資源にたいして経済的にはもちろん、社会的、文化的、宗教的な意義を見出していることがよくわかる。このような多様な自然資源との総体的なかかわりを維持することは、農山村における生活の「豊かさ」を守ることにつながる。

## 社会－生態システム論

以上のように、人間は社会関係のなかで自然資源に継続的に働きかけ、それによって自然資源の利用という恩恵を受けるだけではなく、社会的、経済的、文化的、宗教的な意義を蓄積してきた。

人間と自然との相互のかかわりについては、欧米では一九九〇年代に社会－生態システム（social-ecological systems）としてモデル化されてきた。[25] 社会－生態システム論は、従来の科学では、社会科学は社会システムだけを、自然科学は生態系だけを分析対象としてきたことで、環境問題の包括的理解がなされてこなかったことへの反省に立ち、両者の複雑な相互作用をそのまま分析するためのモデルとして考案されたものである。社会－生態システムには、次のような三つの性質があるとされている。

第一に、フィードバック・ループ系という性質である。人間社会が生態系に働きかけると、それによって生態系の状態は変化するが、今度はその生態系が人間社会に影響を与えるというフィードバックが働く。さらに、それに対応して人間社会が生態系とのかかわり方を変化させるというように、このフィードバックは絶えずループする。第一節でみたように、日本では古代以来、人間が森林資源を利用することで森林を衰退させ、それを受けて持続可能な利用のために対策を練るということを繰り返してきた。これはまさに社会－生態システムのフィードバック・ループだといえる。

第二に、非定常系という性質である。社会も生態系も常に変動を繰り返しており、フィードバック・ループのなかで両者の関係もつねに変化しているため、社会－生態システムはひとつの状態にとどまることはない。ただし、社会－生態システムは、少しくらいの変化であれば、元に戻ろうとする性質がある。たとえば、人間社会は自然の状態が変化しても、その利用を続けるために創意工夫をするし、自然資源（とくに生物資源）は草木の成長や世代交代によって資源の量を回復する性質（更新性）を有しているため、一定水準までの変化であれば、元の状態に回復することができる。この能力はレジリエンス（復元力）と呼ばれ、「環境が変化するなかでも、これまでどおりの機能や構造、固有性、フィードバックを維持し、再編成する能力」[26]と定義されている。この性質は、自然資源の持続可能な利用を考える際に重要になる概念である。つまり、社会－生態システムにおいて、人間社会はレジリエンスの範囲内で自然資源の利用を続けることで、その利用を持続可能なものにすることができるということである。

第三に、複雑適応系という性質である。社会も生態系も、それ自体のあり方が複雑であるため、両者の相互関係も単純化できない複雑なものである。これは、とくに現代の人間と自然のかかわりを考えるために重要な概念である。従来の地域社会と自然資源のかかわりは、比較的単純なモデルでとらえることが可能だった。たとえば、入会研究などでは、農村社会と森林のかかわりを一対一の比較的単純な構図で説明することが多かった。しかし、とくに近年の社会をみると、高度化した流通・経済システム、グローバル化、社会制度の複雑化と階層化、人材の流動化などによって複雑化しており、それに伴って自然とのかかわりも単純なモデルではとらえきれなくなっている。人間と自然資源のかかわりを明らかにするためには、まずは複雑な人間社会のありようを分析することも重要であることを示しているのである。

社会－生態システム論には、その全体像を把握することが困難であるなど、モデルとしての有効性には課題もある。ただし、特定の地域や現象に限って適用すれば、人間と自然資源のかかわりを理解するためのひとつの方法として有効だといえるだろう。

## 3　農業・農山村の役割と機能の低下

### 近年における変化の要因

さて、社会－生態システム論の立場から近年の農山村をみると、人間と自然資源のかかわりは大きく変化し、新たな対応が迫られる状況になっている。その変化の要因としては、次のようなものがあげられる。

第一に、近代以降の農業・農山村の役割低下があげられるだろう。近代以降、工業化を進展させてきた日本では、第二次産業、第三次産業のウエイトを高めただけではなく、就業人口の点でも人口の過半数を占めていた第一次産業従事者は、今日では二パーセントまで減少している。経済活動、就業に占める割合の減少は、農業・農山村の存続の意義自体も低下させてしまっている。加えて、上述したように人々の生活にとっても身近な存在ではなくなっている点も問題だろう。人口が都市に集中するなかで、米や一部の野菜を除けば、食料の多くを輸入に頼ることで、農産物など一次産品の供給地としての重要性を低下させている。また、木炭などの燃材として木材を使用していた時代と異なって、今日は石油など輸入する資源にエネルギー源を依存している点もその低下に拍車をかけている。このように、近代以降、経済活動だけでなく人々の生活と農山村との結びつきは弱まり続けているのである。

第二に、とくに近年における地域コミュニティの機能低下である。日本はすでに人口減少社会に突入し、とりわけ農山村部では、過疎化・少子高齢化が猛烈な勢いで進んでいる。これに伴い、農道や水路といった農業インフラの管理・維持など、農山村の地域コミュニティが行ってきた自然資源の利用・管理を従来どおり継続することが困難になっている。農村政策論の小田切徳美は、このような集落機能の脆弱化のプロセスを次のように説明している。まず、集落の人口が減少し始めた時点では、しばらくは住民の助けあいなどによって機能を維持する。しかし、人口がある段階にまで減少すると、従来のように機能を維持することが難しくなる。さらにある臨界点を超えると、集落機能を維持することがまったくできなくなり、従来のような生活を維持することが困難になる。[27]日本の農山村では、機能維持が困難になりつつある集落が徐々に増え始めているのである。このように、自然資源を利用・管理する担い手が不足していることが、人間と自然資源のかかわりの変化に拍車をかけている。

**過少利用問題**

耕作放棄地の発生、里山の荒廃、放牧地・採草地の藪化などのように、自然資源の役割低下や担い手不足によって引き起こされる問題は、過少利用問題と呼ばれている。

社会−生態システム論に従えば、社会のかかわり方が変化することによる自然の変化には、次の二つの方向性がある。ひとつは、人間が自然に対してレジリエンスの範囲を超えて過剰に働きかけてしまうことによる変化で、森林の過伐採や漁業資源の乱獲、過放牧などの過剰利用や、化学肥料・農薬の過剰投入による環境破壊があげられる。もうひとつは、社会が自然資源の利用を縮小・放棄してしまうことによる変化であり、里山において木材の利用価値が失われる、草地において牧草としての利用価値が失われるといった過少利用が原因である。現在日本で引き起こされている自然をめぐる問題は、後者の過少利用によるところが大きい。

こうした過少利用によって生じる問題には、里山やため池といった人の手が加わった自然（二次的自然）の生物多様性の低下に着目した自然科学（とくに保全生態学）がいちはやく着目してきたが、現在では社会科学の分野からも、農山村の生活問題として大きな注目を集めている。

自然資源の過少利用は農山村社会に、①野火や山崩れなどの災害リスクの拡大、②病虫害・鳥獣害の温床、

③不法投棄、④景観の悪化などの生活問題を生んでしまう。過少利用問題を解決するためには、自然資源の利用・管理の主体であった地域住民の取組みを支援していくことは必要であるが、現在の日本の社会のなかで、人間と自然の関係をかつてのように戻すことも不可能である。しかし、荒廃した自然資源をそのままにしておけば、周辺の生活環境はますます悪化して過疎化がさらに進み、それによって自然資源の利用・管理はますます困難になり、自然の荒廃がいっそう進むという悪循環につながってしまう。こうしたなかで、自然資源に最も近い立場にいる地域コミュニティの人々の側から、人間と自然資源とのかかわりを新しいかたちで再構築することを求める声が強くなっている。こうした現場の声にどう応えていくのかは、自然資源経済論の重要な課題であるといえるだろう。

## 4　再構築に向けた連携と社会再編

### コモンズからガバナンスへ

自然資源の過少利用問題が深刻化するなかで、人間と自然資源とのかかわりをどのように再構築していけばよいのだろうか。人間と自然との新しいかかわりを考えるために新たな議論が必要になっているという現状は、じつはコモンズ研究に新たな展開が求められてきた経緯と重なる部分がある。そこで、コモンズ研究の歴史を振り返りながら、人間と自然資源との関係を再構築するために必要なポイントを整理したい。

結論を先取りすると、コモンズ研究は、多様な主体による協働、すなわちガバナンス（governance）を重視する方向へと舵を切ってきた。八〇―九〇年代に盛り上がったコモンズ研究では、地域コミュニティと自然資源とのかかわりを一対一の単純なものとして捉えがちであった。しかし、日本の森林資源の歴史を見ても、地域コミュニティとの関係だけではなく、時の政治情勢に大きな影響を受けてきたことがわかる。また、近代以降の自然資源の利用・管理の実態をみると、政府や自治体の役割も非常に大きく、地域コミュニティとの関係だけで成り立っているケースなどほとんどない。こうしたなかでコモンズ研究では、自然資源とかかわる主体を幅広く見直す必要性が高まってきたのである。

そこで盛んになったのが協働管理（co-management）の研究である。協働管理とは、政府と地域資源利用者が権力と責任を共有して管理を行うことである。もちろんコモンズを利用・管理してきた地域コミュニティの役割は重視するものの、それに加えて自治体や政府などの行政セクター（場合によっては国際社会の動向も含む）がどのようにかかわっているのかに注意が向けられるようになった。

さらに、協働管理では、行政セクターだけではなく、非政府組織（ＮＧＯ）や非営利組織（ＮＰＯ）などの市民セクターの役割にも注目が集まるようになった。これまでも環境の分野では市民セクターが重要な役割を果たしてきたが、コモンズの分野で自然環境保全の主体としての地域コミュニティの役割が見直されたことで、地域外部の市民セクターが地域コミュニティによる自然資源管理を支援しようという動きがあちこちで広がったことが、この背景にある。そして、地域コミュニティ、行政セクター、市民セクターといった多様な主体のかかわりが注目されるなか、協働管理は、多様な主体の責任分担のあり方、すなわちガバナンスと同一視されるようになったのである。[28]

多様な主体が関わるようになったことは、自然資源に多様な価値が見出されるようになったことも意味している。とくに近年では、「生態系サービス」の考え方に代表されるように、環境評価の方法が整理されており、行政セクターや市民セクターが自然資源の利用・管理にかかわる根拠もわかりやすくなっている。しかし、現場をみると、行政セクターや市民セクターにとっての自然資源の価値が、地域コミュニティがこれまで見出してきた自然資源の価値とずれている場合もある。こうしたなかで、お互いの見出している価値を共有してすり合わせたり、ともに利用・管理を実践するための方向性を共有したりする必要性が高まっている。そのため、ガバナンス論では、多様な主体のなかで自然資源の価値をどうすり合わせていくかが主要な論点のひとつになっている。

以上のように、コモンズ論は自然資源にかかわる主体が多様化するのに合わせてガバナンス論へと展開してきた。このことは、日本でこれから人間と自然資源のかかわりを再構築するためにも共通する論点であると思われる。具体的にいうと、行政セクターについては、現在の日本において第二章で見てきたような国の政策や都道府県・市町村による各種補助施策などの役割の大きさを無視して自然資源の利用・管理を議論することは不可能であろう。また、日本の里山は生物多様性条約第一〇回締約国会議で「ＳＡＴＯＹＡＭＡイニシアティブ」が提起されたように、国際社会からも注目されるようになっている。農地にせよ、里山にせよ、その利用・管理は各種の政策のあり方と一体となって展開しているのが現実であり、その役割を的確にとらえていく必要がある。

市民セクターについても、非農家住民や各種市民団体、都市住民が自然資源の利用・管理のなかでどのような役割を発揮するのかにますます注目が集まっている。いわゆる「よそ者」が地域づくりにどのようにかかわるかという論点である。たとえば、里山については都市住民が「森林ボランティア」として地域社会に協力してその管理を進める取組みが一定の成果につながっているほか、「水田オーナー制度」のような都市の住民との連携による農地保全の方法も見られ始めている。

また、多様な主体がかかわるなかで自然資源の価値を問い直すことは、きわめて重要である。本章の第二節で紹介したように、地域コミュニティにとって自然資源は、社会的価値から文化的価値まで多元的な価値が見出される対象である。それと同時に、行政セクターや「よそ者」が自然資源にどのような価値を見出しているかも重要である。たとえば、都市住民が「森林ボランティア」として里山の利用・管理にかかわる場合、地域住民とはまったく違う視点で自然資源に新たな価値を見出すことがある。また、こうした取組みで生まれる都市住民と農村住民の交流自体が、新たなソーシャルキャピタルの構築にもつながる。多様な主体の連携のなかで、現代的な自然資源の価値を整理することは、人間と自然資源とのかかわりを再生するための足掛かりにもなりうる、重要な着目点である。

### 課題解決を担う地域運営組織

ただし、自然資源の過少利用を問題とする現在の日本で人間と自然資源のかかわりを再構築するためには、行政や「よそ者」との連携だけでは不十分だと思われる。とくに山間部のような過疎・高齢化の激しい地域では、そもそも自然資源と歴史的な関係を築いてきた地域コミュニティの存続自体が危ぶまれている場合も少なくない。過少利用時代に自然資源の利用・管理を継続するためには、多様な主体との連携に加えて、地域コミュニティ自体を存続・維持するための戦略も組み合わせていかなければならないと思われる。

そこで、現在日本各地で設立が相次いでいる地域運営組織の考え方を参考にしたい。地域運営組織は、まさに地域コミュニティが自らの力で地域を再生するための組織である。総務省によると、地域運営組織とは「地域の生活や暮らしを守るため、地域で暮らす人々が中心となって形成され、地域内のさまざまな関係主体が参加する協議組織が定めた地域経営の指針に基づき、地域課題の解決に向けた取組みを持続的に実践する組織」のことをいう。[29] 重要なポイントは、地域住民が自ら組織し、地域内の多様な組織・団体と連携して

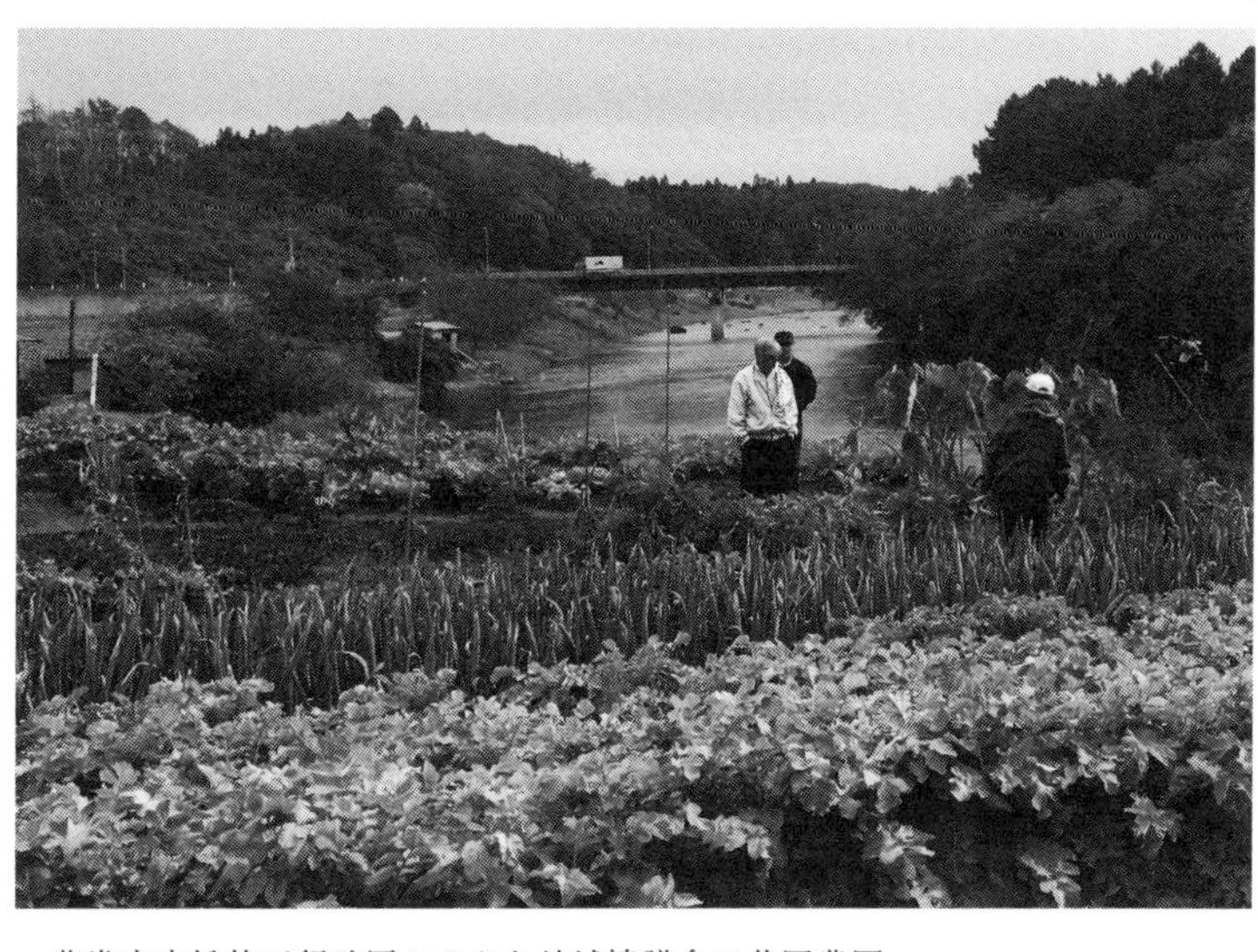

花巻市高松第三行政区ふるさと地域協議会の共同農園

機能を補い合いながら、多様な地域課題の解決にあたるということである。

地域運営組織の具体的な事例として、岩手県花巻市の「高松第三行政区ふるさと地域協議会」の取組みを紹介しよう。高松第三行政区は平良木（ひららき）、母衣輪（ほろわ）、内高松（うちたかまつ）の三集落からなり、二〇一七年三月時点の人口は一八〇人、世帯数七三世帯で、高齢化率は四〇パーセントを超えている。過疎・高齢化が進むなかで地域衰退の危機感が高まったことから、二〇〇八年に地域全員参加の組織として同協議会を立ち上げた。

同協議会は、地域農業の再生や高齢者福祉などといった地域課題の解決のために、①福祉農園の運営、②通院や買い物などの外出支援サービス、③配食サービス、④高齢者サロン、⑤地域をよくするための学習活動、⑥六次産業化（山の果実のゼリー、エダマメ加工品など）など多岐にわたる活動を展開している。

地域運営組織のポイントのひとつが、地域内外の多様な組織・団体と連携することである。同協議会は、まさに多様な組織・団体と連携することによって、こうした多様な取組みを実現している。人口が二百人に満たず、高齢化も進む同地区の地域住民だけでは、多様な活動を展開するだけの人材もノウハウも十分ではない。そこで同協議会は、活動全般について花巻市と連携しているほか、学習活動については大学、高齢者福祉については社会福祉協議会、農業振興や六次産業化については農協や集落営農組織と連携している。専門的な機能やノウハウを持つ多様な組織と連携することで、同協議会単独では実現が難しい多様な取組みを行うことが可能になっている。

　また、こうした連携によって、同協議会単独では実現できない、より価値の高い取組みが実現していることにも注目できる。同協議会は、農業振興の取組みを、障害者福祉施設との連携（いわゆる「農福連携」）や保育園との連携によっても進めている。これによって同協議会の農業振興の取組みは、障害者福祉や園児の農業体験・食育にもつながる取組みへと高められている。

　さて、人間と自然資源のかかわりを再構築するために、地域運営組織の取組みに学ぶべき最も重要なポイントは何だろうか。それは、自然資源の利用・管理をめぐる問題を、多様な地域課題のなかのひとつとして位置づけていることである。地域運営の視点に立てば、地域コミュニティ自体を存続・維持するためには、自然資源をめぐる問題だけではなく、多様な地域課題を解決していく必要がある。こうしたなか、同協議会は、農業振興や六次産業化などの自然資源にかかわる課題を、高齢者福祉や障害者福祉・園児教育などの地域課題に結びつけ、それによって多様な組織・団体と連携した取組みを展開している。自然資源の利用・管理の問題をそれにかかわる人だけの問題として捉えてしまえば、関心を持つ人は限られてしまう。しかし、それを多様な地域課題のひとつとして位置づけることによって、より多くの人がかかわり、より広い地域課題の解決をめざす取組みへと展開できるのである[30]。

以上のように、地域運営組織の考え方をふまえると、自然資源の過少利用問題をさまざまな地域課題のひとつとしてとらえ、地域内外のさまざまな組織・団体と連携して、多様な地域課題の解決をめざすことが重要であることがわかる。自然資源の過少利用問題を多様な地域課題のひとつに位置づけることの重要性は、社会－生態システム論からも説明できる。つまり、社会がうまく機能しなければ、生態系との健全なかかわりを保つこともできないため、まずは社会の健全性を高めなければならないということである。人間と自然資源のかかわりを再構築するためには、自然資源とのかかわりの問題を社会問題のひとつとして位置づけ、社会全体の再生をめざしていく視点が重要なのである。

## 人間と自然資源のかかわりを再構築するための論点

さて、ここまで、環境をめぐるガバナンスの議論や地域運営組織の考え方を参考に、人間と自然のかかわりを再構築するための論点と議論の方向性を確認してきた。以上の論点と方向性は図表3―2のようにまとめられる。

第一に、自然資源をめぐる問題のとらえ方をめぐっては、次のような二つの視点が重要になる。まずは問題を多層的な規模で捉える視点である。ガバナンス論でみたように、自然資源の利用・管理の問題は、単に地域コミュニティのローカルな問題にとどまるのではなく、国家（ナショナル）や国際社会（グローバル）などの規模を含む多様な主体にとっての問題となっているのが現実である。人間と自然資源とのかかわりを再構築するために、ローカルな規模で完結するのは現実的ではなく、問題を多層的に捉えて複眼的に方向性を検討する視点が必要である。第七章で扱う自然資源の貿易問題は、自然資源をめぐる問題をローカルからグローバルに連なる多層的な問題としてとらえる必要があることを具体的に示している。

図表3-2　人間と自然資源のかかわりを再構築するための論点と方向性

| 論点 | 方向性 |
|---|---|
| 自然資源をめぐる問題のとらえ方 | ・地域コミュニティのローカルな問題としてだけではなく，ナショナル，グローバルにも関係した多層的な問題としてとらえる<br>・多様な社会的課題のなかに位置づける（自然資源とのかかわりの再生を社会の再生のなかで実現する） |
| 自然資源にかかわる主体 | ・地域コミュニティに加え，行政セクターや市民セクターなど，多様な主体の役割を重視する<br>・地域コミュニティの再生・再編（多様な組織・団体の連携による地域運営組織の設立）など，社会の再生・再編を促す |
| 自然資源の価値 | ・地域社会にとっての経済的・社会的・文化的価値はもちろん，「よそ者」にとっての価値や「生態系サービス」のような汎用性の高い価値も重視し，多面的に価値を磨く<br>・多様な地域課題の解決を目指し，多様な組織・団体と連携することで取組みの価値をより多面的なものにする |

もう一つの視点は、多様な社会的課題のなかに位置づけるという視点である。地域運営組織の考え方で見たように、過疎・高齢化の進む日本では、自然資源とかかわる地域コミュニティ自体の再生を実現しなければ、自然資源とのかかわりの再構築も展望できない。自然資源の問題をそのままにとどめるのではなく、地域社会全体の再生、あるいは日本社会のあり方の問題として、より幅広くとらえていく視点がますます必要になっている。

第二に、自然資源にかかわる主体、つまり誰がこれから自然資源を利用・管理していくのかという論点である。これについては、歴史的に深いかかわりを築いてきた地域コミュニティの役割や意義を論じることが重要であることは間違いない。ただし、ガバナンス論が示すように、今日では、自治体や政府などの行政セクター、NPOや都市住民などの市民セクターの役割も非常に大きく、これらの多様な主体が自然資源の利用・管理にどのようにかかわっているのかも、きちんと整理することが重要である。

また、地域運営組織の考え方で見てきたように、地域資源にかかわる主体としての地域コミュニティをどう再生・

再編するのかという視点も重要だろう。多様な地域課題の解決をめざすなかで、すでに地域内に存在する多様な組織・団体とも連携を進めることで、地域コミュニティの自治運営の力を高めることが求められる。

第三に、自然資源の価値をめぐる論点である。地域コミュニティは、歴史的なかかわりを通じて、経済的のみならず、社会的、文化的な価値を自然資源に見出してきた。しかし、現在、多様な主体がかかわるなかで、自然資源にはさらに多様な価値が見出されている。行政セクターのなかでも、地方自治体であれば比較的地域コミュニティと近い見方で自然資源の価値をとらえるかもしれないが、国の政策のレベルでは「生態系サービス」の経済評価など汎用性の高い価値の尺度が重視されるかもしれない。国際連合食糧農業機関（FAO）の世界農業遺産への登録のように、世界規模でその価値が議論されることもありうる。一方、いわゆる「よそ者」の視点では、自然環境の保全などの一般的な価値、さらには自然とのかかわり自体や農山村の人々との交流といった側面が重視されるかもしれない。多様な主体が異なる価値を抱いていることは、時に対立の原因になるが、一方で多様な主体が多様な価値観を抱いて自然資源にかかわるからこそ、自然資源の価値が多面的に磨かれ、それが新たな地域づくりにつながっていくこともありうる。これについては、第五章で具体的に論じられている。

また、地域運営という視点では、本章の事例では地域農業の振興が福祉や教育の問題と結びつけられていたように、自然資源の利用・管理をめざす取組みを、他のさまざまな地域課題の解決と結びつけることで、より価値の高いものへと展開できる可能性もある。多様な組織・団体と連携し、多様な課題の解決をめざすなかで、人間と自然のかかわりを再構築するために、多面的な価値を実現する取組みを展開することが重要である。

以上、本章では、まず人間と自然とのかかわりを歴史的に振り返り、社会‐生態システムなどのモデルをふまえて実態を把握した。そして現在、日本各地で進行する過少利用問題をふまえつつ、ガバナンス論の議論や地域運営組織の考え方を参考にして、人間と自然資源のかかわりを再構築するための方向性について議論した。

現在の人間と自然資源のかかわりは、一対一で単純化してとらえられるものではなくなっており、多様な主体の連携を前提として自然資源とのかかわりのあり方をとらえていくことがますます重要になっている。また、過疎・高齢化によって自然資源と主体的なかかわりを持ってきた地域コミュニティ自体の衰退が進むなかでは、その地域コミュニティの再生・再編をめざさなければ、自然資源とのかかわりの再構築自体が不可能であることも確認した。人間と自然のかかわりの再構築とは、まさに人間の社会・経済の再生をどのように考えていくかという問題だといえる。こうした前提に立って自然資源経済の再生を展望していくことが重要である。

1　本節は、高柳友彦「森林資源と土地所有」中西聡編『経済社会の歴史』(名古屋大学出版会、二〇一七年)をもとに書き直したものである。

2　ピーター・ベルウッド著、長田俊樹・佐藤洋一郎監訳『農耕起源の人類史』(京都大学学術出版会、二〇〇八年)

3　安田喜憲「森と文明」『講座文明と環境九巻　森と文明』(朝倉書店、一九九六年)

4　クライブ・ポンティング著、石弘之・京都大学環境史研究会訳、『緑の世界史 上・下』(朝日選書、一九九四年)

5　ジャレド・ダイアモンド著、楡井浩一訳『文明崩壊 上・下――滅亡と存続の命運を分けるもの』(草思社文庫、二〇一二年)
6　コンラッド・タットマン著、熊崎実訳『日本人はどのように森をつくってきたのか』(築地書館、一九九八)
7　齋藤修『環境の経済史』(岩波全書、二〇一四年)
8　水本邦彦『草山の語る近世』(山川出版社、二〇〇三年)
9　小椋純一「絵図から見た江戸時代の京都の山の植生景観」『講座文明と環境 9巻 森と文明(新装版)』(朝倉書店、二〇〇八年)
10　水本邦彦『草山の語る近世』(山川出版社、二〇〇三年)
11　丹羽邦男『土地問題の起源』(平凡社、一九九二年)
12　暉峻衆三編『日本の農業150年――1850～2000年』(有斐閣ブックス、二〇〇三年)
13　山口明日香『森林資源の環境経済史――近代日本の産業化と木材』(慶應義塾大学出版会、二〇一五)
14　古島敏雄『台所の近代史』(山川出版社、一九九六年)
15　徳川林政史研究所『徳川の歴史再発見　森林の江戸学II』(東京堂出版、二〇一五年)
16　青森県史編さん近現代部会『青森県史資料編近現代3「大国と東北の中の青森県」』(青森県、二〇〇四年)
17　佐藤仁『持たざる国の資源論――持続可能な国土をめぐるもう一つの知』(東京大学出版会、二〇一一年)
18　楜澤能生「戦後農地制度における所有権・貸借権の形成と「公共性」――「農地制度改革」の要点」『農業と経済』七九巻一一号(昭和堂、二〇一三年)、五一―一五頁。
19　池上甲一「むらにとっての資源とは」日本村落研究学会編『むらの資源を研究する――フィールドからの発想』(農山漁村文化協会、二〇〇七年)、二六―三三頁。
20　内山節『「里」という思想』(新潮選書、二〇〇五年)
21　宮内泰介編『半栽培の環境社会学――これからの人と自然』(昭和堂、二〇〇九年)
22　一方で、奄美の年中行事での食事では、昆布が欠かすことができないものとなっている。いうまでもなく、昆布は北方の海産物であり、奄美では採ることができない。このように、自然資源の交易が人の交流や文化を築いてきた点も、見過ごすことのできない論点である。

23　松井健「マイナー・サブシステンスの世界――民俗世界における労働・自然・身体」篠原徹編『現代民俗学の視点一　民俗の技術』（朝倉書店、一九九八年）、二四七―二六八頁。

24　鬼頭秀一『自然保護を問いなおす――環境倫理とネットワーク』（ちくま新書、一九九六年）

25　たとえば、Berkes, F., J. Colding and C. Folke eds., *Navigating Social-Ecological Systems: Building Resilience for Complexity and Change* (New York: Cambridge University Press, 2003)

26　Walker, B., C. S. Holling, S. R. Carpenter, and A. Kinzig, "Resilience, Adaptability and Transformability in Social-Ecological Systems," *Ecology and Society*, 9-2 (2004): 5.

27　小田切徳美『農山村再生――「限界集落」問題を超えて』（岩波新書、二〇〇九年）

28　協働管理やガバナンスについては、たとえば、Carlsson, L. and F. Berles, "Co-Management: Concepts and Methodological Implications," *Journal of Enviromental Management*, 75 (2005): 65-76.

29　総務省地域力創造グループ地域振興室『地域運営組織の形成及び持続的な運営に関する調査研究事業報告書』（二〇一七年）

30　また、地域社会の活動範囲も、地域運営組織に学ぶべき点のひとつである。地域運営組織の活動範囲は、藩政時代の村や小中学校区などと重なるが、これは従来の自治会・町内会よりも広域であることが多い。人手不足が深刻化するなかで、従来の活動範囲を見直して人材を確保することは、農業基盤（ため池や農道など）の管理の見直しなどを念頭に置いた際には、とりわけ重要である。

# Ⅱ　世界のなかの自然資源経済

# 第四章　条件不利な農業・農山村を支える仕組み——EUとオーストリア

## 1　なぜオーストリアなのか——農地の六四パーセントが条件不利地域

### 小さくとも輝くオーストリアの農山村

第一章・第二章でみたように、日本の農業と農山村は大きな困難に直面しているが、それに対して行われている政策には、多くの問題や課題がある。本章では、今後の日本の農業・農山村政策を考えるために、非常に参考になると思われるオーストリアの例を紹介したい。

もちろん農業・農山村政策といっても、国によって、また地域によってさまざまである。稠密な人口があり温暖多雨で稲作中心の東アジアと、広大な土地基盤のうえに新大陸型の農業が行われるアメリカや豪州・ニュージーランドでは、そこで展開される農業・農山村政策が大きく異なるのは当然であろう。これらの国や地域が置かれた自然的・地理的条件と農業が展開されている地域社会の姿によって、農業や農山村は大きく異なるからである。日本とオーストリアでは、当然ながら異なる点も多く、単純にオーストリアの政策の真似をすればよいわけではない。

では、なぜ、ここでオーストリアをとり上げるのか。それは、オーストリアという国が、国土の七七パーセントを山岳地帯が占めるなど、日本と同様、農業にとって不利な国土条件のもとにあり、それにもかかわらず、農業も農山村も元気だからである。そこには、日本にとって参考となる多くのヒントが隠されているはずである。

オーストリアは、かつてはハプスブルク家が君臨する帝国であり、「陽の沈まない帝国」と呼ばれるほどの版図を誇った。しかし第一次・第二次両世界大戦を経て、オーストリアは北海道と同じくらいの面積に約八八〇万人が住む連邦制の小さな国になった。首都のウィーンは長い栄光の歴史を持ち、人口一九〇万人の大都市であるが、それ以外の一〇万人を超える都市は、グラーツ、リンツ、ザルツブルク、インスブルック、クラーゲンフルトの五都市しかない。

日本のような人口の一極集中の動きはなく、ゲマインデと呼ばれる基礎自治体（市町村）は小規模なものが多いが、元気である。二〇九八ある自治体の五五パーセントが人口二千人以下の自治体であり、総人口の半数以上が人口一万人以下の自治体に居住している（二〇一八年）。ウィーンを含む九つの州別にみても、それぞれ人口は増加傾向にあるし、極小規模の自治体で人口減少に悩むところがないわけではないが、日本のような深刻さはない。農山村を訪れると、どの村も美しく、人々がいきいきと生活を楽しんでいることが伝わってくる。まさに、「小さくても輝いている」のがオーストリアの農山村である（図表4―1）。

このようなオーストリアに着目して、一橋大学の自然資源経済論プロジェクトは過去五回の現地調査を実施し、政府・関係団体、さらには九つの州で一九の市町村を訪問してきた。それぞれ町長・村長をはじめとする方々とミーティングを行い、活発な議論をすることができた。以下本章では、そのエッセンスを中心に、オーストリアから学ぶべきと思われることを紹介することにしたい。

**図表4-1　9つの州から構成されるオーストリア**

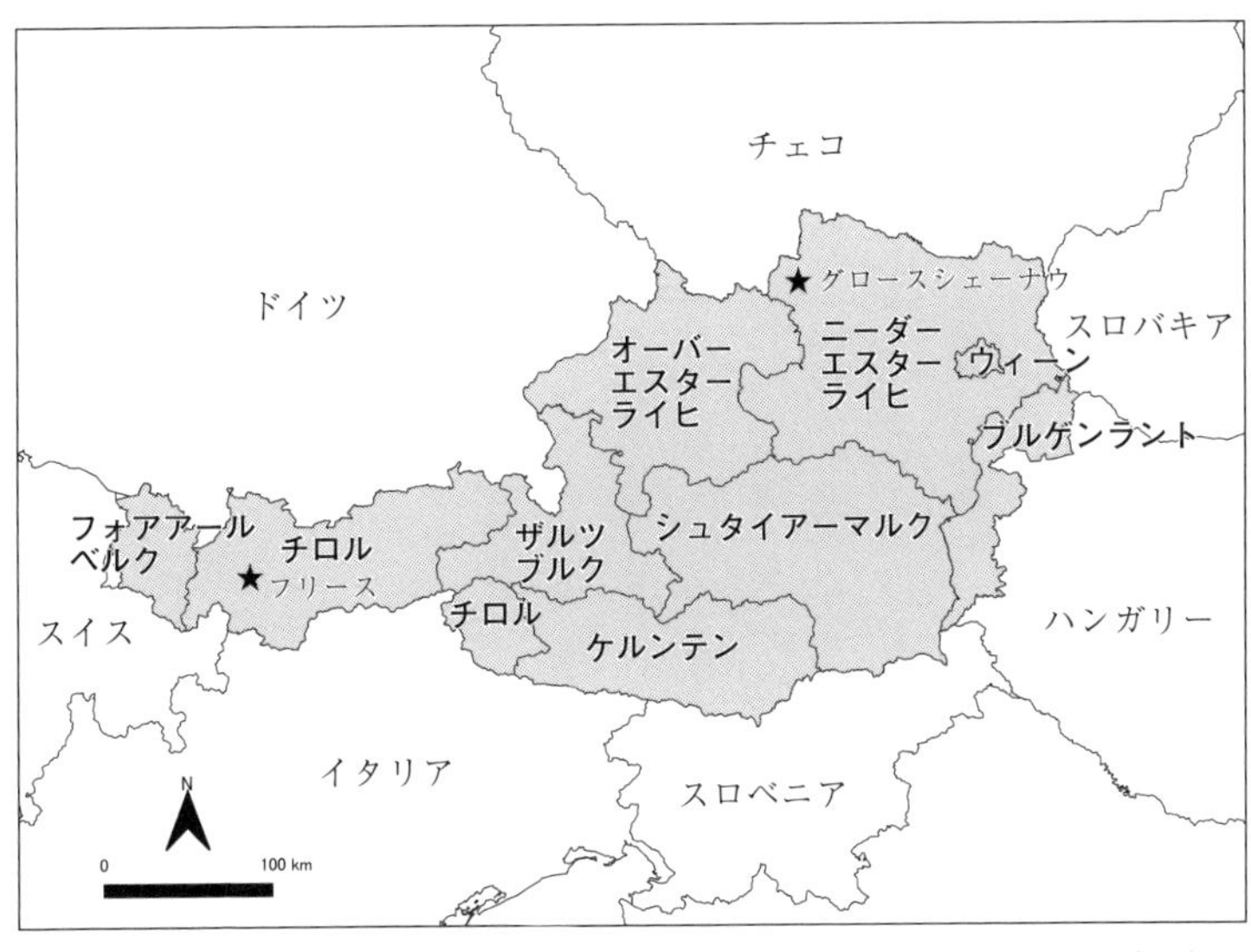


出所：CC-BY-3.0: Statistics Austria - data.statistik.gv.at および © EuroGeographics for the administrative boundaries より作成

オーストリアでは、農業のための条件は決して良いわけではない。さきに触れたとおり山岳地帯が多く、総人口の四二パーセントが山岳地帯に居住している。とくにチロル州など西部地方では、アルプス山脈が広がり、標高が高く国土は急峻である。EUは農業政策を実施するうえで条件不利地域という地域区分を設けているが、農地面積のうち条件不利地域に該当する割合は、EU全体が五四パーセントに対し、オーストリアは六四パーセントである。またそのうち、山岳地域に該当する農地面積の割合は、EU全体の一六パーセントに対し、オーストリアは五〇パーセントといちじるしく高い。[1]

このためEUのなかでも農業経営の規模は小さく、兼業農家が多い。チロル地方などアルプスの地域では、この条件を生かして観光が大変盛んであり、農家ペンションが多数あって、オーストリア国内だけでなく、ヨーロッパ各地から自然に親しむために多くの観光客がやってくる。

オーストリア農業のもうひとつの特徴は、EUのなかでも有機農業への取組みが盛んなことである。約二割の農地で有機農業が行われている。有機農業に対する国民の支持は強い。環境に良いというだけでなく、自分の健康のためにも有機農畜産物を求める志向が強く、そのためには価格は高くてもよいと考える国民が多い。

オーストリアの農業は、EUのなかでも競争力が高いとはいえない。のちにとり上げるEUの共通農業政策によって、農業経営に対する補助金（直接支払）が支出され、経営が成り立っている。それでもオーストリア国民の間では、財政によって農業を支えることについて肯定的な意見が圧倒的に多い。それは、観光客が来るためには農山村や自然が美しくなければならず、そのためにはそこに人が住み、農業がしっかりと行われていなければならないと、多くの国民が考えているからである。

さらに、国民の自然に対する考え方がしっかりとしていることも、農山村が元気なことの要因である。オーストリアの国民は、大都会で便利な生活をしたいという人よりも、自然豊かな農山村で生活を楽しみ、子供を育てたいと考える人が多いのだという。このため、いったん都会に出ても、家族ができると故郷に戻って、地元や近くの町で働く人が多い。

このように、農業や自然に対するオーストリアの人々の考え・理念と、農業・農山村を支えるしっかりとした政策があいまって、持続可能な農業、そして小さくとも美しく輝く農山村が実現しているのである。

## 根づいている「地域の思想」

オーストリアでは、歴史的な経緯もあって、それぞれの州が強烈な個性をもっており、民俗衣装や名物料理もそれぞれに異なる。このことはまた、州より小さな地域でも、また村ごとにみても当てはまることで、それぞれの村や地域の個性がはっきりとしており、地域の人びとはそれを誇りにし、大切にしている。そして、このことはまた、西ヨーロッパを中心に広く見られることでもある。

このことを西洋史学者の増田四郎（一九〇八―九七）は、次のように記している。

「ヨーロッパには中世以来、村落・都市・領邦・州などの自治的意識の伝統が執拗に残っており、政治面はもちろんのこと、経済生活でも法慣習の面でも、『地域』の特色と自主を守ろうとする民衆の意識が、今日にいたるも、なおきわめて強いという状況にある。」

そして増田は、ローマ帝国が分解して西ヨーロッパで領邦支配の体制ができあがっていくなかで、「都市自治体も村落共同体も、いままでのような荘園領主の支配だけに分散的に服するのではなく、さらに高次の領域支配の末端組織として、一括してその法的地位を認められるにいたったのである」という。[2] オーストリア、そしてヨーロッパにしっかりと根づいている「地域の思想」は、このようにして歴史的に形づくられてきたものだといえる。

このような地域重視の思想は、いわゆる補完性原理にもつながっている。補完性原理とは、個人や家族でできないことはコミュニティで、コミュニティでできないことは基礎自治体で、基礎自治体でできないことは州政府、国、ＥＵで、というように、下位主体の自己決定権を重視しつつ、上位主体がその不足分を補う仕組みとして理解されている。一九八五年にヨーロッパ評議会（Council of Europe）で採択された「ヨーロッパ地方自治憲章」には、補完性原理の理念が盛り込まれた。また、ＥＵの設立を定めたマーストリヒト条約（一九九三年発効）の批准にデンマークが国民投票で否決したことにみられるように、ＥＵが加盟国の自主性をしばってしまうのではないかという懸念もみられた。このため欧州連合条約や欧州共同体設立条約のなかにも補完性原理が入れられ、ＥＵの加盟各国との関係を定める理念となっているのである。

もちろん、地方自治の具体的な世界で、すべて補完性原理でものごとが動いているわけではない。オーストリア自体、ドイツと比べると、「比較的集権的な連邦制国家」であるとされており、個々の自治体事務をみると、基礎自治体よりは州政府が前面に出る場面も多い。しかし、それらの全体をとおして、地域重視の思想が定着しており、それを前提として行政が行われていることに注目すべきであろう。

前出の増田は、ヨーロッパと比較して、日本について次のように記した。

「中央集権的官僚主義の国家観が容易に払拭されず、それどころか、明治以後一層強化されて来たわけで、この特殊な意識構造こそ、イデオロギーの左右を問わず、この国の社会を全体主義におとしいれる危険性をはらむものといわなければならない。」

「まずもって各種地域住民の積極的な自治意識を地みちに育成し、中央集権と地方分権とを、今よりももっともっとバランスのとれたかたちにもってゆく行政上、財政上の新しい方向を模索しなければならない。[3]」

四〇年も前に書かれたものだが、その指摘は現在も色あせていない。オーストリアと日本のこの違いは、農業と農山村の変化にも大きな影響を与えてきたはずである。

## 2　ＥＵとオーストリアの農業・農山村政策

ＥＵ加盟各国の農業政策は、共通農業政策（Common Agricultural Policy：ＣＡＰ）に基づいて行われている。

このため、ここではまず、ＥＵのＣＡＰについて簡単に概観しておこう。そのうえで、オーストリアで行われている農業政策を特色づける条件不利地域支払制度、さらには、住民の自発的参加と創意によって進められているドルフ・エアノイエルング（村の再生）事業についてみることにしたい。

## ＥＵの共通農業政策（ＣＡＰ）

ドイツとフランスの間にあるアルザス・ロレーヌ地方は、長い間、両国のはざまで帰属が変転した。それは、この地方が石炭と鉄鉱石という重要な資源の産出地だったからである。

しかし第二次世界大戦の未曾有の惨禍を経て、ドイツとフランス、さらにはヨーロッパにおいて、二度と戦争を起こさない和解を確固たるものにすることが、重要な課題であると認識されるようになった。そのために、一九五一年のパリ条約によって欧州石炭鉄鋼共同体（ＥＣＳＣ）が設立され、独仏間の対立の大きな原因であった資源を国際的な管理下に置いたのである。欧州統合の動きはさらに着実に進み、一九五八年のＥＥＣ（欧州経済共同体）の創設を経て一九九三年のＥＵ（欧州連合）の誕生へと至る。

ＥＥＣは、共同市場の創設を大きな目的としていた。それは、域内の貿易に関する関税や数量制限を撤廃し、域外国にたいしては、共通の関税を設定する（関税同盟）ことが柱であった。そしてその場合に、非常に大きな問題となったのが、農業であった。

一九五八年にＥＥＣが設立された時の加盟国は、フランス、西ドイツ、イタリア、オランダ、ベルギー、ルクセンブルクの六か国であったが、農業の競争力は国により大きな格差があった。また農産物の自給率も現在とは異なり低い国が多く、小麦についてみると、フランス一〇九パーセント、西ドイツ六五パーセント、イタリア一〇七パーセント、オランダ二九パーセント、ベルギー・ルクセンブルク六七パーセントとなっていた（一九五八／五九年）[4]。このため、共同市場になって自国の農業が縮小しないような仕組みを構築することが必須の課題となった。そして、EECを設立するローマ条約（一九五八年発効）において農産物共同市場の設立と共通農業政策（CAP）の樹立等が規定され、一九五八年のストレーザ会議を経て一九六二年にCAPの原則を確立、一九六八年にEECの関税同盟が完成して、CAPは本格実施の段階に入ったのである。このように、欧州の市場統合を実現するうえで、CAPの構築は必須のものであった。

つぎに、発足当初のCAPはどのような制度であったかを簡単に見てみよう。CAPは、①単一市場、②共同体優先、③財政連帯の三つを原則としていた。

① 単一市場とは、域内農産物の共通価格を設定するとともに、域内における自由流通を確保するものである。「介入価格」を設定し、域内の市場価格が介入価格を下回ると、介入機関が買い上げ出動する。

② 共同体優先とは、域外農産物より域内農産物を優先するという考え方である。「境界価格」を設定し、輸入価格がそれを下回る場合は、境界価格と輸入価格の差額を輸入課徴金として徴収する。この課徴金は、輸入価格により一定でないため、「可変課徴金」と呼ばれる。また余剰農産物を輸出する場合、国際価格の方が安い場合は「輸出返戻金」（輸出補助金）付で輸出する。

③ 財政連帯とは、CAPの運営を共通の基金によって行うものであり、そのために欧州農業指導保証基金（EAGGF）が設立された。CAPの財政規模は巨大であり、一九八二年のCAP予算がEU予算に占める割合は六三パーセントにのぼった[5]。

CAPによって域内の農業は発展し、共同体は農産物の巨大な輸出地域に変貌した。このことは、米国との間での農産物市場争奪戦を激しいものにし、ガット・ウルグアイ・ラウンド交渉（一九八六—九四）の大きな争点となった。また同時に、増大するCAPの財政負担も共同体にとっての大きな課題となっていった。

図表4-2　CAPの概要

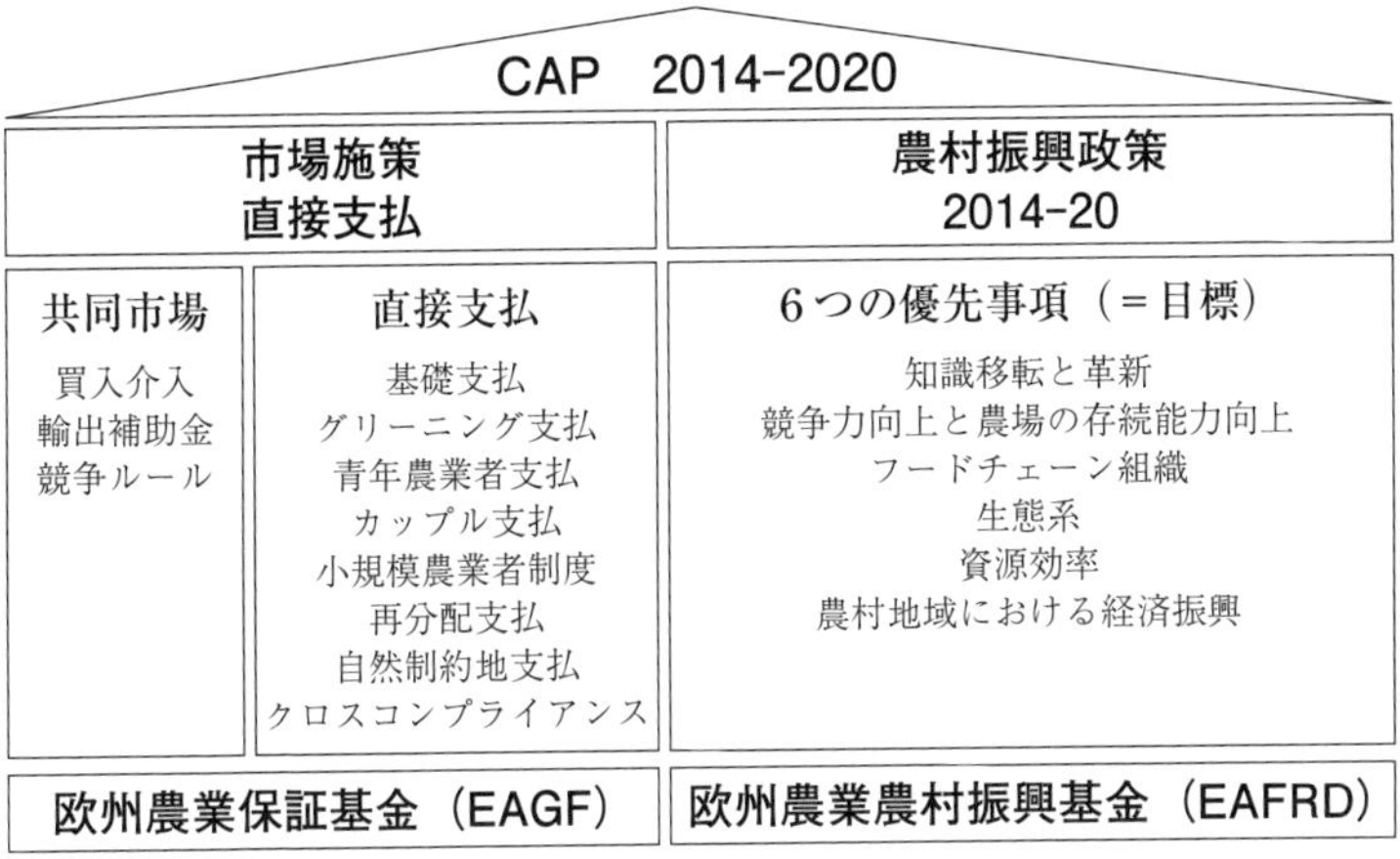

CAP　2014-2020

| 市場施策<br>直接支払 | | 農村振興政策<br>2014-20 |
|---|---|---|
| 共同市場 | 直接支払 | 6つの優先事項（＝目標） |
| 買入介入<br>輸出補助金<br>競争ルール | 基礎支払<br>グリーニング支払<br>青年農業者支払<br>カップル支払<br>小規模農業者制度<br>再分配支払<br>自然制約地支払<br>クロスコンプライアンス | 知識移転と革新<br>競争力向上と農場の存続能力向上<br>フードチェーン組織<br>生態系<br>資源効率<br>農村地域における経済振興 |
| 欧州農業保証基金（EAGF） | | 欧州農業農村振興基金（EAFRD） |

出所：オーストリア農林・環境・水資源管理省プレゼン資料から作成

このような課題を打開するために行われたのが、一九九二年のマクシャリー改革である。それは、農産物支持価格を引き下げるとともに、生産者に対して、直接支払によって所得を補償するものである。ただし、そのためには生産調整を義務づけた。

その後、アジェンダ二〇〇〇改革では、CAPが二本立ての政策となり、第一の柱（従来からの市場・価格政策）に加え、第二の柱として農村振興政策が導入された。[6] そしてさらに、クロスコンプライアンスの導入（直接支払受給要件としての環境要件の達成）、モジュレーション（第一の柱から第二の柱への移転）、デカップリング（生産量を基準としない支払）、グリーニング（環境支払の充実）、品目によらない単一支払等と改革を進め、生産刺激的でない、農業環境支払や農村政策を重視した支払へと変貌してきている。[7]

現在のCAPの全体像は図表4―2のとおりである。

## 進化する農村振興政策とLEADER事業

CAPの第一の柱である市場・価格政策は、当初の価格政策重視から、直接支払重視へとその重点を変えた。そして直接支払も、農産物との生産のリンクを外し、生産からデカップルされた(切り離された)ものへと変わってきた。これは、農業保護水準の引下げをめぐるガット・ウルグアイ・ラウンドや引き続くWTOドーハ・ラウンドの議論において、EUの農業支持政策を削減対象から外す目的をもって進められてきたものである。

その流れのなかで、第二の柱として農業環境政策と農村振興政策が拡大してきたことは、さきに触れたとおりである。以下、第二の柱について、もう少し詳しく見ていこう。

CAPの第二の柱である農村振興政策は、第一の柱と比較して加盟国の裁量が大きく、国や地域の独自の政策を行うことができる。[8] しかし一方では、加盟国の財政負担が求められ、EUの基金EAFRD(注6参照)の負担割合は原則として二〇パーセントから五三パーセントの範囲内で定められている。

これは、加盟国の自主性を生かせるボトムアップ型の政策といえるが、反面では、加盟国が拡大しているEUの財政事情を反映したものでもある。六か国でスタートしたEUは、その後、六次にわたって加盟国が拡大し、現在の加盟国は二八か国となっている。新規加盟国は農業の比重が高く競争力の弱い国が多く、既加盟国にとっては、CAP財政の膨張、拠出と受給のアンバランスが問題となってきた。第一の柱から第二の柱にシフトすることで、財政負担の拡大を抑制しつつ、実質的な受給水準を維持することが可能になる。

農村振興政策の内容はきわめて多岐にわたるが、その主なものをいくつかあげれば、助言サービス、農業経営支援サービス、協同、LEADER事業(後述)、知識移転と情報活動、農産物および食品の品質制度、災害等で損なわれた農業生産能力の回復、生産者集団の設立、動物福祉、リスク管理、動植物疾病と環境災

# みすず 新刊案内

2018. 10

## Haruki Murakamiを読んでいるときに我々が読んでいる者たち

辛島デイヴィッド

村上春樹は、いまや世界で最も広く読まれている日本人小説家である。その世界的な人気の背景には、英語圏、とりわけアメリカでの成功がある。日本文学の英訳の多くが政府や文化機関の支援を受け、限られた読者を対象に刊行されてきたなか、村上作品はアメリカの文芸出版の権威であるクノップフや『ニューヨーカー』などの出版社・雑誌から世に送り出され、大勢の読者を獲得している。

この英語圏での活躍の裏には、それぞれの人生のポイントで村上作品と出会い、惹き込まれ、紹介に情熱を注いだ翻訳家、編集者、エージェント、研究者、書評家、書店員といった、出版界のスペシャリストたちがいた。

『ねじまき鳥クロニクル』での世界へのブレイクスルーまでの道のりを後押しした、個性あふれる三十余名の人々との対話、そして村上本人へのインタビューをもとに、世界的作家Haruki Murakamiが生まれるまでのストーリーを追う、異色の文芸ドキュメント。

四六判　三八四頁　三二〇〇円（税別）

## 中国はここにある

### 貧しき人々のむれ

梁鴻

鈴木将久、河村昌子、杉村安幾子訳

都市の繁栄の陰で荒廃する農村。農業だけでは暮らせない人々が出稼ぎにゆき、ほとんど帰らない。老人は残された孫の世話で疲弊し学校教育も衰退した。子供は勉強に将来の展望をみない。わずかな現金収入を求めて出稼ぎに出る日を心待ちにする。

著者は故郷の農村に帰り、胸がしめ付けられるような衰退ぶりを綴った。「農村が民族の厄介者となり…病理の代名詞となったのはいつからだろう」。希望はないのか。著者は農村社会の伝統にその芽をみる。

底辺の声なき人々の声を書きとめようとする知識人のジレンマに、著者も直面する。しかし敢えて自分に最も近い対象を選び、書くことの困難にうろたえる自身の姿を読者に隠さない。こうして紡がれた語りに、農民も都会人も没頭した。近代化の矛盾に苦しむ農村に、現代中国の姿を浮かび上がらせ、大きな感情のうねりを呼んだノンフィクション。人民文学賞ほか受賞多数。

四六判　三一二頁　三六〇〇円（税別）

# 生存する意識

## 植物状態の患者と対話する

A・オーウェン
柴田裕之訳

生死の狭間で見過されていた意識の謎に迫る科学ノンフィクション。「意識がない」植物状態と診断された患者たちが、質問にイエスとノーで答えるなどの紛れもない認知活動をやってのけ、それによって意識とは何かをめぐる既存の枠組み自体を揺るがしている。彼らの意識はある・ないの二分法では捉えきれない「グレイ・ゾーン」にあるのである。著者は声の代わりに脳活動を映すfMRIなどの脳スキャンを使って、患者たちと意志疎通することに成功した気鋭の神経科学者だ。

一二年間も植物状態と思われながら、完全に近い認識能力を保っていたスコット。ヒッチコックの映画を使って意識が確認された映画好きのジェフ。グレイ・ゾーンにいた間に感じた世界を回復後につぶさに証言するケイトやファン……。検出限界未満の意識が生み出す計り知れない生命力や、それを支えた家族の力にも圧倒される。脳と意識の謎の奥深さにあらためて衝撃を受ける一冊。

四六判　三二〇頁　二八〇〇円（税別）

# 法に触れた少年の未来のために

内田博文

少年犯罪は減少しているのに、社会の不安感を背景に「少年法」改正がくり返され、厳罰化が進む。いまや少年司法が福祉国家から刑罰国家への転換を牽引している。

犯罪は個人的、心理的な特殊な事象とされ、自己責任による安全の確保が標榜されている。だが、非行少年の困難や生きづらさが解決されることで再犯が防止され、社会の安全が保持されると考え、個別支援を充実させる道はないのか。更生は社会とのつながりの回復でもある。彼らを社会から排除するのでなく包摂するなかで、「人間の尊厳」の回復に努めるにはどうしたらよいか。福祉・教育・医療・司法が人権を軸に連携する支援体制を考える。

「法に触れた少年」が映し出すのは、普通の子どもたちとその日常が崩壊し始めている姿である。セカンドチャンスのある社会。すべての子どもの人権を大事にする社会は、すべての人に優しい社会であろう。そのための法的根拠を刑法学から位置づけていく。

四六判　三九二頁　四四〇〇円（税別）

害のための相互基金、所得安定化施策、農業環境・気候対応、有機農業、農村地域における基礎的サービスと村の再生等と、きわめて多岐にわたっている。二〇一四年—二〇年の多年度財政枠組みによれば、ＥＡＦＲＤからの拠出額のうち三〇パーセント以上を環境・気候変動対応に、五パーセント以上をＬＥＡＤＥＲ事業に割り当てることとされている。[9]

ここで、ＬＥＡＤＥＲ（農村経済発展のための活動の連携 Liaison Entre Actions de Développement de l'Économie Rurale）事業について紹介しておこう。ＬＥＡＤＥＲ事業は、一九九一年に始まった農村発展のための取組みを支援する制度であり、現在はＣＡＰの農村振興政策のなかに位置づけられている。

ＬＥＡＤＥＲ事業は、地域の公共機関、ＮＧＯ、住民、企業などがローカル・アクション・グループ（Local Action Group：ＬＡＧ）を作って取り組むものである。そのメンバーは農業関係者に限らず、地域内の住民や組織であればよい。第一章では、日本の地方創生政策について、相変わらず上から旗を振る政策であり、地域の住民・組織・企業から発する内発的な取組みを喚起し支援するものになっていないことを指摘したが、ＬＥＡＤＥＲ事業はまさにその対極にあるような取組みである。しかも、その事業にＣＡＰの農村振興政策の資金の五パーセント以上を充てることが定められるなど、ＬＥＡＤＥＲ事業が農村振興において重要視されていることは、注目すべきであろう。

### 条件不利地域を支援するオーストリア

オーストリアは一九九五年にＥＵに加盟した。本章の最初に触れたとおり、オーストリアは山岳地域を多く抱え、農業にとって不利な地域が多い。このためオーストリアでは、ＥＵ加盟以前から、山岳地域の農家に対して独特な支援を行ってきた。ＥＵ加盟後もＣＡＰの枠内で山岳農業への支援が続けられている。それは単に食料生産機能を維持するだけでなく、アルプスの美しい景観の保全や、野生生物の生息地の保全などの生態系機能、さらには山岳地域のインフラを維持する保護機能、レクリエーション価値の創出、故郷の共通のデザインの保持といった社会文化的機能を保つことにほかならない。[10]

それでは、EU加盟以前にオーストリアでどのようにして山岳農業が支援されていたかを見よう。当時のオーストリアの山岳農業支援政策は、一九五〇年代に整備された山岳農業経営台帳を基に行われた。

これは、個々の農家について、自然的・経済的営農困難度を数値で評価して、五段階のグループに分けるものである。この数値は、KKW（Katasterkennwert）と呼ばれ、気候、外的交通条件、内的交通条件の三つの基準によって算出された。KKWを付与された農家が山岳農家と定義される。個々の農家の営農困難度は、KKWの値に応じて、非山岳農家（KKWなし）、軽度、中度、重度、極度に分けられた。この制度の特徴は、地域単位ではなく、農家単位で指定されることである。同じ地域の農家でも、農家ごとにKKWが異なるので、グループ区分も異なる。

この営農困難度に応じて、山岳農家補助金という直接支払が行われてきた。それは、次のような特徴を持っていた。

①経営所得を考慮し、小経営は中・大規模経営より多くの補助金を受け取れる。
②困難度の高い経営ほど多くの補助金を受け取れる。
③専業農家も兼業農家も人口密度維持への貢献は同等なので対等に扱われる。
④家畜頭数や農地面積に左右されない生産中立的な支払である。
⑤経営者がその時々の状況に応じた経営を行う自由が残っている。
⑥健全な経営管理義務として、農家は通年居住・通年経営を行わねばならない。[11]

この山岳農家補助金は、山岳農家の所得を支えることで離農を抑制するとともに、山岳景観の創出や土砂流出の防止、生物多様性の保全など、山岳農家による自然資源管理に貢献した。

オーストリアがＥＵに加盟した後は、農業・農山村政策はＣＡＰの枠組みによって行うこととなった。このため、山岳農家補助金は廃止され、新たに条件不利地域支払が導入された。しかしそれを実施するうえでは、自然的・経済的営農困難度にもとづいて支払うシステムが現在も受け継がれている。

かつてのＫＫＷは、困難度得点システムとしてリニューアルされた。それは、地形および気候・土壌の二つの基準で困難度得点（Erschwernispunkte 以下、ＥＰ）を算出するものである。ＥＰは最大五四〇点であり、グループ一（五一―九〇点）、グループ二（九一―一八〇点）、グループ三（一八一―二七〇点）、グループ四（二七一―五四〇点）が山岳農家とされ、グループ〇（〇―四点）は非山岳農家とされる。

このＥＰをもとに条件不利地域支払が行われるが、ＥＰが高いほど受給額は多くなる。また、小規模農家ほど面積当りの受給額は多くなる。具体的には、一〇ヘクタールまでは二・一ユーロ×ＥＰ＋六五ユーロ、一〇ヘクタールから三〇ヘクタールまでは〇・三八ユーロ×ＥＰ＋五〇ユーロ、というように、ＥＰが高ければ受給額も多くなり、また支払対象の面積に掛ける係数は面積が大きくなるほど逓減する仕組みになっている。ＥＵ加盟以前と同様、小規模農家に配慮する仕組みは継続されている。

山岳農家補助金と比較したときの条件不利地域支払の特徴は、以下の六点に集約できる。

①　経営所得は考慮されない。

②　個々の農家指定ではなく地域指定である。

③　専業農家と兼業農家は対等だが、法人も支払対象とする。

④　家畜頭数や農地面積にもとづいて支払われるため、生産刺激的である。

⑤ 経営管理は自由である。
⑥ 通年居住の義務はないが、受給以降少なくとも五年間は農業を継続する義務がある。

山岳農業経営台帳方式の場合は農家指定であったが、CAPの枠組みでは地域指定による支払となった。このため、以前は支払を受けていたが新しい仕組みでは支払を受けられない農家や、逆のケースの農家も出ることになった。このような問題はあったが、EPを用いた条件不利地域支払制度はオーストリア独自のものであり、従来の手法をCAPの枠組みのなかに適合させたものといえる。このようにオーストリアは、新しいCAPの枠組みに沿って、条件の不利な農家への支援を継続しているのである。

なお、条件不利地域支払を含む各種補助金が農業所得に占める割合は、全農家だと六五・八パーセントだが、極度の困難度を抱えるグループ四では一〇二・四パーセントに達している（二〇一六年）。農業所得に相当するだけの補助金を受けとっている農家もおり、政策的に農家を支えているのである。

## 住民主体のむらづくり――ドルフ・エアノイエルング

オーストリアの州政府は、農業・農山村政策として、空間整備計画（国土利用の総合計画）の策定や農地の区画整理、農道の整備、農林業職業訓練、農業融資などを行っているが、そのなかでも、内発的な地域再生事業として注目されるのがドルフ・エアノイエルングである。

ドルフ・エアノイエルングは、一九八〇年代から始まった農山村のリニューアル事業であり、地域の声をすくい上げながら、地域が抱えるさまざまな課題やニーズにたいして、地域主体で対応する取組みである。ドルフ（Dorf）は「村、村落、農村」、エアノイエルング（Erneuerung）は「更新、改良、修復、改革」であることから、「村の更新」や「村の改良」などが日本語の直訳となる。近年では地域再生の文脈で用いられることから、「農山村再生」という訳語を当てることも考えられる。しかし、ドルフ・エアノイエルング自体が多義的な意味合いを含むものになってきているため、画一的な定義が存在していない。単純に「農山村再生」という日本語訳ではすべてを表現できないため、本章では基本的にカタカナで表記する。

ドルフ・エアノイエルングは州ごとに取組みの詳細が異なるが、取組み内容は概ね次の三つの時期に区分できる。第一の時期は一九八〇年代で、村内のベンチ設置や綺麗な花の飾りつけ、広場作りなど、まちの景観整備が行われた時期である。第二の時期は二〇〇〇年前後からで、村の若者と年配者が語らうことのできる場所作りや、共同で何かを行うなど、社会的な問題の解決に向けた取組みが行われた時期である。第三の時期は近年のことで、交通や建物の改修など、住民にとって必要な生活インフラの問題に取り組んでいる。[12]このように、当初は景観の保全や改善が中心だったが、次第に文化振興や経済状況の改善、社会福祉の向上など、包括的な内容を含むようになってきた。

ドルフ・エアノイエルングの発祥は西ドイツであり、農地整備から農村整備へと政策の拡充が求められる時代に登場した。西ドイツの場合、ドルフ・エアノイエルングの具体的な施策として、土地整理施策、地域内交通事情の改善、洪水防止施策、地区施設基盤整備、地域の特徴を表している建物等の維持・保全、地域の景観の形成に役立ちうる小規模建設施策、建物の近代化施策と修繕等があげられ、[13]広範で多岐にわたる内容を含んでいる。いずれも農村の機能的・構造的改善と地域住民の生活の質の向上をめざすものであった。

このような西ドイツの取組みは、やがて隣国であるオーストリアにも知られることとなった。一九八四年一一月、国民党議員のジクストゥス・ランナーをはじめ、チロル州知事、ザルツブルク州知事、ニーダーエスターライヒ州副知事が、ドイツ・バイエルン州のドルフ・エアノイエルング視察を行った。そして、それぞれの州に適した形でのプログラムの開発がめざされた。

参加者のなかでもとくに、ニーダーエスターライヒ州のアーウィン・プレル副知事（当時。のちに知事）は、一九八一年から「ニーダーエスターライヒ州を美しく保ち、より美しくする（Niederösterreich schön erhalten-schöner gestalten）」という景観改善事業を実施していたこともあり、ドルフ・エアノイエルングに熱心だった。彼はバイエルン州をモデルとしながらも、ニーダーエスターライヒ的なドルフ・エアノイエルングのプログラムを一九八五年に導入した。バイエルン・モデルでは、すでに定まった計画作りのプロセスに対して地域住民の参加を促すが、ニーダーエスターライヒ州では異なるアプローチが採用された。それは、長期的・包括的な計画作りをするのではなく、小規模なパイロット・プロジェクトを通じて地域住民の参加を促し、地域住民のやる気に火をつけることで、全体のコンセプト作りを行うことだった。この方法は長期にわたるが、それぞれのプロジェクトを緩やかに実施し、個々のプロジェクトの持つ可能性を柔軟に試すことができるため、段階を経ながらプロジェクトが改善されていくことになる。トップダウンで決められた固定化された計画に基づかず、動態的かつ柔軟にプロジェクトを実施している。[14]

ニーダーエスターライヒ州には一九六〇年に一六五二の基礎自治体があったが、一九六〇年代後半から一九七〇年代前半にかけての市町村合併を経て、二〇一八年現在では五七三団体となっている。プレル副知事は、各自治体にドルフ・エアノイエルングの会を作ることをめざした。その結果、現在では八百のドルフ・エアノイエルングの会がある。ドルフ・エアノイエルングを推進する理由には、自治体合併によって力の弱くなったかつての旧村の力を取り戻そうとすることもあると言われる。[15]

ドルフ・エアノイエルングの実施に際しては、州政府はあくまでもサポート役や調整役に徹している。たとえばチロル州の場合、持続可能な発展に向けたコンセプト作りや古い建物の改築などによる村内中心部のリニューアル、インフラ整備などの取組みに対して、州政府が費用の五〇パーセントから一〇〇パーセントを補助するが、州政府が提示するのは補助金のメニューだけである。州政府主導でドルフ・エアノイエルングが行われるわけではない。

ドルフ・エアノイエルングは、あくまでも地域主体の取組みであり、自治体や地域住民からの要請を受けて、州政府は専門家の派遣やアドバイスを行う。たとえば、ニーダーエスターライヒ州では、ドルフ・エアノイエルングを実施する場合、有限会社ニーダーエスターライヒ・リージョナル（NÖ.Regional.GmbH）が四年間専門家を派遣する。この会社は州政府が五一パーセント、ニーダーエスターライヒ農山村・都市再生協会が一九パーセント、ニーダーエスターライヒ州の五か所の地域連盟が六パーセントずつ出資して、二〇一五年に設立された。かつてはさまざまな機関がアドバイスをしていた結果、関係が複雑になってしまっていたため、現在は専門家の派遣はこの会社が統一して行っている。地域アドバイザーは約五〇人で、一人当り一五から二〇の自治体を担当している。「アドバイスをしながら、住民が積極的に参加してくれるのがわれわれの希望です。もしどこかでいざこざがあれば、会社の従業員として、つまり外から来た者としてアドバイスをすることができます。プロジェクトの中には小さないざこざもありますが、外から私が入って、私が解決します。結果がよくても、結果までの道のりはなかなか難しいこともあります」と地域アドバイザーは自らの活動を語ってくれた[16]。

ドルフ・エアノイエルングはヨーロッパの他の農山村にも広がりつつあり、国際的なプラットフォームとして「ヨーロッパ農村振興・ドルフ・エアノイエルング協会」（Europäische ARGE Landentwicklung und Dorferneuerung 以下ＡＲＧＥ）[17]が結成されている。一九八八年に、プレル副知事らの主導のもとで設立され、ヨーロッパの国、州、県など一八の地域がメンバーとなっている。国際会議やセミナー、展示会などを実施しており、一九九〇年以降、二年おきにテーマを決めて、ヨーロッパ各地のドルフ・エアノイエルングを評価する「ヨーロッパ　ドルフ・エアノイエルング賞」のコンペを開催している。ARGEは審査委員として専門的な助言を行いながら、ドルフ・エアノイエルングの経験をネットワーク化し、成功事例の共有を行う場としても機能している。なお、ARGE設立に尽力したプレル副知事を讃え、ARGEの本部はニーダーエスターライヒ州の州都であるザンクト・ペルテンに置かれている。

CAPの第二の柱でLEADER事業が行われていることはすでに触れたが、LEADER事業とドルフ・エアノイエルングは必ずしも同一のものではない。どちらもボトムアップ型の事業であるが、ドルフ・エアノイエルングを行うためのひとつの方法としてLEADER事業があるのであり、すべてのドルフ・エアノイエルングがLEADER事業を用いているわけではない。

これまで述べてきたように、EUではさまざまな階層の主体によって農業・農山村政策が行われている。直接支払をはじめとする各種農業保護政策が、農業の継続を担保するように機能しており、農村振興政策と統合的に実施されることで、農山村という場が維持されている。加えて、LEADER事業やドルフ・エアノイエルングといったボトムアップ型の政策は、地域の文化や経済、環境を再生するだけでなく、地域住民が地域と関わるなかで、地域の誇りや愛着を醸成する手助けともなっている。

## 3　魅力的な地域づくりの事例

### (1)　グロースシェーナウ

#### 住民みずからが打破した町の閉塞状況

グロースシェーナウの中心部

グロースシェーナウ（Großschönau）はニーダーエスターライヒ州の北西部、チェコとの国境から約二〇キロメートルの地点に位置する。人口一二三一人、面積四一・九五平方キロメートル（二〇一五年）の小規模な基礎自治体である。なだらかな丘陵地帯に位置しており、首都ウィーンからは車で一時間半の距離である。一九九〇年代初頭までのグロースシェーナウは、人口減少が激しい過疎地域だったが、地域の資源を利用したエネルギー転換の取組みや、地域住民が主体のまちづくりを続けることで、人口減少に歯止めがかかり、地域が活性化している。

東西冷戦期のグロースシェーナウは、社会主義圏であったチェコとの国境である「鉄のカーテン」に近く、軍隊が駐在する辺境の地であった。住民によれば、当時は「自信も何も無い地域」「世界の終わりのような雰囲気の地域」であり、小学校の存続も危ぶまれるほど衰退していたという。第二次世界大戦後から一九八〇年代頃まで、グロースシェーナウの住民の九割が農家であり、町に他の産業は存在しなかった。

一九七〇年に地域の一三旧村が合併し、現在のグロースシェーナウが誕生した。この合併は行政機能の効率化を目的として、ニーダーエスターライヒ州の主導で行われた。しかし当時は合併を行わなくても各旧村単位で行政機能を維持できたため、多くの人が合併に対する不満を感じていたという。

このような閉塞状況を打開するため、合併の二年後に地域の活性化を目的とした「観光局」が設置された。この観光局は行政組織ではなく、地域住民が設立した私的な団体であり、二〇〇〇年にTDW（グロースシェーナウ観光・村のドルフ・エアノイエルング・経済発展協会：Verein für Tourismus, Dorferneuerung und Wirtschaftsimpulse Großschönau）と名前を変え、現在もドルフ・エアノイエルングの会として活動を続けている。一九七五年、観光局の理事長に就任したのが、当時町の小学校で教鞭を執っていたヨーゼフ・ブルックナー（Josef Bruckner）氏だった。当時の観光局の役割は二点で、ひとつはハイキングコースに看板を設置すること、もうひとつは各家庭の前に花を植えることであった。当時の町の雰囲気は暗く、整備されていない家屋やため池が多く、町の景観は非常に悪かった。ブルックナー氏が最初に取り組んだのは、これらを変える景観整備であり、住民とともにため池を綺麗に整備したり、町内の家屋や学校の壁面をカラフルに塗り替えたりした。また、ブルックナー氏みずから一戸建てを建設し、農家ペンションとして宿泊できるように整備した。同氏によれば、これら一連の取組みがニーダーエスターライヒ州におけるドルフ・エアノイエルングの始まりだったという。このように、一九七〇年代の取組みは、町に漂う閉塞感を打破するため、住民が主体となって町の景観整備を行うものであった。

## 自然エネルギーで未来をひらく

一九八〇年代に入ると、地域の森林資源を利用したエネルギーの活用が始まる。当時、グロースシェーナウでは、電気暖房が使われていた。しかし、その料金の支払いは、共働きの夫妻にとっても厳しかったという。そこでブルックナー氏は、電気暖房の代替案としてチップボイラーに着目した。一九八〇年、まずブルックナー氏が自宅にチップボイラーを導入した。続いて勤務先である小学校の石油ストーブをチップボイラーに置き換えた。当時の石油ストーブは臭いがひどく、暖かくなかったため、チップボイラーに換えたのだが、当時町長を務めていた同氏の伯父は「なぜ便利な石油があるのにチップボイラーを導入するのか」と、ブルックナー氏を厳しく叱責したという。一九八〇年当時、世界的にこれからは石油の時代だと考えられていた。その流れに反してチップボイラーを導入することに、多少なりとも抵抗があったことがうかがえる。

しかし、このチップボイラー導入を契機として町内で木質バイオマスの利用が進み、一九八六年からは周辺自治体も巻き込んでバイオエネルギー・メッセ（Bio- und Bioenergiemesse：ＢＩＯＥＭ）を開催するまでになった。当初はチップボイラーやチッパー、太陽熱のメーカーを呼んで展示会を開く程度であったが、知名度の上昇とともに徐々に規模が拡大し、現在では毎年二万五千人から二万七千人が訪れる町一番のイベントとして定着するまでに成長した。その他、一九八〇年代には観光局による大人用ハイキングコースの整備や週末ハイキング・イベントの開催、ダウジング道[18]の整備などが行われ、外部観光客からの安定的な収入が得られるようになった。

一九八〇年代のグロースシェーナウは人口減少の一途をたどっており、これを食いとめるには地域で産業を創出し、域外への人口流出を防ぐ必要があった。当時町には農業以外に目ぼしい産業はなかったが、森林をはじめとする自然資源は豊富だった。地域再生の手段として木質バイオマスを中心とした自然資源に着目するのは当然の帰結だったのである。

一九八九年に東西ドイツの再統合が起こり、「鉄のカーテン」が消滅した。この影響は大きく、ウィーン

科学館「ゾンネンヴェルト」

までの道路が整備され、チェコを含む周辺自治体との交流が盛んになるなど、グロースシェーナウを取り巻く環境に変化が起こった。国境沿いの辺鄙な町であったグロースシェーナウとその周辺地域にも企業が立地するようになった。

地域の自然資源を用いた取組みは一九九〇年代に入っても続いていく。一九九四年にはブルックナー氏と弟のマルティン・ブルックナー氏（Martin Bruckner 現グロースシェーナウ町長）、農家二名の計四名で地域熱供給事業を開始した。木質バイオマスと三六平方メートルの太陽熱パネルを併用して熱を生産し、現在では役場や学校への供給をはじめ町のエネルギー消費の約半分を担っている。

また、一九九〇年代は世界的に気候変動問題への関心が高まった時期でもあった。グロースシェーナウにおける木質バイオマスの取組みは、当初気候変動問題と結びついたものではなかったが、世界的な関心の高まりとともに次第に結びつくようになった。現在は、バイオエネルギー・メッセで気候変動問題に関するテーマを毎年ひとつとり上げているのをはじめ、二〇〇一年には世界の気候やエネルギーについて学ぶ科学館「ゾンネンヴェルト」（Erlebnisausstellung SONNENWELT）を開設した。ゾンネンヴェルトでは地球誕生からの歴史、世界の気候や生態系、各国の電力事情、原始時代から現代までの生活・エネルギー利用の変遷などを、体験型展示によって詳しく学ぶことができる。エネルギー転換の重要性を学べるゲームなどもあり、環境教育施設として大きな役割を果たしている。現在ではオーストリア全土を中心に年間約二万人の来場者がある。その他、パッシブハウス（断熱材を多用した省エネルギーの家）宿泊施設の建設（二〇〇七年）、学校の屋根への太陽光発電設備設置（二〇〇九年）など、現在もエネルギー転換と気候変動対策と結びつけた取組みが進んでいる。

## 人口減少に歯止め

このような取組みの結果、一九八〇年代まで続いたグロースシェーナウの人口減少に歯止めがかかり、一九九一年から二〇〇一年にかけて七・四パーセントの人口増加を達成した。また、一九八〇年以降、四〇年近くにわたって木質バイオマスをはじめとした自然エネルギー関連の取組みを続けてきたことで、三〇人の直接的な新規雇用が生まれるとともに、周辺サービス関連業務を中心に七〇人の間接的雇用も生まれた。その他、水道、工務店、木材、建設業にも経済的な波及効果が及んだ。

マルティン・ブルックナー町長によれば、人口約一二〇〇人の町に三〇人の直接的な新規雇用が生まれたことも確かに大きいのだが、最も重要だったのは、このような取組みの盛りあがりとともにさまざまなアイデアが生まれ、地域で何か始めたいと思う人が増え、結果として域外への人口流出が抑えられるようになったことだという。

地域の自然資源を用いてエネルギー転換の取組みを推進したことで、現在では町のエネルギー消費量の三分の二を域内の資源でまかなうまでになった。これらの取組みが評価され、町は「欧州気候スター賞

（Climate Star）」（二〇一二年）や「欧州エネルギー賞（European Energy Award）」（二〇一五年）をはじめとする数々の賞を受賞した。ただし、現在でも一世帯当りの年間エネルギー費用は六千ユーロと高水準であるため、今後はこれをいかに低減させ、かつ資金を地域に残すかが課題となっている。グロースシェーナウが属するヴァルトフィアテル（Waldviertel）地方では、二〇三〇年にエネルギー自給率一〇〇パーセントを達成する目標を掲げており、グロースシェーナウとしてもこの目標を達成するためにパッシブハウスの積極的な導入と新技術の開発に力を入れるという。

### 活発な住民活動とサポートに徹する行政

グロースシェーナウの取組みの特徴は、いずれも自治体ではなく地域住民が中心となって進められてきたことである。二〇〇一年に開設したゾンネンヴェルトは、私企業であるゾンネンプラッツ（Sonnenplatz Großschönau GmbH）によって運営されている。ゾンネンプラッツのＣＥＯは、現町長のマルティン・ブルックナー氏であるが、ＣＥＯの肩書きは町長の肩書きとは切り離された私的なものである。ブルックナー町長によれば、本当は自治体として運営をしたかったのだが、町議会議員が無関心だったため、ブルックナー兄弟で会社を立ち上げて運営することになったという。ゾンネンプラッツの運営資金は、主に連邦政府やＥＵのプロジェクト補助金を活用することでまかなわれており、町財政からの支出は行われていない。

一九七〇年代から町の活性化を担ってきた観光局（現ＴＤＷ）も自治体の組織ではなく、ドルフ・エアノイエルングを担う地域コミュニティ組織である。理事長のヨーゼフ・ブルックナー氏によれば、ＴＤＷには約二五名の理事がおり、うち何人かは町議会議員も務めているが、ＴＤＷが手がける事業に対する自治体の関与はほとんどないとのことであった。また、取組みの決定が自治体と独立したかたちで行われることが、地域活性化の重要な点であることも強調していた。

それではなぜ、グロースシェーナウでは地域住民が主体となった取組みが行われたのだろうか。その大きな要因のひとつが、今も各旧村単位に残るドルフ・エアノイエルングの会や、消防団をはじめとする地域コミュニティによる様々なクラブ活動の存在である。

グロースシェーナウは一九七〇年に一三の旧村が合併して誕生した自治体だが、現在でも九つの旧村にドルフ・エアノイエルングの会が存在し、それぞれが活動を行っている。そしてその全ての組織がＴＤＷにメンバーとして参加しており、ＴＤＷは各旧村単位のドルフ・エアノイエルングの会を取りまとめる団体としても機能している。

旧村単位のドルフ・エアノイエルングの会の活動の一例をあげてみよう。人口一四〇人、四〇戸のグローソッテン（Großotten）集落では、ドルフ・エアノイエルングで村のシンボルである教会の改修整備を行った。住民に改修整備をした理由を尋ねると、彼らにとっては「住んでいる場所」に価値があるのであり、また綺麗な場所で余暇を過ごしたいと思うのが当たり前だからとのことであった。

グロースシェーナウにはこのほかにも、合唱団やブラスバンドをはじめとする二〇のクラブ活動、六つの消防団があり、ドルフ・エアノイエルングの会を加えると合計三五の会がそれぞれ活発に活動している。町民のクラブ活動への参加率は約八割と高い。活動の一例をあげると、町の中心部にあるグロースシェーナウ有志消防団は一四〇年の長い歴史を持ち、一五歳から六五歳の男女四八名がボランティア団員として活動している。消防車を三台有しており、本来の業務は火災時の消火活動だが、そのための出動はほとんどなく、主にイベントでの啓蒙活動や災害時の出動が多いという。これらの消防団やクラブ活動は、グロースシェーナウの住民にとってアイデンティティの拠り所として機能しており、地域への愛着を醸成する機能を担っている。

このように、グロースシェーナウでは旧村単位の地域活動がまちづくりや地域活性化の原動力となっており、多くの事業や活動が自治体の直接の関与なく進められてきた。ヨーゼフ・ブルックナー氏は「すべての事業において重要なことは、自治体が大きく関与しないこと」と述べたが、では本当に自治体の役割は必要なかったのだろうか。自治体の役割を考えるため、グロースシェーナウの政治機構について簡単に見てみよう。

グロースシェーナウの町長マルティン・ブルックナー氏の所属政党は国民党である。町議会の議員定数は一九名で、うち五名が女性議員である。二〇一七年時点の議会構成は、国民党一六名、社会民主党三名となっている。町議会議員は五年に一度の選挙によって選出されるが、一三の旧村から最低一名は出してもらい、加えて高齢者や若者をバランスよく配置することがめざされている。町議会は三か月に一回、夕方から夜にかけて開催される。本会議の一週間前までに、政党ごとに議論を行い、党としての方向性を提示する。それをもとに本会議で各党のアイデアを出し合うが、最終的な決定は基本的には全会一致で行うという。国民党と社会民主党という政党の違いはあるものの、グロースシェーナウのような田舎の小規模自治体では政党概念はそこまで重要ではなく、まちづくりの考え方に大きな相違は見られない。なお、多くのオーストリアの自治体と同じく、グロースシェーナウでも議員は名誉職であり、報酬は議会出席時に小額の手当てが支払われるのみである。そのためほとんどの議員が本職を持ちながら議員を務めている。町民の意思表明は、一三旧村それぞれから選出された議員を通して行われる。

グロースシェーナウにおける地域活性化の取組みに、町行政や議会がまったく関与しなかったのかといえば、そうではないだろう。確かに自治体が中心となって推進した事業は限られるが、一方で町長がゾンネンプラッツのＣＥＯを務め、また町議会議員の数名がＴＤＷの理事を務めているといったように、自治体と地域住民主導の活動には非常に深い関係がある。それは行政や議会が中心となって町民の意見を吸い上げ、地域コミュニティ組織が実際にプロジェクトを行うという、一種の協働関係である。言い換えれば、グロースシェーナウでは地域住民主体の組織と公的主体である自治体が表裏一体の関係であり、互いにその役割を意識しながら動いている。最も生活に近い地域コミュニティ組織が具体的な地域再生活動を担い、その活動を自治体行政がサポートするかたちで、グロースシェーナウの取組みは進められているのである。

## （２）フリース

### アルプスの小さな村

次にとり上げるのは、オーストリア西部、チロル州ランデック郡に属するフリース（Fließ）である。フリースは人口二九九一人、面積四七・九五平方キロメートル（二〇一七年）の小規模な基礎自治体である。面積はグロースシェーナウと同規模だが、アルプスの山岳地帯に位置するため、可住地面積は狭い。村の中心部の標高は一〇七〇メートルであり、五つの集落から構成されている。

フリースが属するランデック（Landeck）郡では、雄大なアルプスの自然を活かした山岳観光が盛んである。夏は登山やハイキング、冬はスキーを楽しむ観光客が多く、郡の年間宿泊数は約八五〇万泊におよぶ。大規模なスキー場を有するイシュグル（Ischgl 年間約一五〇万泊）、サンクト・アントン・アム・アールベルク（St. Anton am Arlberg 同約一二〇万泊）、ザーファウス（Serfaus 同約一一九万泊）、フィス（Fiss 同約九七万泊）と、観光が盛んな自治体が多数存在している。しかしフリースでは観光は主要産業ではなく、年間宿泊数も七万八千泊と少ない。また、村内には職場が少ないため、多くの村民は近隣地域へ通勤している。郡都ランデックまでは約七キロメートルであり、約八〇キロメートルの距離にある州都インスブルックに通勤する村民も少なくない。

一九八〇年代以降、フリースでも離村による人口減少や中心部での空き家の増加、地元商店の閉店、雇用減少などが大きな問題となった。人口減少はそのまま村の存続危機につながる。そこで二〇〇〇年以降、一連の課題を解決し、包括的な地域再生を図るべく、自治体主導のドルフ・エアノイエルングが行われることとなった。

## 子育て・住居・仕事・中心部の再生

フリースの取組みで最も重要視されているのは「子育て環境」である。農山村から都市に出て行く人の多くは若い女性であり、その理由は、託児所が少なく、思うように働くことができないからだと言われる。フリースではこの問題を解決するため、幼児保育や幼稚園、小学校、新制中学校を整備し、子育て環境を整えた。

村内には幼稚園が五校、小学校が六校、新制中学校が一校あるが、まずいくつかの幼稚園と小学校で一歳半から一五歳までの子供を日中（朝七時から夕方一七時まで）預かれるようにした。次に、若い家族の移住を期待し、幼稚園の学費を安くした。一歳半から三歳児までは月額三五ユーロ、三歳児以上は月額二五ユーロであり、都市部の一般的な幼稚園の学費が月額一〇〇ユーロ程度であることを考えるとかなり安くなっている。また教育を充実させるため、小学校と新制中学校で最新のパソコンやタッチスクリーンを導入した。

小さな集落では全校生徒三名の小学校もある。チロル州の法律では生徒数五名以下の小学校は統合することが定められているが、自治体や集落にとって小学校の存在は非常に重要である。そこでフリースは、集落

標高 2000 メートルのゴーグル・アルム（Gogles Alm）から見たフリースの中心部

中心部はアルプスの斜面に立地している

に自治体が提供する安価なアパートがあり、そこに住む若い家族に今後子供が生まれる可能性があることを州政府に納得させ、小学校を存続させているという。

次に住居対策である。人々が農山村地域に残るためには、都会よりも住宅費が安くなければならない。フリースでは、使われていない農地や空き家を自治体が買い取り、希望する住民に一平方メートル当たり四〇―五〇ユーロという非常に安い値段で売却している。その結果、村民の九〇パーセントが一軒家もしくはマンションを所有するに至った。賃貸の場合も、一平方メートル当たり月額四・八ユーロと安価である。

産業については、もともと村内には雇用先があまりなかった。そこで企業を誘致するため、スタートアップ政策を実施している。村のはずれの土地に建物と電気・水道を整備し、ベンチャー企業や若い企業家に対して一定期間定額の賃料で貸し出すというものである。賃料は当初三年間、一平方メートル当たり年間三ユーロに据え置かれ、その後徐々に引き上げられ、一五年後に一般的な賃料（月額四―五ユーロ）となる。このスタートアップ政策により、村内の雇用人数は以前の二二〇人から五〇〇人へと増加した。

フリースでは自治体行政が中心となってさまざまなドルフ・エアノイエルング事業を行っているが、その中心となるのが「村の中心部再生事業」である。チロル州政府は、ドルフ・エアノイエルング事業として自治体中心部の整備に重点を置いている。その理由は、中心部を整備し、住民が集える場所を作ることで、結果的に人口流出を防ぐことができると考えるからである。二〇一二年、フリースでも村中心部における新しいコミュニティセンターの建築が村議会で決議されたあと、議員と村民からなるワーキンググループが結成され、新たな施設の素案が作成された。この素案をもとに費用の見積もりと土地取得、そして建築コンペが行われた。

建築コンペは二段階に分けて行われた。第一段階は「市民参加」「適正価格」「ニーズに対応できるプロジ

役場などが入るフリースのコミュニティセンター

ェクト」の三点を満たす建築家を選ぶもので、その結果五人が選ばれた。第二段階では各建築家による提案を受けた。これらの提案は広く住民に周知され、二〇一二年六月二一日と二二日の両日にわたり、建築家と住民を交えた意見交換会が開催された。とくに若者の参加を促すため、懸賞付きの専用ウェブサイトが設置されるなどした結果、住民側からさまざまなアイデアが出された。建築家と行政、そして住民を交えた意見交換会を通じて新たな素案が完成し、これをもとに再度五名の建築家が提案をし、最終的な審査が行われた。

最終審査会は村長、副村長、村議会議員の他に、チロル州政府のドルフ・エアノイエルング担当者、建築家などから構成される一八名の審査員の全会一致方式によって行われた。この審査会は住民にも公開され、一日半の議論の末に最終的にひとつの案に決定した。最終審査会終了から一か月後には、自治体関係者、建築家、その他審査員らによって、建築コンペに関するフィードバックが行われた。それによると一連の住民参加型コンペに対する満足度は総じて高かったという。

建築コンペを経て、二〇一三年にコミュニティセンターの建築が始まり、翌一四年に完成した。総工費は六六〇万ユーロであり、一部はチロル州のドルフ・エアノイエルングプログラムによる補助を受けている。コミュニティセンターには役場の他に、医院、郵便局、銀行、美容室、ケアハウス、若者センターが併設され、以前と比べて多くの住民が集まる場所となった。また、センターの地下には二五〇〇年前の住居跡である「ラエティア人の家（Das Rätische Haus）」があり、現在は博物館として公開されている。

村ではこれらの取組みの他に、カウネルグラート自然公園（Naturpark Kaunergrat）の整備、パノラマ展望台の設置、山小屋であるゴーグル・アルム（Gogles Alm）の整備、村による計五か所でのカフェレストランの経営など、観光事業の促進にも取り組んでいる。

### 住民が行政に関わる

これらの取組みが評価され、フリースは二〇一六年に「ヨーロッパ　ドルフ・エアノイエルング賞」を受賞した。先述のとおり、村内雇用者数は二二〇人から五〇〇人へと増加し、人口も二〇〇〇年以降、毎年一パーセントずつ増加している。子供の数も二〇〇〇年以降増加を続けている。

フリースの取組みは自治体が中心となって推進されているが、自治体行政のみで意思決定を行うのではなく、地域住民や外部の専門家など、多様な主体とのかかわりのなかで意思決定を行っている点が特徴である。このような取組みが行われる背景として、自治体行政と地域コミュニティについて見ておきたい。

フリースの一連の取組みで、中心的な役割を果たしているのは村長のハンス＝ペーター・ボック（Hans-Peter Bock）氏である。各種のドルフ・エアノイエルング事業を行う際には、ボック村長のリーダーシップが強く発揮されている。ボック氏は一九八〇年から社会党（当時。一九九一年に社会民主党に改名）所属の村議会議員を務め、その後一九九八年から村長の職に就いている。一般的にオーストリアの農山村地域では国民党が強いが、フリースでは社会民主党への投票率が七七パーセントと高い。しかしこれは党派性の問題よりも、村長自身が「自らのパーソナリティによる結果である」と述べている。つまり、地域に必要とされる政策を行う村長の所属政党がたまたま社会民主党だった、ということである。グロースシェーナウと同様、小規模自治体では政党概念がそこまで重要ではないことがわかるだろう。また、ハンス氏はフリース村長とチロル州議会議員を兼任しており、自治体の意向を州の動向に結び付けることが可能となっている。実際にハンス氏はフリースでドルフ・エアノイエルング事業を進めるため、州議会で州法を変更し、自治体による土地の購入を可能にしている。

地域コミュニティについては、村には三つの消防団、二つのブラスバンド、一〇のスポーツクラブなど、約八〇のクラブがあり、多くの村民が参加している。また「ラエティア人の家」博物館は住民のボランティアで運営されるなど、住民が積極的に行政にかかわる姿が見て取れる。自治体が主導する地域再生の取組みは、地域住民を巻き込むことができずに失敗してしまう事例も多いが、フリースでは行政のリーダーシップと住民参加が上手く交わりあった結果、地域全体の意思にもとづいた地域再生が行われているのである。

## 現地調査から見えてくるもの

グロースシェーナウやフリースをはじめとする、オーストリアの小規模自治体調査を通して共通していたのは、どこにも教会に加えてクラブ（例えばドルフ・エアノイエルングの会、ブラスバンド、サッカークラブ、合唱クラブなど）と呼ばれる地域住民のコミュニティ組織が存在し、それぞれに歴史があり、現在もなお活発に活動していることであった。そのなかでもとくに消防団はどの自治体にも複数存在しており、地域にとってなくてはならない存在になっていた。

オーストリアの消防団は地元自治体の住民からなる民間組織だが、火災のみならずさまざまな災害発生時に出動する。また、消防団の若者たちは、村の子供たちのあこがれの的である。消防車や救急設備等の購入は自治体が行うが、具体的な活動は基本的には住民のボランティアで成り立っている。消防団は旧村単位から自治体単位で設置されているところが多く、例えば人口一二三一人のグロースシェーナウには六つの消防団がある。オーストリアの消防団史研究を行っている水野博子が、消防団を「「民間」の組織でありながら公共善を追求するという意味で、限りなく「官」に近い性格を帯びている」[19]と評しているように、オーストリアの消防団は「公」と「私」の中間に位置し、両者を媒介する役割を担っている。

消防団をはじめとしたさまざまな伝統的な地域コミュニティが存在し、そこに住民が参加してともに活動することで、郷土愛や地域活動への参加意識がより強くなることは想像にかたくない。このことが、オーストリアの小規模自治体で、地域コミュニティが主体となったボトムアップ型の地域再生が行われている理由のひとつだと考えられる。

では、オーストリアの農山村に住む人々は、「地域」の範囲をどのようにとらえているのだろうか。現地調査でのヒアリングから、多くの人が教会を中心とした旧村集落や、各種のコミュニティ活動の場を自らの「地域」ないしはアイデンティティの拠り所として認識していた。この認識に基づけば、人口一千―二千人規模の小規模自治体は「複数の地域の集合体」ととらえることができる。

一方、オーストリアには現在でも人口百人以下の極小規模自治体も存在している。そのような自治体では財政や人材、そして行政効率の面で、そもそもの自治体経営が成り立たない面も見られるという[20]。さまざまな条件から合併することが困難な旧村単位の自治体も存在しており、そのような自治体にたいしては、州政府や連邦政府の積極的なサポートが必要になる。

なお、地域への愛着が強すぎるあまり内向きになってしまい、その結果として行政機能の非効率化が進んでしまう事例も散見される。このような状態は「教会の塔（Kirchturmdenken）」思考と呼ばれ、現在のオーストリアにおける大きな問題のひとつになっているという。[21]この問題を乗り越える方策、つまり地域のアイデンティティを担保しつつ、一方で行政機能の効率化を高める方策として、最近では広域連携が推進されている。自治体としては互いに独立でありながらも、学校教育や上下水道、廃棄物処理といった事務の連携から、役所の窓口業務をはじめとする行政機能の一部を共同で行うなど、連携業務の幅は広い。地域の自主性の尊重と行政効率化を同時に達成するものとして、昨今注目されているようである。

本章ではＥＵの農業・農山村政策やオーストリアの農山村における地域再生事例を題材として、農業・農山村の持続可能性を支える理念と政策を検討した。以下、本章のまとめとして、農山村地域の持続可能性を支える三つの軸を整理しておきたい。

一点目は、従来からの地域コミュニティがしっかりとした結びつきを持っており、地域住民が新しい活動を始めやすい土壌が整っていることである。消防団や合唱団をはじめとするさまざまなクラブ活動の存在によって、住民は地域への帰属意識を感じることができる。地域コミュニティは教会を中心とした旧村単位を基礎としており、現在の多くの小規模基礎自治体はそのような地域のいくつかの集合体から成り立っている。

二点目は、そのような地域コミュニティから出てくる意見を汲んでサポートできるだけの、最低限の体力を持った基礎自治体が存在していることである。行政の運営は人口が少なすぎるとコストがかかり困難になる。そのため、文化的背景や自然条件に連続性のある旧村がいくつかまとまって基礎自治体を形成する。しかしその規模は基本的に「お互いの顔が見える範囲」である。事実、オーストリアの基礎自治体の九六パーセントは人口一万人以下である。また基礎自治体の行政執行組織である市町村参事会は、議会の政党別構成に比例して構成されている。これはプロポルツ制（比例配分制民主主義）と呼ばれ、オーストリア独自の、連邦から基礎自治体までを貫く制度である。さらには、そもそも小規模自治体では政党による地域政策に大きな差が存在しないことなどから、支持政党によらず住民の意見が幅広く参照され、行政に反映されやすい点も特徴である。

三点目は、これらの地域コミュニティや基礎自治体の地域再生活動を支える州政府、連邦政府、およびEUの政策枠組みがしっかりと存在していることである。オーストリアでは地域コミュニティや基礎自治体の主体性と自発性が尊重されており、ドルフ・エアノイエルングをはじめとして文字どおりボトムアップ型の地域再生活動がしっかり行われているが、上位政府は複数の政策メニューを用意することでそれらの活動をサポートしている。その政策メニューとは、各州政府によるドルフ・エアノイエルング事業への補助政策、連邦政府による条件不利地域への支援政策、そしてEUのCAP制度とこれに付随するLEADER事業などであり、地域コミュニティや小規模基礎自治体では対応できない問題については上位政府が政策的手当を行っている。農山村が持続可能であるためには、地域の農林業や観光、教育、インフラなどがしっかりとしていなければならないが、オーストリアではそれらを支える上位政府の政策が有効に機能している。そしてそれは、農山村の持続可能な発展による恩恵が、農山村自身のみならず、最終的には都市に対してももたらされるという国民的な認識に基づいているのである。

1 二〇一六年二月二九日に行ったオーストリア農林・環境・水資源管理省へのヒアリングより。
2 増田四郎『地域の思想』（筑摩叢書、一九八〇年）、二二頁、一五八—一五九頁。
3 同上、一三八—一三九頁。
4 ローズマリー・フェネル著、荏開津典生監訳『ＥＵ共通農業政策の歴史と展望』（財団法人食料・農業政策研究センター、一九九九年）、一一四頁。
5 同上、一一一頁。
6 二〇〇七年には、第二の柱を実施するための欧州農業農村振興基金（ＥＡＦＲＤ）が創設された。
7 直接支払に関する政策的議論については、第二章参照。
8 以下、ＣＡＰの農村振興政策の詳細については、次の論文を参照。平澤明彦「ＥＵの農村振興政策」（『農林金融』第六八巻第九号、二〇一五年九月）、二—一八頁。
9 同上、一一—一二頁。
10 Ressi, Wolfgang et al., *ALP Austria: Programm zur Sicherung und Entwicklung der alpinen Kulturlandschaft, Programm und Plan zur Entwicklung der Almwirtschaft* (BMLFUW, Land Kärnten, Land Oberösterreich, Land Salzburg, Land Steiermark, Land Tirol, Land Vorarlberg, 2006).
11 Bacher, Ludwig, "Entwicklung der Bergbauernförderung des Bundes am Beispiel des Bergbauernzuschusses: Der Berghöfekataster und die Schaffung von Erschwerniszonen als eine Voraussetzung dazu," in Reichsthaler, Rudolf und Wytrzens, Hans Karl (hrsg.) *Die Österreichische Landwirtschaft in Regionalwissenschaft und Raumplanung : Festschrift zum 65. Geburtstag von Friedrich Schmittner* (Kiel: Wissenschaftsverlag Vauk Kiel, 1987): 137-156. Knöbl, Ignaz, *Bergbauernförderung in Österreich: Direktzahlungen von Bund und Ländern*, Forschungsbericht Nr. 10 (Wien: Bundesanstalt für Bergbauernfragen, 1987).
12 二〇一六年九月二八日に行った地域開発計画と住宅のためのザルツブルク州研究所研究員へのヒアリングより。
13 田山輝明『西ドイツ農地整備法制の研究』（成文堂、一九八八年）、五八六頁。
14 Magel, Holger, "Ohne Musi ka Geld: wie die bayerische Dorferneuerung von Erwin Pröll lernte!" *Leben in Stadt und Land: Das magzin für Dorf & Stadterneuerung in NÖ*, Sommer 2017 (2017): 5-6. Schawerda, Peter,

"Wie kam das Modell nach NÖ: Die Geburt der niederösterreichischen Dorferneuerung," *Leben in Stadt und Land: Das magzin für Dorf & Stadterneuerung in NÖ*, Sommer 2017 (2017): 8-9.

15　二〇一七年九月七日に行なったＡＲＧＥへのヒアリングより。なお、プレル氏は一九八一年から一九九二年までが州副知事、一九九二年から二〇一七年まで州知事を務めた。

16　同上。

17　ＡＲＧＥは Arbeitsgemeinschaft の略で、協会を意味している。

18　金属棒や振り子を用いて地下の水脈や金属鉱脈を探知する手法をダウジングという。グロースシェーナウではダウジングが楽しめるハイキングコースが整備されている（ただし、ダウジングには科学的根拠がないと言われている）。

19　水野博子「《神の誉れとなり、隣人の守りとならん》――近代オーストリアの有志消防団にみる郷土愛の醸成と帝国ナショナリズム」（『東欧史研究』第三五号、二〇一三年三月）、一二五―四三頁。

20　二〇一七年九月一二日に行ったオーストリア自治体連盟へのヒアリングより。

21　同上。

# 第五章　景観・文化の保全——かけがえのない価値を守る仕組み

## 1　いま、何が消えようとしているのか

### 農山村集落が消滅する!?

日本が「バブル経済」に踊り、地方では「ふるさと創生事業」が展開されているさなかの一九八九年三月五日、宮崎県内の小さな集落「寒川」が、四百年の歴史を閉じた。宮崎日日新聞社報道部ふるさと取材班は、この寒川の集団移転について連載している。

宮崎県中央部の西都市にある寒川は、かつて二百人余の人々が暮らし、小中学校も存在した集落であった。しかし、基幹産業であった林業が衰退したことで、寒川に住む人は一三人にまで減少し、最も若い人でも六〇歳となった。彼らの手による水路の保持や道路の維持補修等が限界を迎えるなか、集団移転が決意されたのである。それでもなお住み続けることを望む住民らは、彼らの胸のなかで、「じゃが仕方なか」と自答し、「身を切られる思いとポッカリとあいた空洞を抱いてムラを去っていった[1]」。

この連載はその後、『ふるさとを忘れた都市への手紙』（農山漁村文化協会）というタイトルで出版された。同書の「あとがき」には、「消えた村に込める万感の思いを、ただ感傷というか、仕方のなかったことというか。それとも第二、第三の〝寒川〟が続発し、山に緑はあるが、人の住まない〝砂漠〟と化す前兆と見る

か……」[2]と記されている。

その後、日本は「バブル経済」の崩壊と「失われた二〇年」を経験し、今日に至っているが、近年公表されているいくつかのデータは、寒川が「前兆」であったことを示唆するものとなっている。たとえば、国土交通省国土審議会政策部会・長期展望委員会が示した「「国土の長期展望」中間とりまとめ」では、以下のような予測が示されている。すなわち、全国を一平方キロメートル毎の地点でみると、二〇〇五年現在に人が居住している地点のうち、二〇五〇年までに六六・四パーセントの地点で二〇〇五年人口の半分以下に減少し、二一・六パーセントの地点が「無居住化」する。さらに、国土交通省国土政策局が二〇一〇年国勢調査の結果を利用した推計結果によれば、二〇一〇年現在に人が居住している地点のうち、六三パーセントの地点で二〇一〇年人口の半分以下に減少し、一九パーセントの地点が「無居住化」する。とくに、人口一万人未満の自治体においては、その人口が約半数になるとされ、全国平均を上回る減少の予測が示されている。

また、その後、『地方消滅』(中公新書)というタイトルで、センセーショナルな議論を巻き起こしたのが、日本創成会議の人口減少問題検討分科会(座長:増田寛也)によって発表された、いわゆる「増田レポート」である。[3]同レポートでは、二〇一〇—四〇年の間に二〇—三〇代の女性が五割以下に減少する市区町村を「消滅可能性都市」と定義し、全自治体のうち四九・八パーセントに当たる八九六もの自治体が、それに該当するとしている。それらのうち、二〇四〇年時点で人口が一万人を切る五二三の自治体(全体の二九・一パーセント)は「このままでは消滅可能性が高い」とされ、その多くが農山村を抱える自治体である。

以上のような悲観的データをふまえると、日本の農山村集落が全国各地で消滅に向かいつつあるのではないかという危惧を抱かざるをえない。

## 農山村集落を支えてきたアメニティ

しかし、その一方で、国土交通省・総務省が実施した二〇一〇年から一五年における過疎地域等の集落の現況に関する調査結果をみると、必ずしも悲観的な側面ばかりではないことが分かる。同調査の結果によると、現存する（居住者のいる）全集落数は七万五六六二あり、二〇一〇年以降に通年で居住者が存在しない状態となった「無居住化」（消滅）集落は一九〇であった。さらに集落の消滅予測をみると、「一〇年以内に消滅する可能性がある」と回答しているのは五七〇集落（〇・七五パーセント）、「いずれ消滅する可能性がある」と回答しているのは三〇四四集落（四・〇パーセント）にとどまり、六万六〇〇一集落（八七・二パーセント）は「消滅する可能性がない（当面存続すると見込まれる）」と回答している。

また、二〇一〇年の前回調査から追跡可能な六万四八〇五集落を対象にした調査では、「一〇年以内に消滅する可能性がある」と回答した四五二集落のうち、この追跡調査までの五年の間に実際に消滅したのは四集落、「いずれ消滅する可能性がある」と回答した二三四二集落の場合は五一集落にとどまっており、九割近くの集落が存続していることが明らかになっている。このような結果をふまえると、大部分の農山村集落は人口減少のなかでも強靭に存続している姿を見てとることができる。

このような強靭性を支えてきたのは何であろうか。農業・農村は、狭い意味での経済的価値のみならず、独自の農村景観や、それぞれの地域に固有の歴史・文化といった、多面的な価値を育み、蓄積してきた。農山村の「アメニティ」（amenity）は、こうした多面的な価値を体現するものであり、農山村集落を支える重要な要素である。アメニティは、集落住民にとって、そして、集落を離れた人たちにとっても、心の拠り所となってきたといえよう。

しかし、人口減少と高齢化が進むなかで、集落の住民のみで、農山村のアメニティを長期的に維持・保全していくには限界があることも事実である。地域で育まれてきた価値が、いま、失われようとしている。

そこで、本章では、アメニティの視点から、主として農村景観や農村文化が生み出している価値について検討し、その保全のための仕組みについて、イギリスと日本の事例を通して考えてみることにする。日本に先行して、かつて農村景観や農村文化の維持・保全をめぐる危機に直面したイギリスの歴史を参考にし、また、日本の棚田景観保全の取組み事例も紹介しながら、いかにして農村景観や農村文化を維持・発展させていけばよいか、そのための政策のあり方について検討したい。

## 2 「農村らしさ」に迫る危機

### アメニティという概念

都市計画史の研究で著名な西村幸夫によれば、アメニティという単語は、もともとイギリス英語固有の用語であった。アメニティという言葉がイギリスで初めて法律用語として登場したのは一九〇九年の「住居・都市計画等法」(Housing and Town Planning etc. Act) においてであり、衛生、利便性と並ぶ都市計画の柱として位置づけられた。[4]

アメニティの概念を日本にいち早く紹介した木原啓吉(一九三一―二〇一四)は、この概念がイギリスの都市計画の核となっているとして、イギリスの代表的な都市計画家であるJ・B・カリングワース(一九二九―二〇〇五)やW・G・ホルフォード(一九〇七―七五)による説明を紹介している。[5] カリングワースは、アメニティが英国の都市・農村計画のキー概念であるものの、どの法律においても定義されていないとし、

「定義するより認識する方が容易である」と述べている。[6] またホルフォードは、アメニティを以下のように定義している。

「アメニティは単にひとつの特質をいうのではなく、複数の価値の総体的なカタログである。アメニティは、芸術家が目にし、建築家がデザインする美を含む。またアメニティは、歴史が生み出してきた喜びや親しみのある風景である。さらにある状況下において、アメニティは、しかるべきものが、しかるべきところに存在する、といった実用的な宿所でさえあり、温かさ、光、きれいな空気、家のなかのサービス等々、そして快適な状態でさえある。[7]」

さらに、アメニティの語源を紹介しているD・L・スミスによれば、アメニティとはpleasantnessと同義であって、ラテン語のamoenitas（喜びpleasant）から派生し、amare（愛することto love）という語源にまでさかのぼる。[8] そして、アメニティという概念には、健康や汚染問題への関心、心地よさ（pleasantness）や都市美（civic beauty）の追求、古建築物などにみられるような深遠な価値や芸術・デザインの保存（preservation）といった側面が含まれるとしている。以上をふまえて寺西俊一は、アメニティの本質を以下のように指摘している。

「アメニティという言葉自体は、人間という存在（human being）の本性（human nature）からみて「喜ばしいもの」「好ましいもの」「いとおしいもの」「美しいもの」を意味しており、この意味で、「ヒューマン・ライフ（human life）の良きあり方（well-being）」にとって不可欠で「かけがえのない価値」…を有するものやその性質を指していると解してよい。要するに、「ヒューマン・ライフの良きあり方」にとって「かけがえのない価値」（「固有価値」）を有するものやその性質、これがアメニティという言葉の意味するところである。[9]」

言い換えれば、アメニティとは、それぞれの地域で生活してきた人々が歴史的に形成してきた有形・無形のストック、および、それぞれの地域で独自に育まれてきた文化的・社会的な固有価値だと考えることができる。これらが「しかるべきところに存在」することで、いとおしさや愛着、愛する対象となっているのである。農山村集落のアメニティを構成する要素としては、田畑や水路、生け垣、雑木林等の生業である農林業のための土地利用や、そこで生活をする人々の住居、さらには地元の神社仏閣、伝統的な祭りや諸行事、人々の文化活動等の蓄積などがあげられる。農村の景観や文化は、それらの歴史的な集積のうえに形づくられてきたものだといえる。

## 愛着と喪失

それぞれの地域における住民たちの日々の生活の積み重ねは、当該地域への愛着につながる。また、先祖伝来の農地や山林、伝統文化といったストックを引き継ぐことで、そうした感情はより強固になると考えられる。たしかに、農山村集落での日々の生活は、都市部の生活で享受できるような利便性や快適性を必ずしも有していない。たとえば、一〇分間隔で往来するような電車が整備されている、購入したいものがいつでも揃っている商店が立地している、といった利便性や快適性を農山村に求めるのは難しい。しかし、そのような「不便」な暮らしのなかでも、人々は当該集落への強い愛着をもっている場合が少なくない。[10] だからこそ、すでに紹介したように、過疎化や高齢化が進行する集落であっても、したたかに存続してきたのである。この点は、「人々の「ここに生きる」意志と努力は、多くの人間が考えているより、はるかに強く深い。集落はそう簡単に消滅するものではないようである」という、社会学者の山下祐介による指摘とも符合する。[11]

また、このような人々の暮らしの場に対する愛着の強さは、福島第一原発事故によって「ふるさと」を追われた人々のきわめて大きな精神的苦痛からも明らかである。原発事故賠償のあり方について研究している除本理史（よけもとまさふみ）が指摘しているように、住民の避難が長期化するなかで、元の土地に密着した営みを「失った」（「ふるさとの喪失」）という意識が強まり、避難者たちの精神的苦痛が一層深いものとなっている。[12] 除本が「ふるさとの喪失」と呼んでいるものは、「アメニティの喪失」と言い換えてよい。このような「喪失」は、その経緯はまったく異なるものの、過疎化による集団移転によって寒川の住民が失ったものとも重なり合う。

近年、急速な人口減少や高齢化が進みつつある日本の農山村では、当該地域の住民のみで、愛着をもつ集落のアメニティを維持することがますます困難になりつつある。先に紹介した調査においては、二〇一〇年時点で当面存続と回答していた五万四一九八集落のうち二〇一五年時点で六四集落（うち津波被災地が二六集落）が消滅し、このうち一七集落が自然消滅となっている。さらに、「一〇年以内に消滅する可能性がある」「いずれ消滅する可能性がある」と回答した集落数は、前回調査対象区域に限ってみても、次第に多くなっている（前者が四五四集落から五一一集落、後者が二三四二集落から二六一五集落）。今後、維持可能性の危機に瀕していく集落がますます増加していくことが予想される。[13]

実際、農山村集落のアメニティの基盤となる文化的活動について、集落の住民のみでは維持が困難となりつつある。二〇一七年一月に報道された共同通信の調査によれば、都道府県が無形民俗文化財に指定した祭りや踊りなどの伝統行事のうち、継続的な実施が難しくなり休廃止されたものが合計六〇件もある（うち廃止が六件、休止・中止が五四件[14]）。こうした休廃止の背景には、過疎化や少子化、若者の都市部流出等による担い手の減少という厳しい現実がある。少子高齢化と人口減少が加速しているなかで、日本における農山村集落のアメニティとその基盤となる文化の維持可能性の危機がいよいよ差し迫った問題になってきているといわなくてはならない。

農山村集落での暮らしは、過去の蓄積のもとに成立している。ここで蓄積されているのは、先人たちが開墾し肥やしてきた田畑であり、木材や山菜等の山の恵みを収穫できるよう手入れがなされてきた山林であり、神々や自然、祖先への畏敬等から建立・維持されてきた神社仏閣・祭祀などである。これらは、特定の世代のみで構築することができるものでなく、何世代にもわたるその土地での営みが蓄積することで形成されたものである。アメニティの喪失は、こうしたかけがえのない価値を有するストックの喪失を意味する。何世代にもわたって形成されたストックはその土地に固着している地域固有財としての特質を有しており、他所へ移動することはできない。また、こうした固有性をもつストックは、いったん喪失すれば、二度と元の姿に戻すことができないという不可逆的な性格を有している。こうした農山村地域におけるアメニティのストックを維持・保全していくにはどうしたらよいか、真剣に検討していく必要性が高まっている。

以下では、まず、アメニティという概念の母国とも言えるイギリスのケースを紹介する。農村景観・農村文化の保全をめぐる問題を、イギリスではどのような仕組みで乗り越えようとしてきたのか、見ていきたい。

## 3 かけがえのない価値を守るのは誰か――イギリスの経験

### 立ち上がった市民たち

イギリスでは、一八世紀後半からの産業革命に伴う都市人口の増加に対応するために、第二次エンクロージャーが進められた。この第二次エンクロージャーは、産業革命の進行の結果、都市の工場労働者の人口が増えて伸びた穀物需要に応じるために、開放耕地や共同牧草地などの共有地を囲い込んでいくものであった。

この動きは一九世紀前半をピークに下火になったが、同世紀後半になると、残された共有地も新たな開発のために囲い込まれるという動きが出てきた。こうして次々と共有地が失われていく状況のなかで、共有地保全のためにいくつかの組織が設立された。なかでも代表的な組織である「共有地保存協会」(Commons Preservation Society 一八六五年設立)は、共有地の保存を広く世論に訴えたり、圧力団体として議会に働きかけたりしたほか、環境保全運動に関与している人々に対して助言を行うことを活動の中心としてきた。

ナショナル・トラストの創設者の一人として知られるサー・R・ハンター(一八四四―一九一三)は、共有地保存協会の顧問弁護士としてこの活動の発展に尽力した。同じくナショナル・トラストの創設の中心人物であるO・ヒル(一八三八―一九一二)は、社会事業家であり婦人運動家であったことでも知られている。彼女も、ロンドンのスラムにおける住宅改良運動に力を注ぎ、当時の環境保全運動に深く関わっていた。

共有地保存運動は、ロンドンやその周辺都市の住民の精神的な拠り所であるレクリエーション用地を保全していくことを主たる目的としていたが、ナショナル・トラストの創設者であるハンターやヒルは、田園地帯における環境保全も念頭に置いていた。

当時のイギリスでは、急速な工業化や都市化をもたらした産業革命への反省から、自然や歴史的なものへの関心が高まりつつあり、古代の遺跡や由緒ある建造物が開発や投機のために失われていくことを危惧して、これらの保全に積極的に取り組もうという人たちが登場してきた。J・ラスキン(一八一九―一九〇〇)やW・モリス(一八三四―九六)らの活躍がよく知られている。

当時、イギリスの農業は他国との競争のなかに立たされていたが、田園地帯の保全には特別の配慮をすべきであり、アメニティの視点から農業や農村を守っていくべきであるとされた。田園地帯の経済的な価値は低くなっていたが、文化的な重要性はむしろ高まっていたのである。現在の「都市」よりも過去の「田園

（田舎）」を好ましいものと考え、残された田園地帯の牧歌的な雰囲気が都市化の流れのなかで失われつつあることへの危機感が生まれていた。田園地帯の牧歌的な雰囲気には、都市部からは奪われてしまった品位の良さ（decency）やイギリスらしさ（Englishness）、国民的特徴（national character）、ナショナル・アイデンティが保たれていた。これらが鉄道網の整備等による都市の拡大によって失われることを問題視する声が高まっていったのであった。[15]

ハンターとヒルが共有地保存運動に取り組んでいたころ、イングランド北部の湖水地方で環境保全組織を立ち上げた牧師、C・H・ローンスリー（一八五一―一九二〇）は、湖水地方の有名なロドアの滝とその周りの景勝地が鉄道建設のために売りに出されるという問題に直面していた。[16] その彼が、都市部のハンターとヒルとも協力して、一八九五年一月に設立したのが、ナショナル・トラスト（The National Trust for Place of Historic Interest or Natural Beauty）である。このナショナル・トラストの定款では、次のように述べられている。

「美しさや歴史的重要性をもつ土地や保有資産（建造物を含む）を国民の利益のために永遠に保全していくこと。土地に関しては（実行可能なかぎり）その自然的特徴、特質、動植物の生活を保全すること。そしてこの目的のために、価値ある、あるいは、美しさをもつ場所を民間の資産所有者からの寄付のかたちで受け入れ、そのようにして獲得した土地、建造物および他の資産を、国民の利用と享受のための信託財産として保持してゆくこと。[17]」

こうして、イギリスでは、上記の目的を掲げた非営利法人が発足することになったのである。

## 保全のために地主になる

前述したナショナル・トラストが発足した当時、イギリスでは、都市部のオープン・スペースに関しては法律に基づいてそれなりに保全がすすめられるようになっていたが、歴史的建造物の保存への公的関与は十分なものではなかった。ナショナル・トラストが創設される一三年前の一八八二年、イギリス政府は「古記念物保護法」を制定したが、これ以外に目立った関与は見られず、政府が歴史的建造物の買上げ保存に積極的であったフランスや、国立公園の制定が始まっていたアメリカとは対照的であった。

イギリス政府が積極的な関与を行わなかった大きな理由として、ハンターは、当時のイギリスでは地主の私有権が圧倒的に強かったことをあげている。[18] ただし、当時、農村の荒廃を立て直すことを目的に、土地所有制度の改革が進められていた。たとえば、一八九四年の相続税改正は大土地所有者への税負担を重くしたものであり、このため、多くの土地が売却されるようになっていた。

こうした土地所有制度の改革に積極的に関与していた議員たちのなかに、土地を国民の資産として公共利益のために共有化することが愛国心の表れであると考えていたナショナル・トラストの中核メンバーが含まれていた。彼らは、イギリス社会にふさわしい自然景観や文化遺産の保全の方法は、国家に強制されるのではなく、あくまでも個人の自発的意志によって行われるべきだと考えていた。国家はそうした自発性を促すために法的援助をすべきだというのが、トラストの中核メンバーたちの考えであった。[19] また、とくに田園地帯では、地方行政は環境保全よりも開発を優先する傾向が強かったため、自然や景観保全などを実現していくためには、地方行政ではなく、ナショナル・トラストのような民間の市民団体が自ら土地や建造物を保有することが必要だとされたのである。

こうして、イギリスでは、民間の市民団体であるナショナル・トラストが、自然保護やアメニティ保全をはじめとする公共的な利益供給の担い手として、きわめて重要な役割を期待されるようになってきたといっ

イギリス湖水地方の農村風景

てよい。

### 守るために農家に貸し出す

現在、ナショナル・トラストは、イギリスにおける民間最大の土地所有者として知られている。二〇〇九年には、その所有地（約二五万ヘクタール）のうち、八〇パーセント（約二〇万ヘクタール）は農業用地として約一五〇〇人の農家に貸し出されている。二〇一六年には、ナショナル・トラストが保全している土地は二四万七九三四ヘクタール、このうち五六パーセントにあたる一三万七八〇五ヘクタールが貸出し対象となっており、ナショナル・トラストが管理している農業用地は一万四三四六ヘクタールである。

ナショナル・トラストが広大な農地を保全した代表例としては、ウェールズ・スノードニアがあげられる。二〇〇五年、ナショナル・トラストは、スノードニアの三千エーカーの丘陵に広がる農場ダフリン・マムビルを購入した。この農場は、一九九九年に亡くなったE・カービーが夫とともにスノードニアの自然環境保全のために尽力して残してきたものであった。ここでは、何世紀にもわたって多くの羊が飼育されてきたと言われており、また、植生や渓谷、沼地、岩、畑、納屋、フットパスなど、この地方独特の農村景観を形成する重要な要素が残されている。この農場は、ナショナル・トラストが所有する他の多くの農地と同様、農家に貸し出されており、農家は、環境に配慮した方法で耕作を行うことで、環境・景観管理の担い手となっている。[20]

そこで、次に、このような農家による農村景観管理を促進するためのイギリスの制度について見ていくことにする。

### 保全に取り組む農家を支える

イギリスでは、一九九一年、農村景観・野生生物生息地の保全を目的とする事業として、「田園スチュワードシップ事業」(Countryside Stewardship Scheme) が創設されている。この事業は、伝統的な農村景観等の維持・保全のために、自発的に参加する農家等と政府とが管理協定を結び、農家が景観保全、生物多様性保全等のために土地管理を行うことに対して政府が奨励金を支払う、というものである。ただし、この事業は対象地域が指定され、指定地域外では、農家等の自発的な景観保全や環境配慮型の土地管理を促進することができないという限界があった。これを受け、二〇〇〇年前後に「田園スチュワードシップ事業」に加え、「有機農業事業」「環境保全地域事業」の三つを「環境スチュワードシップ事業」(Environmental Stewardship Scheme) として統合する動きが出てきた。二〇〇七年から本格的に始まることになった「環境スチュワードシップ事業」は、以下の三つからなっている。

① 入門レベルスチュワードシップ (Entry Level Stewardship：ELS)

慣行的に（つまり有機的ではなく）土地を耕作しているすべての農家と土地所有者を対象とする「全農場」的事業。生垣や石垣、水路の管理、緩衝帯の設置、耕作地内の樹木の保護、適切な土壌管理など、ほとんどの農場で何かしらは満たすことができるような比較的単純な管理選択肢を、目標ポイントを満たすように選択して実行することを条件としている。条件（目標ポイント）を満たせば、事業に参加するすべての土地に対して、一ヘクタールあたり一年に三〇ポンドが支払われる。

② 有機入門レベルスチュワードシップ（Organic Entry Level Stewardship：OELS）

ELSに似た「全農場」的事業で、部分的もしくは全面的に有機農業を実施しており、有機助成施策と有機農業施策による援助を受けていない者を対象としている。

③ 高次レベルスチュワードシップ（High Level Stewardship：HLS）

ELSかOELSの選択肢（オプション）と組み合わせて、優先度の高い状況と地域において、著しい環境上の利益をもたらすことを目的としている。

なお、ELSとOELSでの管理は、EUの共通農業政策（CAP）における単一支払制度（Single Payment Scheme：SPS）の直接支払受給要件（クロスコンプライアンス）よりも、多くを要求される。そして、農家の責任で実行すべきとされている農地管理を超えるレベルの環境改善に対して、社会の責任として財政負担による環境支払が行われている。[21]

以上のイギリスの経験にたいし、日本ではどのような体制で農村景観の保全がなされてきたのであろうか。以下では、日本における棚田景観保全の先駆的事例のひとつである白米(しろよね)千枚田（石川県輪島市）を見てみよう。

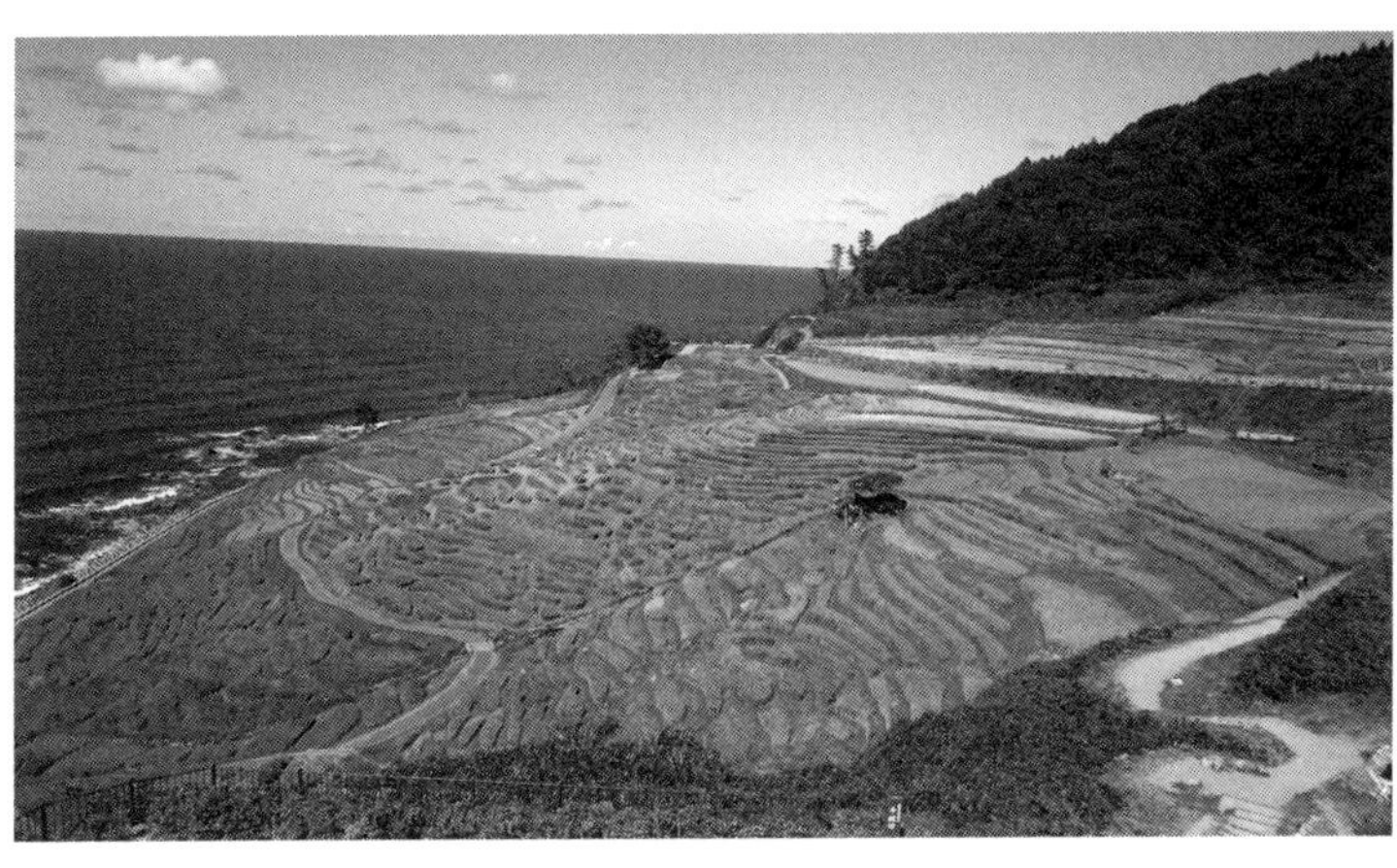

白米千枚田

## 4　日本の棚田景観を守り続けるために
### ――白米千枚田の事例

**棚田保全の先駆的事例**[22]

棚田は、傾斜地において、階段状に畦畔(けいはん)をつけてひらかれた小区画の水田である。本来は米を生産するための農地だが、適切に維持・管理されることによって、米の収穫だけではなく、独特の棚田景観の形成にも寄与する。棚田景観は、その地の自然的・歴史的諸条件の中で形成されてきたものであり、地域によって多様である。そして、こうした景観に人々が感動するのは、歴史学者の水野章二が指摘するように、「棚田が美しいのは、人々が生きるために積み重ねた、過酷な労働を刻みつけた景観[23]」だからである。白米千枚田の美しい景観は、まさにその代表例といえる。

白米千枚田の総面積は約四ヘクタールであるが、田畑の枚数が一〇〇四枚もある小区画の水田である。小さいものでは、新聞紙一枚ほどのものも存在する。現在の棚田は一七―一九世紀にかけて完成したとされており、二〇〇一年には、その文化的価値から文化財保護法に基づく名勝に指定されている。小区画の水田が海岸沿いに展開することで形成される白米千枚田の独特の景観は、数多くの人々を惹きつけ、輪島市の主要観光資源の一つにもなっている。斜面のほぼ中腹を国道二四九号が通るなど、アクセスもよいことや、二〇一五年三月の北陸新幹線開業、さらには、能登を舞台としたNHK連続テレビ小説「まれ」が放映されたことなどの影響もあり、同年の入込客数（年間来場者数）は約六七万人で、近年では最大数となっている。

しかし、耕作条件が不利な白米千枚田は、その保全をめぐって幾度も危機に直面してきた。今日、人々がその美しい景観を楽しむことができるのは、数々の先駆的な取組みを通じて、保全されてきたためである。

## 地方行政による地元農家への耕作支援

棚田景観を考えるうえで、大きな影響を与えたのが、一九七〇年代の米の生産調整政策である。平場の農地と比較して、小区画・傾斜地といった棚田の耕作条件は不利であり、耕作放棄や土地利用の転換が全国的に進行した。白米千枚田も、他の地域の棚田と同様に、耕作放棄等が懸念された。

日本においては、地方交付税制度とともに、一九七〇年に制定された「過疎地域対策緊急措置法」といった国レベルの財政調整制度も整備され、農山村を有する自治体の財源は一定の保障がなされていた。ただし、これらは特定の農地や集落を対象としたものではない。当時の棚田をめぐる公的支援をみると、農林水産省等の施策では後回しにされ、地方自治体からの支援もほとんど存在しなかった。そうしたなかで、白米千枚田の場合は、観光資源として位置づけられていたことから、地元行政や観光業を中心とする経済団体の支援によって、早くから棚田の保全が図られてきた。

まず、耕作に対する補助制度である「耕作補助金」が一九七〇年度に創設された。この「耕作補助金」の制度は、当初、観光資源保護対策事業として始まった。これは、年額四〇―五〇万円の「耕作補助金」を交付することで、平場農地との生産費の差を補償し、将来にわたって観光資源として保存することを目的としたものである。この補助金は、石川県と輪島市で五：五で均等に負担する形となっており、一九九〇年度まで、交付金額が増加するなかでも、この割合が維持されてきた。同補助金の受け手となるのが、白米地区内の全戸が加入する「千枚田景勝保存会」（以下、保存会）である。保存会は補助金の配分のほか、千枚田保全のために支出される区有財産の管理も行っている。このように、地元耕作者に対して、地方行政から補助金が交付されることによって、その保全活動が支えられてきた。

## ボランティアと保存基金

前述したような地方行政による耕作支援に変化が生じたのが一九九一年前後である。斜面の中腹を横断する国道二四九号線の拡張工事に際して「千枚田ポケットパーク」（一九九〇年四月完成）が設置されたことを機に、輪島市のみの負担で「耕作補助金」が交付されたのである。県は、同施設を地元に無償で貸与することで、そこから得られる収益により補助金の捻出が図られるものと判断し、補助金を打ち切った。しかし、この打ち切りを契機に耕作をやめたいという動きが起こり、これが「千枚田存続の危機」として新聞等で報道され、棚田保全のための新たな動きへとつながっていくことになった。

一つ目の動きは、耕作を担う新たな主体が現れたことである。具体的には、連合石川や市職員をはじめとするボランティア支援の登場である。たとえば、連合石川は、「稲作の原点である千枚田の維持・保存のために、県内全域から耕作希望のボランティアを募り、その労力で休耕田の復旧・作付けを行って、千枚田の耕作の維持・継続に協力していく[24]」というプランを打ち出し、具体的な取組みを開始した。こうした耕作主体の広がりは、地元の農協（現在のＪＡおおぞら）や住民にも広がり、以後、多くの主体が千枚田の耕作を担うようになった。

二つ目は、費用負担面での変化が生じたことである。県の補助金の打切りについては県議会でもとり上げられ、最終的には補助金の県負担が復活した。と同時に、不安定な財源に代えて、より安定した助成のために「財団法人千枚田景勝保存基金」（以下、保存基金）が一九九三年に設立され、同基金の運用益を「耕作補助金」に充てることとなった。なお、この保存基金は、輪島市からの出捐金に加え、石川県、輪島商工会議所や輪島市観光協会等の地元経済団体からの貸付金によって構成されている。県は、同貸付金をもって、「耕作補助金」に対する直接的な財政支出を終了させた。

しかし、この保存基金による安定的な財源確保は長く続かない。金利の低下により、運用益のみでは財源確保が困難となったのである。そこで、不足した財源については、市の支出によって補塡されるというかたちに変化した。また、市職員のボランティアを中心とした管理区域を保全するため、市は「耕作補助金」とは別に、保存基金に対し一定額の財政支出を行うようになった。それによって、ボランティアのみでは対応できない、日常的な管理業務委託にかかる経費等が賄われた。以上のように、費用負担者としての市の果たす役割が次第に大きくなっていったのである。

なお、二〇〇一年一月には、白米千枚田がその文化的価値から文化財保護法に基づく名勝指定を受けたことでも新たな変化が生じている。文化財指定によって当該地の現状変更等が規制される一方、棚田の文化的価値を根拠として、現状変更の不許可等に対する通常生ずべき損失の補償や、保存整備のための補助を、国等に求めることができるようになった。加えて、二〇〇〇年度から「中山間地域等直接支払制度」が導入されたことで、日常的な耕作活動に対する補助を求めることができるようになった。

### 白米千枚田オーナー制度の導入

その後、白米千枚田の維持・保全は、再び危機を迎えた。それは、一二〇〇枚の耕作を分担していた連合石川が、二〇〇六年度からは耕作できない旨の申し出を行ったためである。これを受けて、元ＪＡ職員であった堂前助之新氏が、中学時代の同級生三人と「白米千枚田愛耕会」（以下、愛耕会）を二〇〇六年に結成し、この愛耕会が耕作を分担することで危機は回避された。さらに、この愛耕会は、「白米千枚田オーナー制度」の管理組織としての役割も果たすようになった。「オーナー制度」とは、都市住民が農村の自然や営みを評価し、会費（使用料）を支払うことで市民農園として農地を借り受け、農業体験を行うものである。[25] ただし、その具体的な形態は地域ごとに違いがある。

「白米千枚田オーナー制度」の場合は、「白米千枚田オーナー会員」（以下、オーナー会員）と「白米千枚田トラスト会員」（以下、トラスト会員）という会員区分を設けている。オーナー会員は、他のオーナー会員や愛耕会と共同で米作りを行い、自身が選んだ区画を「マイ田んぼ」として指定して管理することができる。ただし、白米千枚田の一区画の面積は、大小さまざまであることから、「マイ田んぼ」のみの耕作でなく、オーナー制度の対象となるすべての区画についても、共同で作業を行っている。年会費は二万円である。会員は、耕作作業への参加、収穫米一〇キログラムと地元山菜の受取り、「マイ田んぼ」へのオーナー名表札建立、などの権利が特典として与えられる。これに対してトラスト会員の位置づけは、資金面での支援という面が強い。年会費は一万円で、会員特典として、耕作作業に参加できることに加え、収穫米五キログラムと地元山菜を受け取ることができるが、「マイ田んぼ」のような特定の田んぼを指定することはできない。

さらに、企業を対象とした「白米千枚田企業会員」（以下、企業会員）の募集も、二〇一〇年度から開始し

**図表5-1　白米千枚田オーナー制度の会員数の推移**

| 年度 | 2007 | 2008 | 2009 | 2010 | 2011 | 2012 | 2013 | 2014 | 2015 |
|---|---|---|---|---|---|---|---|---|---|
| オーナー会員（組） | 37 | 47 | 47 | 47 | 51 | 80 | 103 | 129 | 139 |
| トラスト会員（組） | 17 | 28 | 22 | 26 | 24 | 30 | 26 | 27 | 25 |
| 企業会員（社） | | — | | 0 | 0 | 3 | 4 | 8 | 12 |
| 特別名誉会員（人） | 3 | 4 | 4 | 4 | 3 | 5 | 7 | 9 | 9 |

出所：輪島市交流政策部観光課提供資料より

ている。社会貢献事業として棚田保全活動を実施する企業を念頭に置いたもので、年会費は五万円、会員特典として、耕作作業への参加はもちろんのこと、収穫米二〇キログラムと地元山菜を受け取ることができる。さらに、「マイ田んぼ」へのオーナー名表札建立と千枚田イベントでの幟（のぼり）の設置、公式サイトでの広告等の権利も会員特典として用意されており、企業側のPR効果を念頭に置いた制度設計となっている。また、「白米千枚田オーナー制度」自体のPR効果を高めるために、特別名誉会員制度も設けており、小泉純一郎氏やちばてつや氏といった著名人が会員である。

こうした「白米千枚田オーナー制度」は、地元農家が耕作できなくなった棚田を、オーナー制度による「管理田」として維持・保全するうえで、きわめて重要な役割を果たしてきたといえる。制度の開始前後は九五枚であった「管理田」は、二〇一五年度には四四三枚にまで増加しており、今や、千枚田を維持・保全していくうえで欠くことができない制度となっている。

なお、この「白米千枚田オーナー制度」の会員数の推移は図表5―1である。トラスト会員は二五名前後で安定している一方で、オーナー会員、企業会員は年々増加している。実際の耕作活動への参加も求められるオーナー会員の居住地をみると、県内の会員だけでなく、県外の関東圏にも広がっている（県内が約三割、関東圏が約五割）。県外の会員は、日常的に同地を訪れることは困難だが、年数回の耕作事業への参加率は高く、また継続的な会員も多い。このように「白米千枚田オーナー制度」は、農村景観や農村文化の維持・保全のために、域外の都市住民も積極的に関わることができるひとつのシステムとして、注目に値するものだといえよう。

## 5　危機からの脱却――担い手と費用負担

以上では、アメニティとしての農村景観・農村文化に焦点をあて、かつてその維持・保全の危機に直面してきたイギリスにおいてナショナル・トラストが果たしてきた役割についてあらためて振り返り、日本については、白米千枚田にみる棚田保全の先駆的な取組み事例を取り上げてみた。いずれにおいても、個々の農家が農地を所有し維持・管理する、という形では農村景観や農村文化の維持・保全が困難な状況に陥ったなかで、その価値を保全するための独自な仕組みが生み出されてきたといってよい。

以下では、農村景観・農村文化の維持・保全にかかわる土地所有のあり方や担い手、そして、そこでの費用負担のあり方等について、イギリスと日本の比較という観点から、いくつかの論点を示し、本章のまとめに代えたい。

### 「トトロのふるさと基金」の里山保全

農村景観・農村文化の維持・保全にかかわる土地所有のあり方についてみると、イギリスでは、国有化ないし公有地化以外に、民間の市民団体による「トラスト所有」という手法が生み出されてきた。これに対し、日本では、農地は原則として農業を実際に行う農家や農業法人しか所有できず、景観保全や環境保全を目的とした団体等に農地の所有権を移すという手法をとることは困難になっている。日本においても、「ナショナル・トラスト運動」は各地で見られ、農村景観を残すことを目的に活動している団体も少なくない。しかし、たとえば、関東の狭山（さやま）丘陵で里山保全に取り組んでいる「公益財団法人トトロのふるさと基金」の場合、里山景観を構成する雑木林（地目は林地）の取得は進んでいるものの、中核となる、もう一つの構成要素である田畑（地目は農地）については、農業法人ではない同公益法人が取得することはできず、既存の土地所有者と協力しながら、「田畑と雑木林のある里山景観」の保全に努めている。白米千枚田の場合も、市が所有者と契約を締結することで、農地を利用できる体制になっている。たしかに、今日まで、白米千枚田においては、所有のあり方をめぐる大きな問題は生じていない。しかしながら、長期的にみると、今後は、代替わりや相続等により、所有者の細分化や不在地主化などの進行が危惧される。したがって、より安定的に農村景観を維持・保全していくための土地所有のあり方について、今後、模索していく必要があるかもしれない。

前述したトトロのふるさと基金の里山保全では、一九九〇年代から寄付金による雑木林の買取りを進めてきたが、ここ数年、雑木林の所有者が、保全のために無償で所有地を提供（土地の寄付）するケースも出てきている。農地についても、今後、保全の意志はあっても自分では維持できない所有者から、保全を目的とする主体への移転が検討されてしかるべきではなかろうか。具体的な所有主体としては、地元自治体をはじめとする公的主体から、景観保全を目的とするＮＰＯ、当該景観に魅かれた個人まで、さまざまな選択肢がありえよう。その際、それぞれにおいて、土地所有のための費用をどのように負担すべきかも重要な検討課題となるだろう。もちろん、個々の所有者による自由な利用のみを推進することは好ましくない。農業委員会のようなかたちで、農村景観や農村文化を維持・保全していくための計画策定や合意形成を所有者間で図る場を設定することが同時に求められる。

## 担い手をどう支えるか

農村景観や農村文化が生み出す、かけがえのない価値は、誰が守っていくのだろうか。白米千枚田では、地元耕作者団体である愛耕会が中心となって、県内外のボランティアおよびオーナー会員がその主体となっている。そして、地元農家が高齢化等を理由に管理できなくなった農地は、地元関係主体やボランティア、オーナー会員などの関与により維持されてきた。とくにオーナー制度においては、愛耕会という地元管理主体が存在することにより、遠方の会員等でも部分的な担い手や費用負担者として、千枚田の景観保全に関与することができる。ただし、この千枚田の場合、その農地は約四ヘクタールと限られた区画である。たとえば、同じく名勝指定されている長野県千曲市の姨捨棚田の場合、全体で一〇倍近くの区画（約三五ヘクタール、水張面積）があり、こうした広大な農地をボランティアやオーナー制度によって管理するのには限界もあるといえるだろう。

この点を考えるうえで、イギリスのナショナル・トラストにみるような取組みは大いに参考となる。羽山伸一は、野生動物問題を念頭に、自然資源に依存する農林水産業の生産者たちこそが、その問題解決の担い手であると述べている。[26] つまり、農家には、農業生産・食料供給を行うだけでなく、生態系や農村景観の維持・保全を含む自然資源管理という役割が求められている。その役割はボランティアでできることではない。農家がその役割を担えるようにするためには、農村景観や農村文化の価値を大切にしたいと考える都市住民のかかわりと、国および地方の行政による支援措置などが不可欠である。

イギリスでは、ナショナル・トラストという環境・文化の保全を目的とした民間の市民団体が農地を所有し、農家がその農地を借りて景観・文化を保ちながら耕作している。そして、政府が一定条件を満たす農家に奨励金を支払ってサポートするという仕組みがある。もちろん、イギリスにおける農業・農山村の状況や課題は、日本のそれとは大きく異なるが、景観や文化の保全を目的とした農地の所有と維持・管理のありかたについては、イギリスの歴史からあらためて学ぶべきことも少なくないといえよう。

1　宮崎日日新聞社報道部ふるさと取材班『ふるさとを忘れた都市への手紙』（農山漁村文化協会、一九九〇年）、一一頁。
2　同上、二六五頁。
3　増田寛也編著『地方消滅——東京一極集中が招く人口急減』（中公新書、二〇一四年）
4　西村幸夫「都市空間の再生とアメニティ」吉田文和・宮本憲一編『環境と開発』（岩波書店、二〇〇二年）、一二二頁。
5　木原啓吉『歴史的環境——保存と再生』（岩波新書、一九八二年）
6　Cullingworth, John Barry, *Town and Country Planning: In England and Wales — An Introduction*（Toronto: University of Toronto Press, 1964）: 132. 筆者訳。
7　Hinton, Christopher & Holford, William, "Power Production and Transmission in the Countryside: Preserving Amenities," *Journal of the Royal Society of Arts*, 108-5043（1960）: 190-191. 筆者訳。
8　Smith, David L., *Amenity and Urban Planning*（London: Crosby Lockwood Staples, 1974）（川向正人訳『アメニティと都市計画』鹿島出版会、一九七七年）: 5-28. 筆者訳。
9　寺西俊一「アメニティ保全と経済思想——若干の覚え書き」環境経済・政策学会編『環境経済・政策学会年報第五号』（東洋経済新報社、二〇〇〇年）、六四頁。

10　この点は、たとえば、農政学者の小田切徳美が紹介している以下のような集落の代表者らの言葉と重なる。「住み続けるためには、先祖伝来のすばらしい地域環境をいかに守っていくかが重要だ…自分自身はこの年（四〇歳代）になって、地域への愛着がわいてきた…田園風景は人の情緒を育むのにとても大切だと思うし、かけがえのないものとして自分たちが守り、必ず子どもたちに残してやりたい」小田切徳美『農山村は消滅しない』（岩波新書、二〇一四年）、三四—三六頁。

11　山下祐介『限界集落の真実——過疎の村は消えるか？』（ちくま新書、二〇一二年）、一〇〇頁。

12　除本理史「原発事故が浮き彫りにした農山村の「価値」——福島県飯舘村の事例から」岡本雅美監修、寺西俊一・井上真・山下英俊編『自立と連携の農村再生論』（東京大学出版会、二〇一四年）、七二—七八頁。

13　ただし、当面存続すると見込まれている集落数も五万四一九八集落から五万五八九五集落へと増加しており、背景には無回答集落の減少（七九六〇集落から五一〇九集落）の影響がある。なお、「一〇年以内に消滅する可能性がある」とした四五四集落のうち、実際には、二集落は二〇一〇年時点ですでに消滅していた。

14　文化庁によると、都道府県指定の無形民俗文化財は二〇一六年五月時点で一六五一件ある（『信濃毎日新聞』二〇一七年一月四日、朝刊、四頁）。

15　Cannadine, David, "The National Trust: The First Hundred Years," in *The National Trust: The Next Hundred Years*, ed. Newby, Howard (London: National Trust, 1995): 12-13.

16　Fedden, R., *The Continuing Purpose* (London: Longman, 1968): 3, 5.

17　National Trust, *Annual Report* (1895): 4.

18　Hunter, Robert, "Places and Things of Interest and Beauty," *The Nineteenth Century*, 43, (1898): 586-589.

19　水野祥子「環境保護運動の結社　ナショナル・トラスト」川北稔編『結社のイギリス史　クラブから帝国まで』（山川出版社、二〇〇五年）、二一五頁。

20　Bevan, Teleri, *Esme: Guardian of Snowdonia* (Wales: Y Lolfa Cyf, 2014): 107.

21　ここでの環境支払とクロスコンプライアンスの関係の解釈については、荘林幹太郎「農業の多面的機能」寺西俊一・石田信隆編著『自然資源経済論入門1　農林水産業を見つめなおす』（中央経済社、二〇一〇年）、二〇〇—二〇五頁を参考にしている。

22　本節のより詳細な内容は、吉村武洋『ルーラル・アメニティ保全のための費用負担——白米千枚田・姨捨棚田を事例に』（農政調査委員会、近刊）を参照されたい。
23　水野章二『里山の成立——中世の環境と資源』（吉川弘文館、二〇一五年）、一一頁。
24　原田純孝「石川県輪島市白米地区——能登の千枚田」全国農地保有合理化協会『農地の多面的利用の手法開発に関する調査報告書』（全国農地保有合理化協会、一九九三年）、一三一頁。
25　中島峰広『棚田保全の歩み——文化的景観と棚田オーナー制度』（古今書院、二〇一五年）、一六六頁。
26　羽山伸一「農林水産業と野生動物問題」寺西俊一・石田信隆編著『自然資源経済論入門1　農林水産業を見つめなおす』（中央経済社、二〇一〇年）、二九二頁。

# 第六章　農山村地域からのエネルギー転換

## 1　自然資源経済とエネルギー

持続可能な社会を地域レベルで構築するためには、社会の法制度や産業構造、インフラなどあらゆるものを、その地域の自然資源経済に適合したかたちに改変してゆくことが求められる。耕作放棄地や施業放棄林、空き家問題など、資源過少利用の時代に対応した土地所有のあり方の構築。よりよい立地条件を求めてグローバルに移動する域外資本に依存した産業構造から、地域の主体が主導する地域内産業連関を重視した内発的な形態への転換。車がなければ生活できない地方都市や農村の地域構造から、交通弱者にも環境にも優しい交通とまちづくりへの移行。これらはいずれも、日本における環境経済学の創設者の一人である宮本憲一が「中間システム」と名づけた、環境問題を規定する政治社会経済システムの構成要素を[1]、地域の自然資源経済に即したものに転換することを意味する。この転換に求められる政策論を、とくに農山村の文脈で展開しているのが、地方財政論を専門とする保母武彦の「内発的発展論」である[2]。あるいは、中山間地域の活性化を専門とする藤山浩が『田園回帰一％戦略』において提唱している、「循環の経済」を重視した社会システムの構築という議論とも相通ずるものである[3]。

エネルギーも、このシステムの重要な要素である。地域社会の持続性を担保するためには、その社会が依って立つエネルギー源を自然資源経済と親和的なものに変えることが不可欠である。このエネルギー源の転換には、二つの側面がある。ひとつは、自然資源経済を阻害しないエネルギー源に切り替えるという意味で、ここでは消極的な転換と位置づけられる。もうひとつは、エネルギーを自然資源経済の原動力のひとつとして活用するという意味で、積極的な転換と位置づけられる。

### 自然資源経済を阻害しないエネルギー源への転換

消極的な転換の必要性を確認するには、従来のエネルギーと自然資源経済との関係を振り返ってみるとよい。電力が中心的なエネルギー源となって以降、発電所の建設は多くの場合、大都市や産業の需要を満たすために地域の自然資源経済を破壊するかたちで進められてきた。当初は水力発電用のダム建設により、多くの農山村がダム湖に沈むことになった。

火力発電所は初期には需要地である都市に立地していたが、大気汚染が深刻化するのにともない、地域開発の一環として遠隔地での建設が進むようになった。そこでは、豊かな漁場が埋め立てられたり、温排水による漁場への悪影響や大気汚染による人体や農産物への悪影響が懸念されたりすることになった。実際、建設に際して地域の農業者・漁業者を中心とした激しい反対運動に直面する事例も少なくなかった（代表的な例として、九州電力苓北（れいほく）石炭火力発電所の建設反対運動があげられる）。さらに、火力発電所から排出される大量の二酸化炭素は気候変動の原因となり、地球生態系に長期的かつ不可逆的な影響を及ぼすことが懸念される。従前は農林水産業を中心に営まれていた地域経済が、発電所の建設以降は発電所とそれに関連する業種に依存することになり、自治体財政も発電所による固定資産税などの税収頼みの構造となる。

原子力発電所の場合には、これに電源三法交付金が加わり、地域経済や自治体財政の依存の度合いが強まる。火力発電所と比べれば、大気汚染や気候変動の面では問題とはならないものの、放射能汚染の懸念がつきまとう。清水修二が「原発を造るためには、原発という忌避施設にあえて手を伸ばすような貧困な地域が国内に存在することが必要なのです」と喝破したように[4]、原発のリスクは貧困な（しかし自然資源経済的には本来は豊かであるはずの）農村に押しつけられている。福島県にある水力発電所（只見川）、火力発電所（広野）、原子力発電所（福島第一・第二）が、いずれも東京に電気を供給してきたことが象徴的である。そしてひとたび原発事故が起きれば、広大な土地が人の住めない状態になり、農林水産物の出荷制限が行われるだけでなく、里山で山菜やキノコを採集し、季節の食卓を楽しむ暮らしが奪われるということが、東京電力福島原発事故によって実証されてしまった。

このように、二〇世紀後半以降に構築されたこれまでの電力生産・供給構造は、いかにも自然資源経済とは相いれないものであった。したがって、原子力や石炭火力といった環境負荷の大きい大規模な発電所を遠隔地に立地させ、中央集権的に管理するというこれまでの構造のかわりに、エネルギー効率化（省エネルギー）を徹底し、小規模分散型の再生可能エネルギーのネットワークを基盤とする構造を確立することが求められる。欧米では主として気候変動対策の文脈で二〇年近く前からこうした取組みが進められ、「エネルギー転換」と呼ばれている。

もちろん、再生可能エネルギーによる環境影響もないわけではない。風力発電による野生動物への影響や騒音・低周波問題、太陽光発電による景観への影響や騒音などの懸念が指摘されている。バイオマスについても、食料生産など他の用途との競合が問題となる事例もある。しかし、再生可能エネルギーに関するこうした懸念の多くは、事後的な対応が比較的容易であったり、原状回復が可能であったりする。たとえば、影響が懸念される野鳥の営巣期間中は日中の風力発電の運用を停止したり、買取期間終了後に太陽光パネルを撤去して元の植生に戻したりする対応が考えられる。したがって、従来の電源に比べれば、相対的に自然資源経済との親和性が高いことは明らかである。

### エネルギーを自然資源経済の原動力にするための転換

一方で、こうしたエネルギー転換の取組みをもう一歩深化させることで、自然資源経済に一段と積極的な好影響を与えることが期待できる。地域の自然資源を活用し、再生可能エネルギーによる地域的エネルギー自給を行うことの意味としては、前述の自然資源経済との親和性の高さ（環境負荷の低減）に加え、以下の四点があげられる。

第一に、地域の遊休資源やこれまでの技術・知識の蓄積が有効活用されることである。耕作放棄地や林地残材の利用など、直接的な面だけでなく、日当たりのよい田畑はどこにあるか、一年中水の涸れない沢はどこかといった、地域住民の間で引き継がれてきた地域資源に関する知識にも、新たな価値が見いだされることになる。

第二に、地域に新たな付加価値をもたらす産業（新たな収入をもたらす仕事）が生まれることである。これからの農山村においては、農業生産だけで生計を維持することがますます困難になると考えられる。そこで、「半農半X」[5]という言葉に象徴されるように、農業に加え、それ以外の収入源を組み合わせることで「合わせ技」[6]で生活してゆく必要がある。従来も、近隣の地方都市に立地した製造業で職を得たり、役場や農協に勤めたり、建設業に従事するなどして、兼業農家として生計を立てることが一般的であった。しかし、グローバル化にともない製造業はアジアに移転し、役場や農協は広域合併して職員を減らし、財政難で公共事業も削られ、従来の兼業農家モデルが機能不全に陥っている。[7]従来の兼業先に代わる新たな選択肢が求められており、エネルギー生産はその候補として期待される。

第三に、エネルギーを自給することにより、これまでエネルギーの対価として域外に流出していた所得を取り戻すことにつながることである（移入代替効果）。従来は、電気も石油やガスも、地域外から供給されてきたため、それらの代金は域外に支払われていた。これに対し、家庭レベルでは、屋根に太陽光パネルを載せて発電したり、灯油やガスの湯沸かし器やストーブを、バイオマスのボイラーやストーブに切り替えて地元の木材を燃料として利用すれば、電力会社から購入する電気の量が減って電気代が安く済んだり（発電した電気の買取価格が高ければ売電収益が電気代を上回ることもありうる）、燃料代の支払いが地域住民の収入になったりすることになる。前述の藤山の『田園回帰一％戦略』においても、エネルギーは所得取り戻しにおける重点部門のひとつとされている。[8]

第四に、地域の主体が事業を実施することで、事業の社会的受容性を高めることができることである。[9] 前述のとおり、再生可能エネルギーにも地域の環境などへの影響が懸念される。事業者が地域外の主体だった場合、事業による利益は事業者に、被害の懸念は地域住民に、という分離した関係となるため、対立が生じやすい。事業者が地域の主体であれば、利益も地域に還元されるため、地域の人々が当事者として利益と負担のバランスについて意思決定できることになる。

このように、エネルギー転換が生み出す利益を地域に帰着させることができれば、自然資源経済を再活性化させるための原動力のひとつとなりうる。したがって、自然資源経済の観点からみたエネルギー転換のあるべき姿は、単にエネルギー源が原子力や石炭火力発電から再生可能エネルギーに変わればよいというわけではない。それに加えて、エネルギーの生産・流通・消費に応じて生まれる経済的な価値が、地域に根ざした経済循環の維持・拡大に役立つような形で用いられる必要がある。こうした積極的な意味での転換を、筆者らは単なるエネルギー転換と区別して「地域からのエネルギー転換」と名づけている。[10] なお、類似した考え方として、財政学と環境経済学を専門とする諸富徹などが提唱している「エネルギー自治」の概念があげられる。[11]「地域からのエネルギー転換」は、転換の主体と方向性に重きを置いているが、「エネルギー自治」は転換によって達成されるべき状態の目標を掲げていると整理できる。

## 地域に根ざした再生可能エネルギー事業

「地域からのエネルギー転換」を推進するためには、その担い手となる主体が必要となる。いわば、地域に根ざした再生可能エネルギー事業（以下、地域再エネ事業）である。地域再エネ事業に類する概念のなかで、この分野で最も参照されているのは、世界風力エネルギー協会（World Wind Energy Association：ＷＷＥＡ）によるコミュニティ・パワーの基準であろう。ＷＷＥＡは、以下の三基準のうち二つ以上を満たす事業をコミュニティ・パワーと位置づけている。

① 地域の利害関係者（具体的には、個人・農家、協同組合、独立発電事業者、金融機関、自治体等）が、事業の全体あるいは過半数を所有していること。

② 地域の利害関係者により構成される、コミュニティに基礎を置く組織が、事業の議決権の過半数を持っていること。

③ 社会的・経済的利益の過半数が、地域のコミュニティに分配されること、である。

①は所有、②は意思決定、③は利益分配の基準といえる。

自治体による事業や、地域住民による協同組合が事業主体となり、地元の地域内に設置する事業は、一般的にこれらの基準を満たしていると考えられる。一方、市民出資の事業については、出資の仕方に応じて三基準への適合状況が異なる。市民ファンドで利用されることが多い匿名組合出資の場合には、所有や意思決定とは切り離されているため、③の利益分配のみに適合することになる。③に加えて①および、あるいは②に適合する市民出資事業は、地域主導型（地域主体型）と呼ぶことができる。

ただし、地域主導型の事業であれば地域貢献できるとは、必ずしも言えない。たとえば、地域の特定の企業や個人が再生可能エネルギー事業を行った場合も、形式的には地域主導型にあてはまる。しかし、その事業の利益を専ら事業主体自身のために費やした場合、それを地域貢献と見なすのは疑問である。こうした問題に対応するため、筆者も策定にかかわったＰＨＰ総研の政策提言では、地域貢献型事業の基礎的要件として三つの評価軸を提案している。[12] すなわち、

① 事業経営と利益還元に対する地域主体のイニシアティブ

② 地域への利益還元の規模と幅広さ

③ ガバナンス構造の公平性と公開性、である。

評価軸①において重要となるのは、意思決定に関する地域の関与の度合いである。その地域に住むなるべく多くの主体が、より多く、なるべく公平かつ公正なかたちで事業収益の分配方法に関与し、その意思決定に適切な影響を与えられることが求められる。地域主導型でなくとも、地域の多数の意思が利益分配に対するイニシアティブを持っていればよい。たとえば、事業を株式会社が実施する場合、通常の株式（普通株）とは権利の内容が異なる株式（種類株）を地域主体に発行し、収益の一定割合の還元方法については、その種類株による議決によって決めるといった方法であれば、地域の出資割合が小さくても地域主体が主導権を発揮できる。

評価軸②においては、地代や税金の支払いなど、事業活動を行ううえで通常発生する地域への利益還元の

水準を超え、追加的な貢献が行われる必要がある。同時に、受益者の数としても、幅広い住民層が受益者となることが求められる。

評価軸③においては、事業主体の意思決定、とくに収益分配の決定において、配慮すべき利害関係者の意思が適切に反映される構造が組み込まれていることが必要である。そのうえで、恣意的な運営がなされないよう、株主構成や利益分配方針などの基本的な経営方針が公開されることが求められる。

以上三つの評価軸を用い、地域貢献の質と量を高めていく方向に事業者を政策的に誘導することで、地域活性化につながる再生可能エネルギー事業の拡大再生産を図ることができると考えられる。

## 2　先駆的な地域再エネ事業——ドイツ・アグロクラフト社の取組み

### アグロクラフト社とグロースバールドルフ

ドイツ連邦共和国バイエルン州レーン・グラブフェルト（Rhön-Grabfeld）郡グロースバールドルフ（Großbardorf）は、面積一六五四ヘクタール、人口九〇九人、約二三〇世帯（二〇一一年末時点）の農村である。冷戦時代は東西ドイツの国境地帯に位置し、近年は離農が進んでいた。

この村では、二〇〇五年から住民出資による再生可能エネルギー事業に取り組みはじめ、二〇一一年時点で電力自給率四七五パーセント（電力需要一六〇万キロワット時に対し、年間発電量七六〇万キロワット時）、熱自給率九〇パーセント（熱需要三二〇万キロワット時に対し、再生可能エネルギーによる熱供給量二八八万キロワット時）に達し、二〇一二年には連邦農業省から「バイオ・エネルギー村」として表彰されるに至った。村

図表6-1　グロースバールドルフにおける再生可能エネルギー事業

| | 事業種類 | 設置年 | 組織形態 | 出力〔kW〕 | 設置費用〔万 €〕 | |
|---|---|---|---|---|---|---|
| | | | | | 合計 | うち出資額 |
| 1 | 太陽光発電 | 2005/07 | 有限合資会社 | 1,900 | 760.0 | 174.3 |
| 2 | 太陽光発電 | 2009 | 協同組合 | 125 | 49.1 | 14.0 |
| 3 | 太陽光発電 | 2010 | 協同組合 | 15 | 4.7 | 1.6 |
| 4 | バイオガス | 2011 | 有限合資会社 | 625 | 370.0 | 63.7 |
| 5 | 太陽光発電 | 2011 | 協同組合 | 96 | 19.0 | 7.8 |
| 6 | 地域熱供給 | 2010-12 | 協同組合 | 680 | 300.0 | 60.1 |
| 7 | 太陽光発電 | 2012 | 協同組合 | 226 | 23.0 | 9.8 |
| 合計 | | | | | 1,525.8 | 331.3 |

出所：藤谷・寺林（2014）より

内の再生可能エネルギー事業の一覧を図表6—1に示す。こうした取り組みの背景には、郡内の農業者団体が設立したコンサルタント会社であるアグロクラフト（Agro-kraft）社による支援があった。[13]

### 村のお金は村に！

アグロクラフト社が支援する再生可能エネルギー事業の特徴は、「協同組合の父」と呼ばれるF・W・ライフアイゼン（一八一八—八八）の思想を現代に生かし、地域住民が共同して地域の課題の解決に取り組むことを重視していることにある。それを端的に示すスローガンが"Das Geld des Dorfes dem Dorfe!"（村のお金は村に！）である。具体的には、以下の①—④の段階を踏みながら事業を発展させている。

① 地域の人々をできる限り巻き込む。それによって、
② 地域の資源ポテンシャルをできる限り活用する。その結果、
③ できるだけ多くの価値創造をもたらす。その際、
④ 創造された価値をできるだけ多く地域に還元する。

その結果、①より多くの地域の人々を巻き込める。
以下、各段階において実際に行われている工夫を紹介する。

### （1）地域の人々をできる限り巻き込む

アグロクラフト社の支援する事業においては、村内のどの世帯にも平等に出資の機会を提供することを重視している。彼らはこれを「タマネギの皮の原則」や「教会の塔の原則」と呼ぶ。前者は、皮が層状に重なっているタマネギのように、少額の出資機会を複数回用意することで資金を集めていくイメージを示しており、後者は、教会の塔に上って見渡せる範囲を、事業を実施する地域コミュニティとして想定していることを示している。最初の太陽光発電事業では、有限合資会社の設立にあたって、まず、各世帯二〇〇〇ユーロを上限に全世帯に出資の意思を確認し、出資枠に達しなかったので二巡目、三巡目と増資を募ったという。さらに、その後の太陽光発電事業や地域熱供給事業においては、協同組合を事業形態として選択している。その理由も、以下のとおり地域住民の参加を重視していたことが分かる。

第一に、地域住民から、より簡便な資金募集ができることである。有限合資会社は、本来は不特定多数から資金を募る仕組みであり、金融商品としての扱いを受けるため、協同組合と比べると監査のコストが大きかったという。

第二に、地域住民の誰でもいつでも参加できることである。有限合資会社は、出資枠に達した後は出資を受け付けられないが、協同組合形態を採り、事業開始後の新規加入者からの出資を受け付けるために金融機関からの借入を一部返済することで対応しているという。

第三に、事業を拡大させやすいことである。単一の事業だけでは課税対象となる利益が生じる可能性があ

ガスホルダーの円錐型の屋根が特徴のバイオガス設備
原料貯蔵庫の屋根には太陽光パネルが設置されている

壁には「協同組合の父」ライファイゼンの肖像が描かれている 2014 年 9 月

るが、次の事業に投資し続けることでこれを防ぎ、新たな投資を促すこともできるという。結果として二〇一二年時点で、村の全世帯の三分の二に達する一五四人の組合員が参加することとなった。

（2）地域の資源をできる限り多く活用する

アグロクラフト社は地域のなかで次々に適地を探し、太陽光発電事業を実施してきた。加えて特徴的なのは、バイオガス事業である。まず、事業化に先立ち、周辺地域における取組みの状況を調査し、「二百軒の農家が二百基のバイオガス設備を作った悲劇」と呼べるような実態を確認したという。他地域では個々の農家がそれぞれバイオガス設備を導入したため、燃料を自給できなくなった。このため、燃料を長距離（三〇—一〇〇キロメートル）輸送して調達したり、燃料調達のために過度の転作が起きたりといった悪影響が生じた。しかも、バイオガス熱電併給（コジェネ）により電気とともに供給される熱の有効利用ができないことも問題であった。

これに対し、この村では半径八キロメートル圏の四一軒の農家が共同で一か所設置することになった。郡内でも八か所（うち三か所は個別農家の小規模のもの）しかなく、郡内にあるバイオガス施設の平均規模は六〇〇キロワットほどであり、バイエルン州平均の二八四キロワットと比べ大規模な施設となっている。このように、地域の農家の経営規模に即した事業規模とすることで、従来の輪作体系や地域の生態系を維持することが可能となっているという。

さらに、太陽光発電事業、バイオガス事業に続き、風力発電事業にも取り組んだ。しかも、単に風車を一基建てるといった小規模の事業ではなく、郡内の六つの村にまたがる大規模なウィンドパーク事業を構想した。それを実現するため、六つの村それぞれに風力発電事業を行うエネルギー協同組合を設立し、それらの組合から構成されるウィンドパーク協同組合によって実施されるボトムアップ型の仕組みを構築した。

ところが、郡政府からは一部の風車にしか建設許可が得られず、しかも事業予定地に棲息する希少猛禽類の保護のために厳しい制約が課せられてしまった。この許可を不服として裁判所に訴え、一年後に、制約が緩和された新たな許可が得られた。しかし、今度は融資を頼んでいた銀行から、風況調査をやり直すことを求められ、測定の結果、想定していたよりも風況が悪いことが明らかとなった。こうしたやりとりをしているうちに、固定価格買取制度の買取価格が引き下げられてしまい、大半の事業化を断念せざるをえなくなってしまった。一つの村の事業だけは事業化のめどが立ったが、自分たちの力では資金調達ができず、事業を売却せざるをえなくなった。結果として、大手風力発電メーカーが事業を買取り、二〇一七年に一〇基の風車からなる事業を完成させた。同年九月に筆者がヒヤリングした際には、住民有志が出資して稼働後に風車の一部を買い戻す意向を示していた。

### （3）できる限り多くの価値創造をうむ

よく作りこまれた事業のインパクトの大きさは、この村のバイオガス事業が地域の農家にもたらす経済効果に象徴される。この事業には、四一農家が一口二四〇〇ユーロで二四〇口出資しており、自己資本は六三万七一〇〇ユーロとなる。出資農家は一口当り一ヘクタール分の原料供給義務を担う。この事業から出資農家が得られる利益は四種類ある。

利益の第一は、事業収益から得られる配当である。一口当り七〇〇ユーロ（配当率三〇パーセント）、配当合計一六万八〇〇〇ユーロという高配当をあげている。相対的に規模の大きい効率的な設備に対し、燃料を安定供給することで稼働率を高めて、発電能力を最大限に活かしている。さらに、当時のドイツの固定価格買取制度では、売電収入だけで採算がとれるように買取価格が設定されていたため、熱が有効利用できればその分だけ利益を積みますことができる。

実際、この村では、熱を利用する工場を誘致したうえで、熱の需給調整の協力を受けている。具体的には、熱需要の少ない早朝に工場を暖房し、家庭で熱を使用する朝の時間帯には工場の暖房を切って余熱で操業している。この工場誘致によって一四〇人の雇用が生まれ、工場にとっても年間七五〇〇ユーロの暖房費削減につながっているという。また、隣村（Bad Königshofen）では温浴施設の熱源として利用し、熱の需要が少ない別の村（Unsleben）ではガスを供給するなど、地域の状況に合わせた活用方法を採っている。

さらに、二〇一二年からは電力需要（市場価格）に応じて発電量を調整することも開始している。これは、再生可能エネルギー法の改正により、固定価格買取に加え市場プレミアムの制度が導入されたことに対応したものである。市場プレミアムとは、電力市場価格に一定のプレミアムを加えた価格で買取を行う制度であり、買取価格が市場価格に連動して変化することになる。市場プレミアムに対応するため、ピーク需要に対応して発電量を増やすことができるよう発電機だけを増設したうえで、外部の専門業者と契約して遠隔操作で発電量を調整している。このように、設備導入後も制度変化や市場の動きに対応して、収益を高める努力を積み重ねている。

利益の第二は、バイオガス原料の販売収入である。価格は小麦の市場価格に連動して設定されており、二〇一三年にはデントコーン（飼料用トウモロコシ）一トン当り三五ユーロであった。一ヘクタール（出資一口）当り四五トンの収穫があるので、一口当り一五七五ユーロ、一戸平均四ヘクタールとすると六三〇〇ユーロの収入となる。さらに、家畜糞尿も一立方メートル当り四・五ユーロで販売しており、この収入も加わる。

第三は、バイオガスの消化液を液肥として利用できることである。年間に液肥が九八〇〇立方メートル発

最初に休耕地に設置された太陽光パネル

地元サッカー場の観客席の屋根に設置された太陽光パネル
2014 年 9 月

生し、出資農家に無料で配布されている。これによる購入肥料の削減効果は四〇〇万ユーロ相当あり、出資一口当りに換算すれば一万六六六七ユーロとなる。

第四は、地域熱供給事業を通じた安価な熱利用である。バイオガス熱電併給による熱を利用した地域熱供給事業に参加すれば、その恩恵を受けることもできる。毎年、固定の熱供給価格（例：灯油一リットル七五セントと同水準の一キロワット時当り九セント）を設定し、期末に余剰が発生した場合は組合員に還付しているという。

## （4）創造した価値を地域に還元する

アグロクラフト社が支援するエネルギー協同組合の、組合員に対する利益還元方法としては、出資と劣後ローン（組合員から組合への貸付）を組み合わせた独特の出資スキームが特徴的である。通常は、組合員が協同組合に出す資金は全額が出資金として扱われる。しかし、ここでは一口二〇〇〇ユーロのうち、一〇〇ユーロを出資、残りの一九〇〇ユーロを劣後ローンとしている。出資については、組合の事業全体から得られる剰余金が出資額に応じて分配される。劣後ローンについては、充当する事業を組合員が選択でき、事業別の固定利率に発電実績に応じたボーナス利率を加えた利息が支払われる（例：固定五パーセント＋ボーナス〇―四パーセント）。

劣後ローンを活用する利点としては、第一に、金融機関の審査等では自己資本として扱われ、融資を受けやすくなること（会計上は借入となる）、第二に、課税前に利払いできるので、組合員への利益還元が容易になること、第三に、事業を指定して投資でき、組合員の多様な投資動機に対応できることがあげられる。純粋に利回りを重視する組合員は利率の高い事業を選ぶかも知れないし、地元のサッカークラブを応援したい組合員は、サッカー場の観客席の屋根に太陽光発電を設置する事業を選ぶかも知れない。こうして、組合員のニーズに応じつつ、なるべく多くの利益を還元できる仕組みが整えられている。

このように、アグロクラフト社は、「村のお金は村に！」の理念の下、①地域の人々を巻き込み、②地域の資源ポテンシャルをできる限り活用し、③できるだけ多くの価値創造をもたらし、④創造された価値をできるだけ多く地域に還元し、①さらに多くの人々を巻き込む、というサイクルを動かし、大きな成果を地域にもたらしてきた。風力発電事業における挫折はあったものの、協同組合の思想に基づき、地域の合意形成や共同性を重視しつつ、一方で最大限の経済的利益を生むことができるよう、さまざまな創造的取組みを行ってきたことが分かる。

## 3　日本におけるエネルギー転換の進捗状況

一方、日本では、ドイツに遅れること十年あまり、二〇一二年七月から再生可能エネルギーによって発電された電力に対する固定価格買取制度が本格導入された。では、それ以降、日本におけるエネルギー転換は自然資源経済の観点から見て望ましい方向に進展しているといえるだろうか。

### 再生可能エネルギーの導入状況

まず、二〇一二年以降の再生可能エネルギーの導入状況を確認しよう。資源エネルギー庁が公表している二〇一七年九月末時点の状況によれば、太陽光発電（住宅用・非住宅用合計）の三六七八万キロワットを中

**図表6-2　電源別発電電力量の推移**

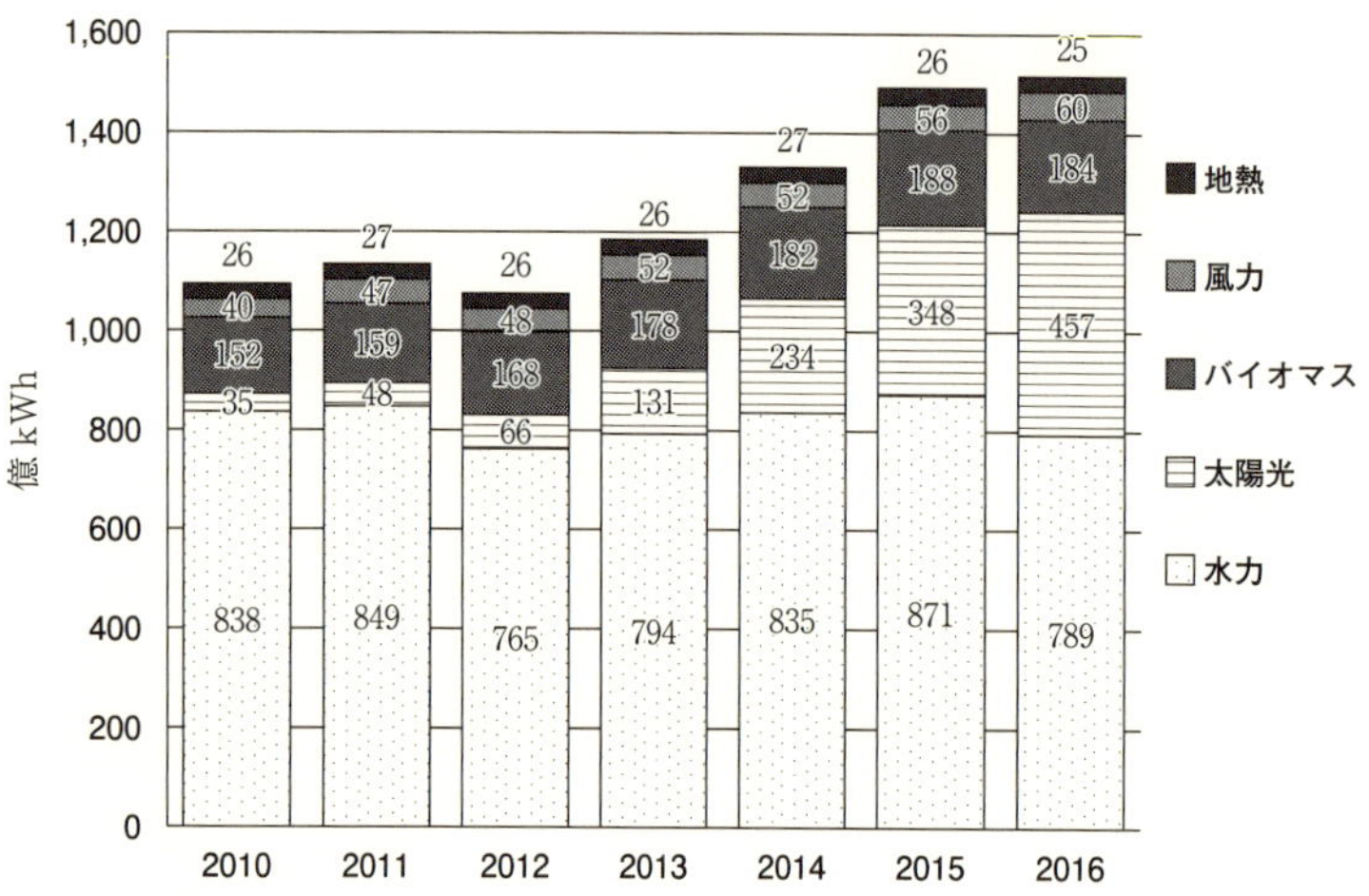


出所：資源エネルギー庁「総合エネルギー統計」より

心に、バイオマス発電一一六万キロワット、風力八三万キロワット等、合計三九〇七万キロワットの設備が新たに導入された。二〇一〇年時点の再生可能エネルギーの導入量はおよそ九〇〇万キロワットであり、固定価格買取制度の導入以降五年あまりの間に四倍以上も増加したことになる。

実際の発電状況においても、資源エネルギー庁の総合エネルギー統計によれば、二〇一六年度の全国の総発電電力量一兆四四四億キロワット時に占める再生可能エネルギー（大規模水力を含む）による発電量一五一四億キロワット時の割合は一四・五パーセントに達し、二〇一〇年度の一〇九一億キロワット時（九・五パーセント）からほぼ四割増加した。水力を除けば、二〇一〇年度の二五三億キロワット時から七二五億キロワット時へと三倍近くも増加している（図表6―2参照）。また、環境エネルギー政策研究所のISEP Energy Chartを用いて一時間当りの統計を確認すると、二〇一七年四月一九日一一時台には史上最大となる全国合計四二九四万キロワット時（総電力需要の四一・三パーセント）の電力が、水力を含む再生可能エネルギーにより発電された。再生可能エネルギーの導入量が多い九州電力管内では、同年五月一四日一一時台には、再生可能エネルギーの発電量が管内需要の八六・九パーセントに達した。

こうした成果を、これまでの政府の再生可能エネルギー導入目標と比較してみよう。二〇三〇年代に原発ゼロを目指した民主党政権下の「革新的エネルギー・環境戦略」（二〇一二年）においては、二〇一五年に水力を除いて設備容量二七〇〇万キロワット、発電電力量五〇〇億キロワット時、二〇二〇年に四八〇〇万キロワット、八〇〇億キロワット時、二〇三〇年に一億八〇〇〇万キロワット、一九〇〇億キロワット時という目標が設定されていた。一方、安倍政権が二〇一四年に策定した長期エネルギー需給見通しにおいては、二〇三〇年に水力も含めた再生可能エネルギーの割合を二二―二四パーセント（二三〇〇―二六〇〇億キロワット時。水力を除いて最大一五三四億キロワット時）とするとされていた。現実には、こうした政府目標を前倒しで達成する勢いで、導入拡大が進んでいるといえる。

このように、量的に見れば、再生可能エネルギーの導入は順調に進んでいるように評価できる。ただし、急速な導入の副作用として、送電線（系統）の容量を理由として、電力会社が再生可能エネルギーの新たな接続を拒否したり、多額の系統増強費用を要求したりする事例なども起きている。こうした制約がなければ、再生可能エネルギーの導入は、一段と進んだと考えることもできる。

## 導入拡大にともなう課題

一方で、再生可能エネルギー導入の中身については慎重な検討が必要である。具体的には、さまざまな再生可能エネルギーのなかでも導入が太陽光発電に偏重していることや、潜在力としては日本における再生可能エネルギーの中心として期待されている風力発電の導入量が伸び悩んでいることが指摘できる。木質バイオマス発電に関しては、本来期待されていたような国内の未利用森林資源の活用を通じて国内林業の活性化に貢献すると考えられる事業は限定的である。むしろ費用削減のため大規模な発電設備を設置し、その需要を満たすため海外からバイオマスを輸入して発電を行う事業が主力となっている。これでは化石燃料の代わりに、より費用のかかるバイオマスを海外に依存することになり、本末転倒と言わざるを得ない。木質バイオマスは、既存の石炭火力発電所でも混焼させることができ、発電設備としても二重投資となってしまう。

さらに、太陽光発電を中心とした大量導入が、地域においてさまざまな軋轢を生む元となっている側面も否めない。筆者らが実施した全国自治体アンケート調査[14]の結果によれば、再生可能エネルギーをめぐる住民トラブルについて、「過去に発生していた」「現在、発生している」「今後の発生が懸念される」と回答した自治体の割合は、二〇一四年の調査では一七・九パーセントだったものが、二〇一七年の調査では三七・九パーセントへと倍増している（図表6—3）。トラブルの内訳を見ると、景観や光害、騒音など主として太陽光発電に起因すると思われる事例の割合が多い。

こうしたトラブルの発生に加え、前述の系統接続の問題や、買取制度導入当初三年間の買取価格上乗せ期間が終了したことなどを背景として、全国的な傾向としては自治体の再生可能エネルギーに対する期待が薄れていくことが懸念される状況にある。実際、全国自治体アンケート調査においても、再生可能エネルギーの利用を推進している自治体の割合は微増であったが、そうした自治体の中で推進理由として「地域資源の有効活用につながるから」を選択した自治体の割合は、二〇一四年の四三パーセントから二〇一七年には三〇パーセントへと減少している。

総じて評価すると、再生可能エネルギーの導入拡大の第一段階としては一定の成果が得られたと考えられ

図表6-3　再生可能エネルギー施設をめぐる住民トラブルの発生状況

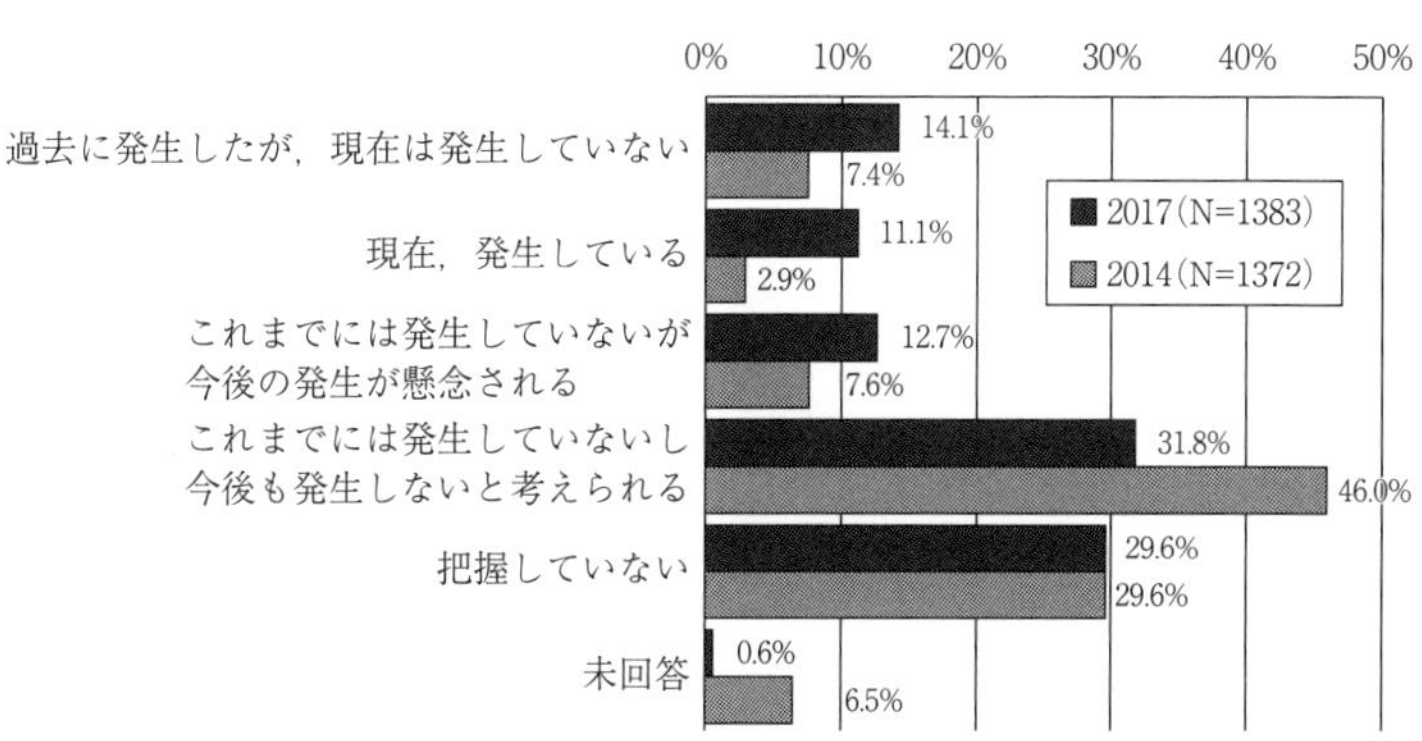


出所：自治体アンケートにおける「あなたの自治体にある再生可能エネルギー施設について，地域住民等からの苦情やトラブルはありますか」への回答から抜粋

るが、地域の現場では、第二段階に向け、さらなる導入拡大を行うための前提条件の整備が求められているといえよう。

## 地域再エネ事業の普及状況

つぎに、自然資源経済の観点からはより重要となる、地域からのエネルギー転換の観点から見て、この五年間の状況を評価してみよう。

前述のとおり、地域からのエネルギー転換を進めるためには地域再エネ事業が増えていく必要がある。地域再エネ事業にはさまざまな要件があるが、地元自治体や住民・地元企業が出資した事業や、事業収益を地元に寄付したり地域振興事業を行ったりする事業、設備や工事、維持管理や燃料を地元から調達する事業などが考えられる。全国自治体アンケート調査の結果から見ると、地域再エネ事業が実施されていると回答した自治体の割合は、おおむね一〇パーセント程度にとどまっている（図表6―4）。

ただし、この結果は、地域内に一件でも条件に該当する事業があり、自治体担当者がそれを認知していれば選択されるものである。したがって、実際にどのくらいの量の事業が実施されているかを把握することはできない。やや古いデータになるが、全国のメガソーラー事業を対象に二〇一三年九月時点で筆者が行った集計によると、立地自治体と事業主体を把握できた五六五件・三七五一メガワットの事業のうち、一九五件（三四・五パーセント）・四六〇メガワット（一二・三パーセント）が、前述のコミュニティ・パワーの基準のうち①の所有の基準に該当していると判定された。[15] この割合から考えると、とくに地元企業が出資した事業については、アンケートに回答した自治体担当者が把握しているよりも多く存在していると思われる。ただし、これも前述のとおり、単に地元企業が出資しているというだけでは、地域主導型ではあっても地域貢献型とは必ずしもいえないことに留意が必要である。

一方、市民や地域主体が共同で再生可能エネルギー事業に取り組む市民・地域共同発電所の実態については、気候ネットワークによる調査が行われている。[16] 市民・地域共同発電所は、設備の建設に必要な資金を寄付や出資などのかたちで共同拠出し、売電収入は出資者や地域に配当・還元される事業である。一九九三年に宮崎県、一九九八年に滋賀県で事業が行われ、以降全国に展開してきた。図表6—5から新規導入件数の推移を見ると、二〇一六年末時点で累計一〇〇七基となり、二〇一二年末の五〇〇基から倍増していることが分かる。ただし、導入件数は二〇一四年をピークに減少し、近年は固定価格買取制度の導入前と変わらない水準に落ちている。最新のデータでは、太陽光発電九八四基・四万二二〇六・一キロワット、風力発電三〇基・四万六二四〇・〇キロワット、小水力発電四基・一〇三四・五キロワット、小型風車一〇基・七・四キロワットの合計一〇二八基・八万九四八八・〇キロワットとなっている。市民・地域共同発電所は、その性質上小規模な事業が中心となるが、メガソーラーの導入事例も存在する。ただし、運営団体にアンケートで発電所の設置目的を尋ねた結果によると、地域経済活性化を目的とする団体の割合は、温暖化防止や自然

**図表6-4　各種の地域再エネ事業が実施されている自治体の割合**

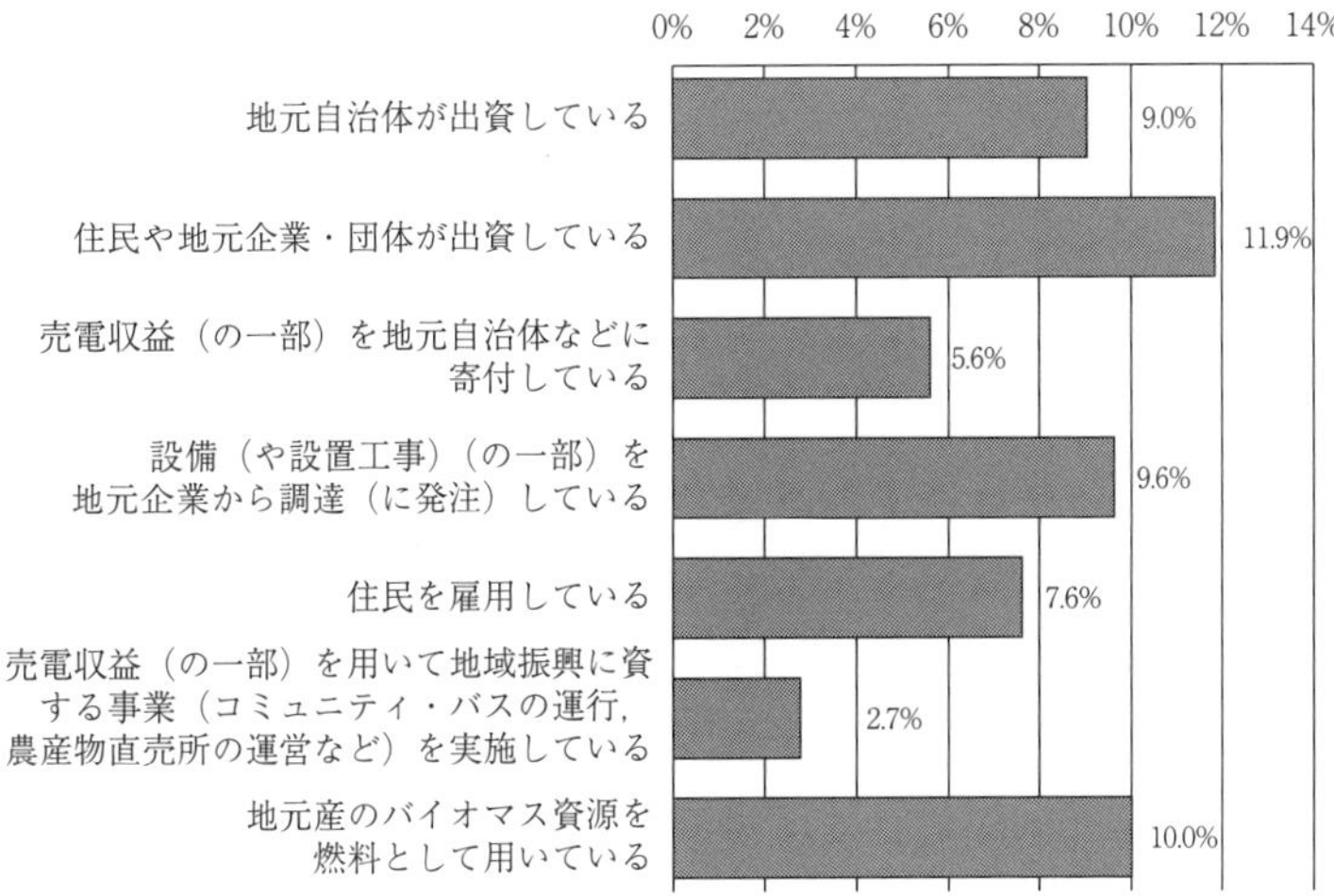


出所：自治体アンケートにおける「あなたの自治体区域内にある再生可能エネルギー施設のなかで，地域への貢献をしている事業はありますか」への回答から抜粋

**図表6-5　市民・地域共同発電所の新規導入件数の推移**

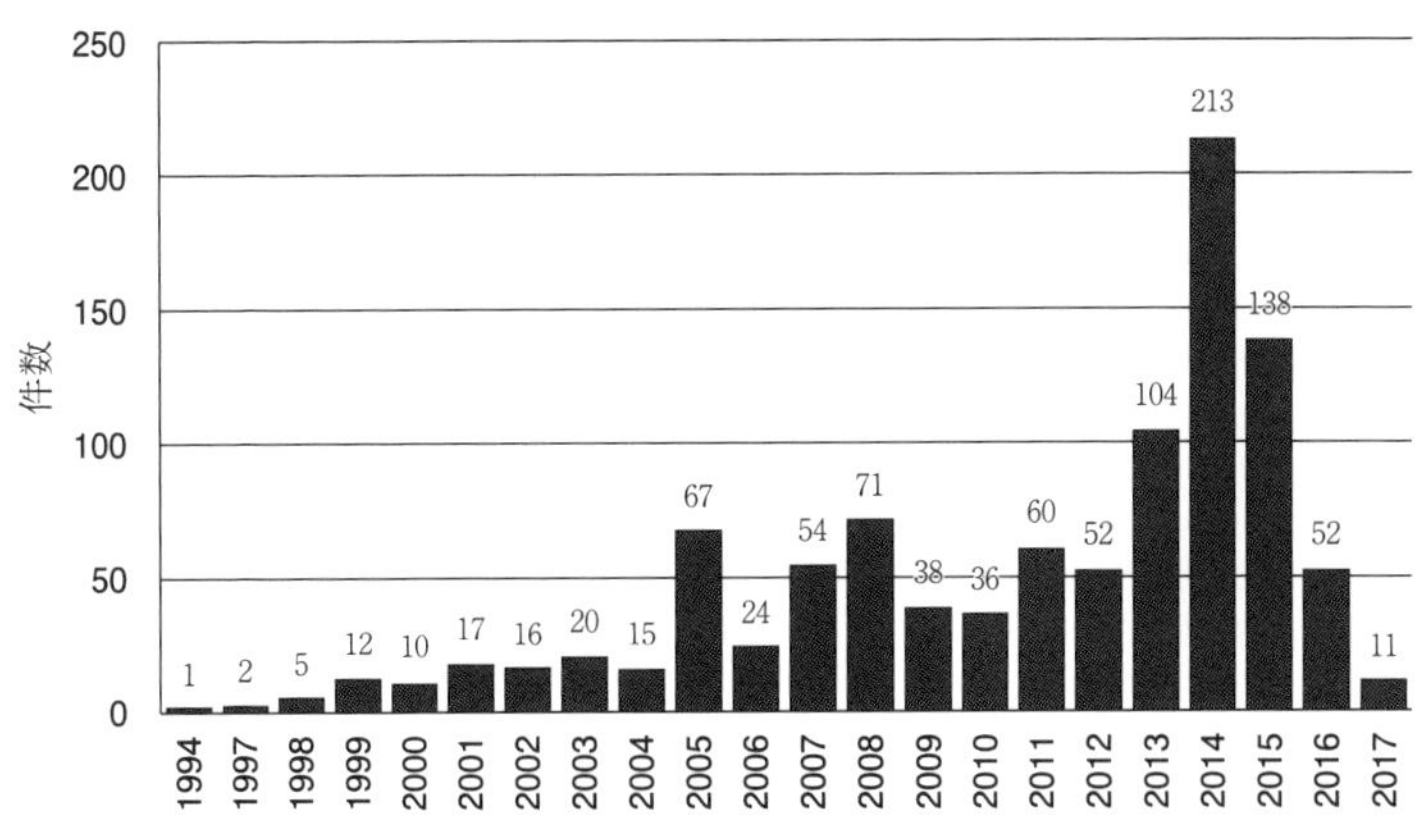


出所：豊田（2017）より．2017年は3月までの確認数

エネルギーの普及などの目的と比べ、相対的に低かったという。

このように、全容の把握は難しいものの、少なくとも一定割合の地域主導型の事業が存在することは確認できる。一方で、地域貢献型の事業の割合は、自治体アンケート結果等から推測すると、一段少ないのではないかと考えられる。したがって、固定価格買取制度の本格導入から五年を経て、日本における地域からのエネルギー転換に向けた取組みは、未だ助走段階にとどまっているといえる。本格的離陸に向け、長期的な視点でさらなる支援策が求められる状況である。

## 4　地域再エネ事業に対する支援政策

### 地域再エネ事業の特徴と支援の必要性

二節で紹介したアグロクラフト社のような先駆的な取組みは、固定価格買取制度の買取価格が高く安定的に設定されていた状況を背景として展開されてきた。事業リスクが抑えられていたために、経験やノウハウが乏しい状態から始めても、試行錯誤を通じて事業化を進めることが可能であったことを示す事例といえる。しかし、この間の世界的な再生可能エネルギーの導入拡大とともに急速に再生可能エネルギー設備の設置コストが低下し、固定価格買取制度を通じた事業支援の水準も引き下げが進んでいる。ドイツでは固定価格買取制度から市場プレミアム制度、そして入札制度へと移行し、日本でも固定価格買取制度の開始当初三年間の買取価格の上乗せが終了し、二〇一七年からは改正再エネ特措法に基づいて大規模太陽光発電については入札制度が導入された。これらは、再生可能エネルギー事業が産業的・技術的に成熟して市場競争力を持つ電源となりつつあることを反映した変化であり、その意味では積極的に評価できることである。

一方で、地域再エネ事業を進めるためには通常の事業よりも時間がかかることが一般的である。事業化に必要な知見の修得や地域内部の合意形成は、それぞれが手間暇のかかるプロセスであり、行政や金融機関との交渉に加え、事業計画自体の熟度を上げるためにも時間を要する。事業化に向けた準備が終わらないうちに、政策的支援の水準が大幅に引き下げられるといった市場環境の変化が起きれば、それまでの努力が水泡に帰することにもなりかねない。前述したアグロクラフト社による風力発電事業の挫折も、この懸念が現実のものとなってしまった事例ともいえる。

また、時間の問題だけでなく、資金調達力の面でも地域再エネ事業には不利がある。大企業であれば、メガソーラー規模の事業でも全額自己資金で賄うことも不可能ではない。しかし、地域再エネ事業の場合、市民からの小口出資では調達できる額に限界があるし、金融機関からの融資を受けることもままならないことが多かった。

このような地域再エネ事業の直面する課題をふまえ、一方で事業の実現によって地域にもたらされる価値を考慮すれば、何らかのかたちで、立地地域への配慮を固定価格買取制度のなかに組み込む必要性があると考えられる。ドイツのように、もともと基礎自治体に地域の土地利用に関する強い規制権限が与えられている場合には、再エネ支援政策単体では特段の地域配慮が規定されていなくても、結果的に地域に配慮した事業が立地しやすい傾向となる。しかし、日本では再エネ特措法の目的（再エネ特措法第一条）に「地域の活性化」に寄与することが明記されているにもかかわらず、農山漁村再生可能エネルギー法に基づく場合など一部の例外を除いて、基礎自治体が再生可能エネルギー事業の立地に関わることができる法的な根拠が存在していなかった。結果として、前節で確認したとおり、地域再エネ事業が普及する前に、再生可能エネルギー事業をめぐるトラブルが各地で発生する事態となった。

## 固定価格買取制度による地域再エネ事業支援の選択肢

固定価格買取制度に地域再エネ事業への支援策を組み込むには、さまざまな方法が考えられる。たとえば、デンマークのように、固定価格買取制度の認定要件に立地地域から一定割合以上の出資を受けることを追加したり、ドイツの陸上風力発電に対する入札制度のように、地域住民が主導する事業を優遇するといった対応が、実際に採用されている。

ドイツの事例は、市民エネルギー会社と呼ばれる、以下の条件を満たす事業者が対象とされる。[17] すなわち、

① 一〇人以上の議決権を持つ会員から構成されること

② 計画された風車が建てられる地域に、入札の一年以上前から住民登録している人が、議決権の過半数を持つこと

③ 一〇パーセント以上の議決権を持つ会員がいないこと、である。

入札における優遇措置としては、他の事業者と異なり、①法的な建設許可を得る前に応札できること、②応札時に支払う保証金が半額で済むこと、③落札できた場合には、自身の応札価格にかかわらず、当該入札の最高落札価格が適用されること、④落札の有効期間(事業開始までの猶予期間)が延長されること、が規定されている。

この制度は、二〇一七年の法改正によって導入された。ドイツにおいて、従来から地域再エネ事業に取り組んできた関係者からは、入札制度自体への批判がなされ、市民エネルギー会社の優遇措置についても、その効果に懐疑的な見解が見られた。しかし、二〇一七年に実施された三回の入札は、件数で九三パーセント、

容量で九七パーセントを市民エネルギー会社が落札するという予想外の結果となった。ただし、落札した事業者のうち三分の一あまりを、特定の会社（ＵＫＡ：Umweltgerechte Kraftanlage（環境に優しい発電所）有限合資会社）が設立に関与した事業者が占めていることが明らかとなり、物議を醸している。

## アンケート結果から見る自治体の意向

地域再エネ事業への支援策としては、前述のデンマーク型（地域出資の認定要件化）、ドイツ型（入札における地域主導型事業の優遇）の他にも、地域出資事業に対する買取価格の上乗せのような積極的支援策や、自治体同意の認定要件化のような消極的支援策が考えられる。後者は、住民からの反対が懸念されるような事業に対しては、地元自治体が同意を与えず、認定を受けられないようにすることで、こうした事業を立地できないようにする効果が期待される。一方、地域貢献を志向する事業に対しては、自治体が同意を与えるようにすれば、地域貢献型の事業の立地を誘導することが期待できる。さらに、地域主導型の事業は、資金調達力の関係もあり一般に小規模なものになる傾向があることを考えれば、買取価格の設定を発電設備の規模に応じて細かく決めて、小規模事業を優遇することも、間接的な地域再エネ事業への支援策といえる。

さきに紹介した自治体アンケートでは、二〇一四年、一七年ともに、再生可能エネルギー利用促進のために国レベルで求められる政策を尋ねた設問のなかで、上記の地域再エネ事業支援策への支持を確認している。結果は図表6―6に示したとおりで、立地規制の効果も期待される自治体同意の認定要件化が、二回の調査とも二割弱の自治体が必要と考えていることが明らかとなった。それ以外の支援策については、二〇一四年調査では一割前後、二〇一七年調査では一割弱の支持にとどまっている。ただし、再生可能エネルギー利用を積極的に推進している自治体や地域活性化を目的として再生可能エネルギーを推進している自治体に限る

**図表6-6　再生可能エネルギー利用促進のために必要な国の政策**

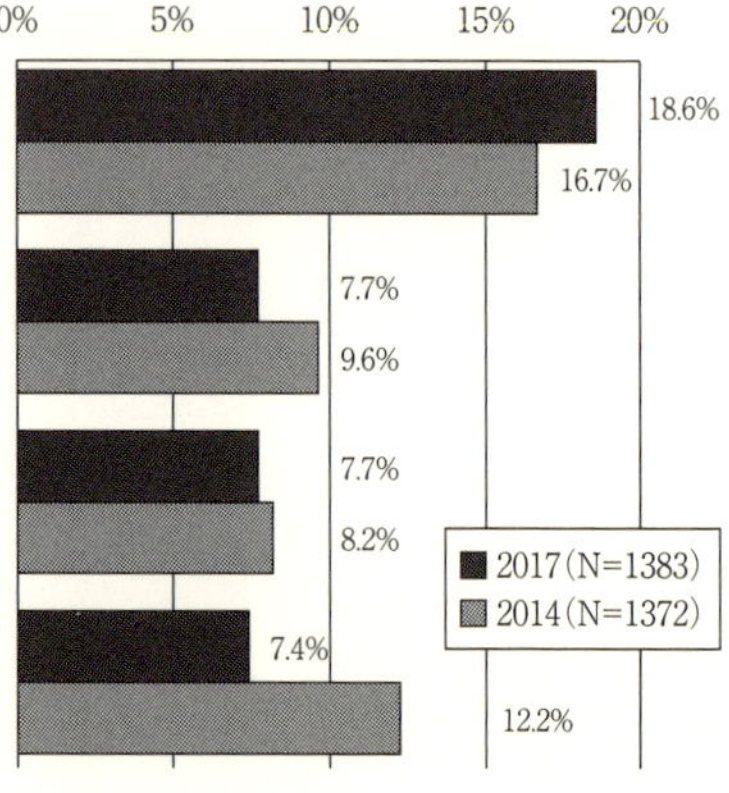

0%
5%
10%
15%
20%
固定価格買取制度の認定要件に，立地自治体からの同意を受けることを追加し，地域で問題となるおそれがある事業が立地することに歯止めを掛ける
18.6%
16.7%
固定価格買取制度の認定要件に，立地地域から一定割合以上の出資を受けることを追加し，地域に利益が還元されるようにする
7.7%
9.6%
立地地域から一定割合以上の出資を受ける事業に対して，固定価格買取制度の買取価格を上乗せすることで，地域が主体となった事業を進めやすくする
7.7%
8.2%
固定価格買取制度の買取価格を，発電設備の規模に応じて現状よりも細かく決めることで，小規模な事業を進めやすくする
7.4%
12.2%
2017(N=1383)
2014(N=1372)

出所：自治体アンケートにおける，「今後，地域における再生可能エネルギーの利用を進めるうえで，国レベルでどのような政策対応が必要であると考えますか」への回答から抜粋

と、地域出資事業への買取価格上乗せや地域出資の認定要件化に対する支持率は二―三ポイントほど上昇する。

　現状では、政府は貿易ルールに抵触することを理由として、上述のような支援策の導入には否定的である印象を受ける。むしろ、固定価格買取制度の賦課金額の上昇をふまえ、国民負担の軽減を固定価格買取制度改革の主眼に置いているため、より安価に設備を設置できる外資の参入を肯定的に捉えてすらいるように見受けられる。しかし、「地域の活性化」という再エネ特措法の目的に照らせば、この目的を達成するための具体的な規定を速やかに導入する必要がある。

### 他の誘導策との組み合わせ

　固定価格買取制度自体に地域再エネ事業支援策を組み込むことが難しいとすれば、固定価格買取制度に加え、その外側から地域再エネ事業を支援する方策を組み合わせていく必要がある。こうした追加的支援策は、仮に将来、固定価格買取制度が直接的に地域再エネ事業を支援できるように改定されたとしても、買取価格の長期的な低下傾向のなかで、地域再エネ事業を支援するために役立つと考えられる。

PHP総研の政策提言（本書二二九頁）に依拠すれば、支援の基本的な方向性は、行政や市民、地域コミュニティ、公的ファンドなどが、地域再エネ事業の信用力を強化することにあるといえる。一般に、再生可能エネルギー事業の信用力を構成しているのは、自己資本比率や事業資金の量を中心とする金融面の信用性と、その事業者がどれだけ適切な経営を実施し事業コストについて管理できているかという経営面の信用性である。自治体による支援のあり方としては、自治体が発電事業者の債務に保証を付けるといった金融面からの信用力強化支援に加え、発電事業者の経営能力や事業計画に一定のお墨付きを与えるといった情報面からの支援などが考えられる。

自治体が地域再エネ事業への支援を実施するためには、その根拠となる政策条例の制定が求められる。実際、前述の自治体アンケートにおいても、再生可能エネルギー条例を制定した自治体が増加傾向にあることが確認できる。具体的には、二〇一四年調査では、再生可能エネルギー導入促進のための条例を制定していると回答した自治体は四二団体（三・一パーセント）だったが、二〇一七年調査では五三団体（三・八パーセント）へと増加している。ただし、二〇一七年調査では、再生可能エネルギー立地規制のための条例を制定していると回答した自治体も二八団体（二・〇パーセント）あった。

これらの条例のうち、具体的な支援策を規定したものとしていち早く制定されたのが、長野県飯田市の条例である。[18] 飯田市では、二〇一三年三月に「飯田市再生可能エネルギーの導入による持続可能な地域づくりに関する条例」を制定した。同条例では、「飯田市民は、自然環境及び地域住民の暮らしと調和する方法により、再生可能エネルギー資源を再生可能エネルギーとして利用し、当該利用による調和的な生活環境の下に生存する権利を有する。」（第三条）と「地域環境権」を規定し、住民団体が地元の自然資源を使って発電事業を行い、売電収益を地域が抱える課題に使うことで地域づくりを進めることを目指している。行政による主な支援としては、

① 事業の計画段階から、専門家による市の審査会が無料で助言や提案を行うこと
② 事業の公共性・経営安定性を市が認証することで、事業に信用力を付与すること
③ 事業の調査費用を市の基金（飯田市再生可能エネルギー推進基金）から無利子で貸付すること、が用意されている。

二〇一七年度末までに、太陽光発電事業九件、小水力発電事業一件がこの条例により地域公共再生可能エネルギー活用事業として認定され、事業収益を還元した地域づくり活動が進められている。

ただし、この飯田市の条例は例外的であり、これまでに制定された再生可能エネルギー条例の多くは抽象的な支援「宣言」条例に留まっている。また、前述のとおり、とくに太陽光発電事業をめぐるトラブルへの対応として、立地規制（適正な推進）を目的とした条例の制定が増えている。しかし、規制的な側面だけが強化されてしまうと、地域の再生可能エネルギー資源の活用自体が難しくなりかねない。そこで今後は、適切な規制と支援の両輪を規定した本格的な政策条例をもとに、具体的な支援体系を構築する必要がある。その際には、農山漁村再生可能エネルギー法を参照して長野県が提唱している「モデル条例案」が参考となる。[19]この条例案では、事業者による事業の届出、首長による届出の公表、事業者による公開の住民説明会の開催、協議会の設立、地域主導型事業の認定などが規定されている。

## 総合的な地域資源経営の実現を

エネルギーの生産から流通・消費にいたる全工程を、自然資源経済に貢献できる構造に転換すること。本章ではこれまで、この「地域からのエネルギー転換」の過程を地域再エネ事業を通じて実現する方策を検討してきた。再生可能エネルギーによる発電事業は、現状では固定価格買取制度という強力な支援が存在するため、地域の自然資源経済の再活性化策のなかでは比較的取り組みやすい分野といえる。地域再エネ事業に取り組むことで、地域における将来的な事業展開の核となりうる、低リスクの収益事業を確保することができる。この取組みを通じて、資金調達や組織運営、資源管理に関するノウハウを地域のなかに蓄積できれば、さらなる事業展開の可能性が開かれるだろう。

太陽光発電事業は、再生可能エネルギーのなかでも準備期間の短さ、必要資金の少なさ、利害関係者の少なさなどの面で、最初に取り組むべき事業にふさわしい入門的な性質を持つ。そこから始めて、水利権の調整や技術選定の難しさ、維持管理の手間がかかる小水力発電や、燃料の安定調達が鍵となるバイオマス利用、環境アセスへの対応が求められ、必要資金も多くなる風力発電へと徐々に難易度を上げていくこともできる。あるいは、発電事業から電力小売事業、熱・ガス供給、地域交通、福祉などへと展開するという可能性もある。こうした取組みの幅を広げ、地域の資源を地域の主体が総合的に管理することができるようになれば、地域の自然資源経済を多方面から活性化することが可能になる。

## 5　価値の制度化

ここまでの議論を再生可能エネルギー以外の対象にも広げれば、自然資源経済の再活性化に向けた政策論として一般化することができる。つまり、再生可能エネルギーに限らず、農山村の多様な価値を再活用することを梃子(てこ)にして、家計レベルでは農山村の多業的就業形態を再構築し、地域レベルでは中間システムを循環型に再構築するという戦略である。それぞれの地域でこうした取組みが実を結べば、自立した農山村の水平的な連携に基づいた、変化に強く持続性の高い社会を構築することが期待できる。その効果は、国民経済的にも、人口の維持や食料やエネルギーの自給率の向上、内需や地域への投資の拡大として現れる。人々の暮らしも、自然豊かで魅力ある地域のなかで、さまざまな社会的つながりやかかわりに基づいて営まれることになる。

こうした理想を実現するための第一歩は、それぞれの地域において、むき出しのグローバリズムが跋扈する世界のなかで、守り、育てるべき地域の価値を主体的に選び取ることであろう。地域資源への地域の関与を強め、地域の主権を保障することがその大前提となる。もちろん、守るべき価値を一つに絞る必要はないし、またそうするべきでもない。多様な価値をそれぞれ活かし、「合わせ技」で地域を豊かにすることが望まれる。

### 「価値の制度化」の費用負担論

守るべき価値が定まれば、つぎに課題となるのはそれらの価値をどうやって守るかということである。とくに、守るべき価値の多くは、地域の景観や伝統、良好な環境など、市場では評価できず、その価値を守ることに対して対価を支払ってもらうことができないような性質を持つと考えられる。このことは、営利企業による民間ビジネスの事業としては成り立ちにくいことを意味する。そこで鍵になるのが、守るべき価値を実際に守るために必要な仕組み、とくに、必要な費用を賄う資金を調達するための仕組みを、市場の外側から用意することである。筆者はこれを「価値の制度化」と名づけている。

再生可能エネルギーの固定価格買取制度は、まさにこの価値の制度化の具体例である。固定価格買取制度は、再生可能エネルギーを用いて供給される電気という新たな価値が広く国民に認められたことを背景として、新たな法律が制定されて実現したものである。再生可能エネルギーは、従前は費用が高すぎて市場を通じて導入を拡大させることが困難であった。そこで、導入に必要とされる費用を電力消費者が広く薄く負担することで、調達する仕組みが作られた。

なお、環境経済学の分野においては、価値の制度化の類似概念として、「生態系サービス支払」(Payments for Ecosystem Services) や「環境支払」(Payments for Environmental Services) がよく知られている。これらは、生態系や環境から得られる社会的便益のなかで、市場を通じて対価が支払われていないものについて、支払を行うための制度を議論する際に用いられている。ただし、多くの場合、いわゆる環境評価と結びつけられて、対象とされる社会的便益を擬制的に貨幣換算して評価し、支払の効率性や費用便益を論じる方向に展開されている。

これにたいして、価値の制度化を考える際には、守ろうとする価値の経済的評価は必要ではない。その価値を守るために必要な費用を調達できるような制度を実現することが中心的課題であり、調達に際してその価値によってもたらされる社会的便益の貨幣換算値を示すことが何らかの積極的役割を果たすのであれば、その限りで経済的評価を活用すればよい。たとえば、ある棚田を保全することにその地域の人々が価値を見出している場合、その棚田によって得られる便益の貨幣換算値(棚田景観による便益が年間一億円、水源涵養機能による便益が年間三億円、など)を示すことよりも、その棚田を保全するために必要な費用の額を確定し、それを調達する方法を編み出すことの方が有意義であろう。

図表6-7　資金調達方法の諸類型

| 対象 | 協同 | 市場 | 政府 |
|---|---|---|---|
| 棚田 | 棚田オーナー制 | 「棚田米」の付加価値 | 中山間地域直接支払 |
| 森林 | 森林ボランティア | 炭素クレジット | 森林環境税 |
| 再生可能エネルギー | 市民風車 | グリーン電力証書 | 固定価格買取制度 |

価値の制度化における費用負担の方法は、固定価格買取制度のような公的な制度以外にもさまざまな可能性が考えられる。再生可能エネルギーの導入拡大を目的とした場合には、「グリーン電力証書」のように市場を活用した制度も存在している。この制度は、再生可能エネルギーから得られる電気について、電気そのものの価値に加え、環境付加価値を持っていると考え、この環境付加価値を電気とは切り離して「グリーン電力証書」として販売することで、再生可能エネルギーに対する追加的支払を実現している。あるいは、有志市民からの寄付を募って再生可能エネルギーの発電設備を設置するような、市民の共同的な活動を通じた資金調達も行われている。このように、政府（公）・市場（私）・協同（共）の各領域で、それぞれの特性に応じた制度化の可能性がある（図表6―7）。

一般化すると、政府の領域では、税財政やそれに準ずる制度を通じた資金調達が行われる。新たな法律の制定など、導入のためのハードルは高いものの、実現すれば大規模な調達が可能となる。市場の領域では、通常の市場取引に、守られる価値（から得られる便益の貨幣換算額）を上乗せして売買が行われる。支払い意思のある買い手が見つかれば、広く資金調達できる可能性もある。協同の領域では、価値を共有する集団の内部で調達が行われる。相対的に実施は容易であるが、規模は限定的となる。

## 「価値の制度化」の主体論

価値の制度化においては、資金調達に加えて実際に価値を守るための事業を担う主体も問題となる。事業の担い手としては、経済的価値だけでなく社会的価値の実現をも目的とした、公共性の高い組織が必要である。従来は、環境保全や弱者への配慮、地域経済の維持といった公共的・非経済的価値の供給は、政府の役割と見なされてきた。しかし現実には、財政難に起因する行政による供給の削減（公領域の縮小）と、不採算分野・地域からの企業の撤退（私領域の縮小）が並行し、公共的価値の実現が危ぶまれる状況が随所で見られるようになりつつある。そこで、両者を補完する非営利組織や協同組合など（共領域）への期待が高まりつつある。

共領域の事業組織のあり方を考えるうえでは、宇沢弘文（一九二八―二〇一四）の「社会的共通資本」の理論が重要な参照点となる。[20] 社会的共通資本とは、大気や河川、森林などの環境・資源だけでなく、道路などのインフラや医療・教育などの福祉制度をも含め、人間の生活基盤となり、基本的人権と関わるような自然環境・社会的装置・社会制度をさす。これらは自由な市場取引（私領域）に委ねるべきではなく、一方でその管理を官僚制度（公領域）に委ねるべきでもないと論じている。宇沢は、社会的共通資本は、社会から信託された独立の専門家集団によってフィデュシアリー（fiduciary：受託・信託）の原則に基づいて管理されるる必要があるという。

この宇沢のフィデュシアリー概念は、非現実的なエリート主義であるといった批判を受けてきた。しかし、一定の市場競争にも耐えうる強靭さを持ちつつも、社会に求められる公益的価値を供給しうる、次世代型の共領域のガバナンスを実現するためには、フィデュシアリー概念の実装が鍵になると考えられる。実際、電力自由化の環境下で生き残りを果たしているドイツのエネルギー公社（シュタットベルケ）の中には、フィデュシアリーに基づく管理を実現していると評価できるものも現れている。[21] あるいは、第二節で紹介したアグロクラフト社の取組みに象徴されるように、エネルギー協同組合という組織形態も、必ずしも協同組合の法人形態をとらない国も少なくないものの、協同組合原則に基づく一人一票制による民主的な事業運営を実施しつつ、欧州を中心として地域からのエネルギー転換の主要な担い手として存在感を示している。[22]

以上、本章では、エネルギー分野を題材として、自然資源経済の再活性化のために求められる政策論を検討した。その結果、農山村に存在する多様な価値の再活用を梃子（てこ）として、多業的就業形態を再構築し、地域の中間システムを循環型に再構築するという戦略を提示した。これを実現するための政策を貫く鍵概念として、「価値の制度化」を提案し、費用負担と主体の両側面から、あるべき政策の方向性を示した。

1　宮本憲一『環境経済学　新版』（岩波書店、二〇〇七年）
2　保母武彦『日本の農山村をどう再生するか』（岩波書店、二〇一三年）
3　藤山浩『田園回帰一％戦略――地元に人と仕事を取り戻す』（農文協、二〇一五年）
4　清水修二『原発になお地域の未来を託せるか』（自治体研究社、二〇一一年）
5　塩見直紀『半農半Xという生き方［決定版］』（筑摩書房、二〇一四年）
6　藤山（二〇一五）
7　佐無田光「現代日本における農村の危機と再生――求められる地域連携アプローチ」岡本雅美監修、寺西俊一・井上真・山下英俊編『自立と連携の農村再生論』（東京大学出版会、二〇一四年）、第一章。
8　藤山（二〇一五）
9　丸山康司『再生可能エネルギーの社会化――社会的受容性から問い直す』（有斐閣、二〇一四年）

10　寺西俊一・石田信隆・山下英俊編著『ドイツに学ぶ　地域からのエネルギー転換――再生可能エネルギーと地域の自立』（家の光協会、二〇一三年）

11　諸富徹『「エネルギー自治」で地域再生！――飯田モデルに学ぶ』（岩波書店、二〇一五年）

12　政策シンクタンクPHP総研　地域貢献型再エネ研究会「再エネでローカル経済を活性化させる――地域貢献型再エネ事業のすすめ」https://thinktank.php.co.jp/policy/4030/

13　以下、本節の内容は、寺西・石田・山下（二〇一三）に加え、藤谷岳・寺林暁良「再生可能エネルギー事業における地域住民参加と資金調達――ドイツ・グロースバールドルフ村の取り組みから」『環境と公害』四三巻四号（二〇一四年）、三六―四二頁および、村田武『ドイツ農業と「エネルギー転換」――バイオガス発電と家族農業経営』（筑波書房、二〇一三年）、さらに二〇一二年一一月、二〇一三年九月、二〇一四年九月、二〇一五年九月、二〇一七年九月に実施したアグロクラフト社へのヒヤリングに基づいている。

14　二〇一四年の調査結果については、藤井康平・山下英俊「地域における再生可能エネルギー利用の実態と課題――全国市区町村アンケートの結果から」『一橋経済学』八巻一号（二〇一五年）、二七―六一頁を、二〇一七年の調査結果については、山下英俊・藤井康平・山下紀明「地域における再生可能エネルギー利用の実態と課題――第二回全国市区町村アンケートおよび都道府県アンケートの結果から」『一橋経済学』一一巻二号（二〇一八年）、四九―九五頁を参照。

15　山下英俊「再生可能エネルギーによる地域の自立をめざして――日本でこそ「地域からのエネルギー転換」を」『環境と公害』四三巻四号（二〇一五年）、二―七頁。

16　豊田陽介「市民・地域共同発電所全国調査報告書　二〇一六」（二〇一七年）https://www.kikonet.org/info/publication/citizens-co-owned-renewables-report-2016

17　山下英俊・渡辺重夫「再生可能エネルギーの市場化と地域貢献をめぐる課題――ドイツの市民風力発電事業を事例として」『環境と公害』四八巻一号（二〇一八年）、二八―三二頁。

18　飯田市の再生可能エネルギー条例については、同市の「再エネによる持続可能な地域づくり（地域環境県条例関連）」のウェブサイトを参照。https://www.city.iida.lg.jp/site/ecomodel/list3-6.html

19　長野県のモデル条例案については、同県の「太陽光発電を適正に推進するための市町村対応マニュアル――地域と調和した再生可能エネルギー事業の促進」のウェブサイトから入手可能である。https://www.pref.nagano.lg.jp/ontai/20160627solar-manual.html

20　宇沢弘文『宇沢弘文の経済学――社会的共通資本の論理』（日本経済新聞出版社、二〇一五年）

21　ラウパッハ・スミヤ　ヨーク「ドイツシュタットベルケの変化するヨーロッパエネルギー市場への対応戦略」京都大学経済学会編『経済論叢』一九〇巻四号（二〇一七年）、一三―三八頁。

22　寺林暁良「欧州におけるエネルギー協同組合の実態と意義」『環境と公害』四八巻一号（二〇一八年）、三三―三八頁。

# 第七章　貿易と経済連携への新視角――東アジア地域との共生へ

本書の第一章から第六章では、自然資源経済と農業・農山村をめぐる政策課題について、国民国家の枠組みを前提にした議論を展開してきたが、自然資源経済の再構築は、国民国家の枠内だけにとどまるものではない。本章では、国際的な貿易や経済連携のあり方も視野に入れた「グローバルな自然資源経済」の再構築に向けた課題について論じることにしたい。

二一世紀の今日、グローバルな自然資源経済の再構築に向けた課題を考えるうえでは、まず地球環境が直面している状況を把握することが必要である。以下の第一節では、地球規模での自然環境とその危機をとらえるためのいくつかの考え方や指標を紹介する。続く第二節では、貿易理論の考え方について、自然環境とのかかわりから再検討を行う。そして第三節では、これからの日本がめざすべき国際的な経済連携のあり方や方向性について考えてみたい。

## 1　グローバルな自然資源経済をとらえる

### 自然の恵みとしての生態系サービス

まず、自然環境と人間活動との関係から、議論をスタートしよう。私たちは、日々の生活のなかでは、あまり自覚していないかもしれないが、人間社会は自然環境から計り知れない各種の恩恵を受けている。たとえば、食料、淡水、木材、薬の原料等の供給サービスの享受、気候調節システムや生態系の働きをとおした自然災害からの防御や土壌浸食の抑制、さらには自然景観やレクリエーション等の文化的サービスの享受などがあげられる。世界的に著名な生態学者であるG・デイリーは、こうした自然からの恵みのことを「生態系サービス」と呼び、各種の生態系サービスが自然環境から供給されることで、海産物、飼料、木材、バイオマス燃料、天然繊維、そして多くの薬剤や工業製品など、自然の恵みを用いた「生態系財」の生産が維持されていることを強調している。[1]

人間生活や私たちの経済活動の基盤には、こうした自然環境からの恵みがある。この点を包括的に示したのが、国連の「ミレニアム生態系評価」である。これは生態系に関する大規模な総合的評価を試みたものであり、世界の九五か国から一三六〇人の専門家が参加し、二〇〇一年から〇五年まで実施されたプロジェクトの成果である。そこでは、生態系の変化が、人間の豊かさ（human well-being）にいかなる影響を及ぼすかが明らかにされている。この狙いは、生態系に関連する国際条約、各国政府、ＮＧＯ、一般市民などに対し、政策・意思決定に役立つ総合的な情報を提供するとともに、生態系サービスの価値の考慮、自然保護区設定の強化、横断的取組みや普及・広報の充実、損なわれた生態系の回復などを提言することであった。

この「ミレニアム生態系評価」では、生態系サービスが以下の四つに大別されている。

第一は、「供給サービス」（provisioning services）である。これは食料、燃料、木材、繊維、薬品、水など、人間の生活に必要な資源を供給するサービスである。

第二は、「調整サービス」（regulating services）である。これは、森林があることによって気候が緩和されたり、洪水が起こりにくくなったり、水が浄化されたりといった、環境を制御するサービスを指す。これらのサービスを、人工的に代替しようとすると、膨大なコストがかかる。

さらに第三は、「文化的サービス」（cultural services）である。これは、精神的充足、美的な楽しみ、宗教・社会制度の基盤、レクリエーションの機会などを与えるサービスである。多くの地域固有の文化・宗教はその地域に固有の生態系や生物相によって支えられており、生物多様性はこうした文化の基盤なのである。ある生物が失われることは、その地域の文化そのものを失ってしまうことにもつながる。

そして第四が、「基盤サービス」（supporting services）である。これは、第三までのサービスの供給を支えるサービスである。たとえば、光合成による酸素の生成、土壌形成、栄養循環、水循環などが該当する。

「ミレニアム生態系評価」の報告書によれば、上記の「供給」「調節」「文化」「基盤」それぞれの生態系サービス全二四項目のうち、四項目（穀物、家畜、水産養殖、気候調整）は向上しているものの、一五項目（漁獲、木質燃料、遺伝資源、淡水、災害制御など）が低下している。つまり、人間の生活が生態系サービスに支えられている一方で、人間はこうしたサービス供給の基盤そのものを掘り崩してきているのである。[2]

### 地球の限界？

もうひとつ、地球規模でのエコロジー危機の現状を示す指標として、二〇〇九年に発表されたのが、「地球の限界」（Planetary Boundaries）という考え方である。この考え方は、人類が将来世代にわたって社会的・

図表7-1　「地球の限界」の考え方で表された現在の地球の状況

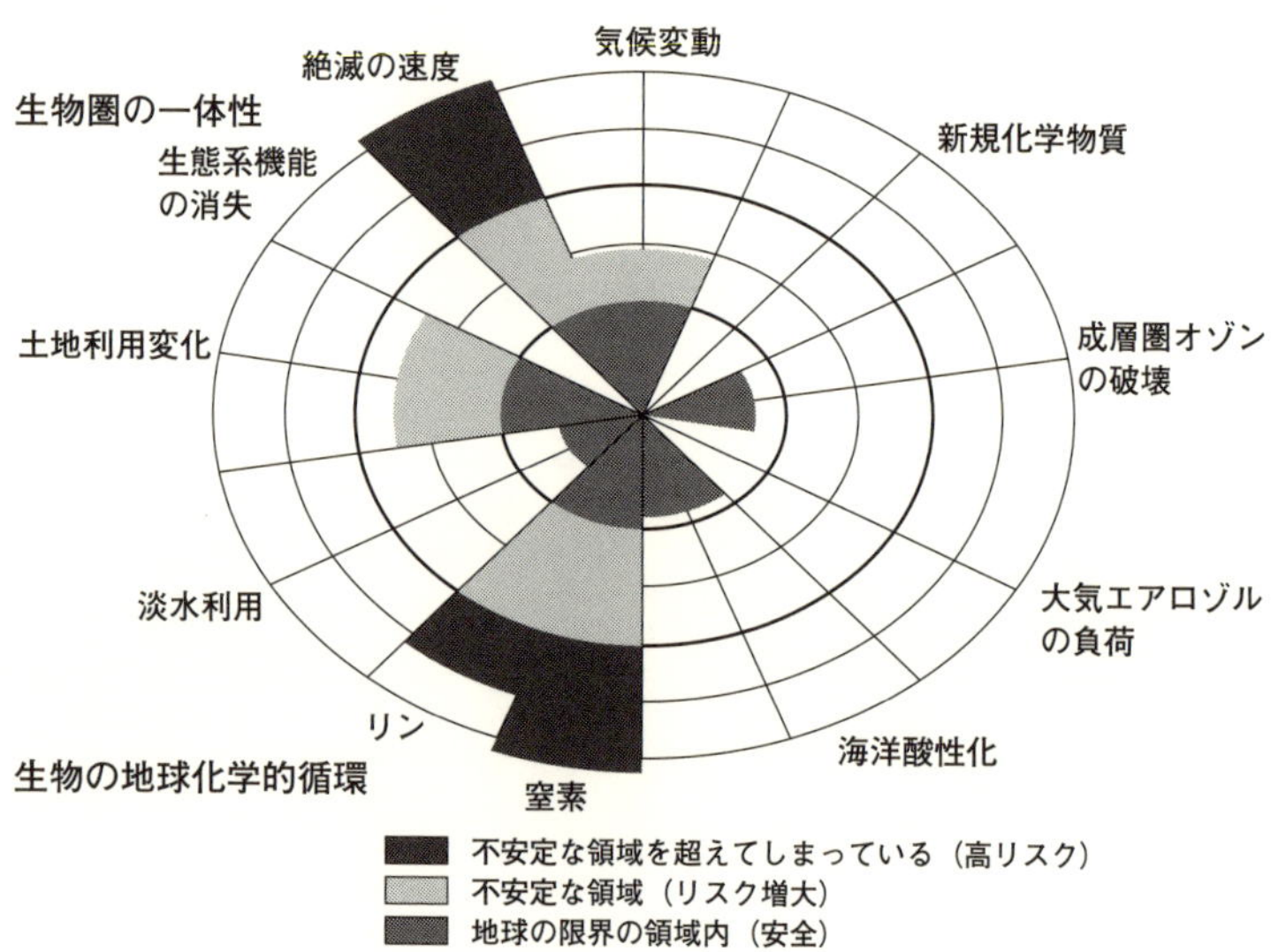


Will Steffen et al., *Planetary Boundaries: Guiding Human Development on a Changing planet* より環境省作成
環境省（2017）『平成29年版環境・循環型社会・生物多様性白書』より転載

経済的な発展を遂げるために「許容される」地球システム上の限界を明らかにしようとしたものである。つまり、この限界内であれば地球システムは回復力を発揮できるが、この限界を超える場合は人間活動の前提としての地球システムが大きな変動を招く危険があることを示そうとするものである。

**図表7―1**は、この考え方に基づき、地球の現状を図示したものである。「地球の限界」が注目する地球システムの九種類の危機とは、①生態系機能の消失・絶滅の速度、②気候変動、③新規化学物質による汚染、④成層圏オゾン層の破壊、⑤大気エアロゾル（浮遊粒子状物質）の負荷、⑥海洋酸性化、⑦窒素・リンの増加、⑧持続可能でない淡水利用、⑨土地利用の変化、である。

現在、上記の九種類のうち、①生態系機能の消失・絶滅の速度、②気候変動、⑦窒素・リンの増加、⑨土地利用の変化、については、人間が地球に与えている影響とそれに伴うリスクがすでに顕在化しており、人間が安全に活動できる範囲を超えるレベルに達していると警告されている。

## 人類の環境負荷の現状

さらに、人類による環境負荷の大きさを示すもうひとつの指標として、カナダのW・リースとM・ワクナゲルによって提示された「エコロジカル・フットプリント」(Ecological Footprint 以下EF)についても紹介しておこう。EFとは、人間の経済活動が生態学的な意味において持続可能であるかどうかを判断するための物理的な指標である。日本など特定の国・地域の経済活動を継続的に支えるために必要とされる土地および水域面積の合計として定義される。使用している単位が面積なので、「踏みつけている足跡」(Footprint)の大きさを示す、というものになっている。

このEFの算出方法では、以下の六つの区分による土地利用形態が想定されている。①「炭素吸収フットプリント」:化石燃料の燃焼などにより排出される二酸化炭素を固定するために必要な森林面積、②「草地フットプリント」:家畜飼育のために利用されている土地面積、③「森林フットプリント」:木材や紙・パルプ材料、薪炭材などの林産物生産に利用されている土地面積、④「漁場フットプリント」:漁獲された水産物の成長に必要な植物プランクトンなどの純一次生産量のための海洋淡水域面積、⑤「農地フットプリント」:農業生産に利用されている土地面積、⑥「建設用地フットプリント」:住宅地や工業・商業用地、道路・公共施設、貯水池などの面積。

これら六つのフットプリントをグローバルヘクタール(単位面積当りの生産力の世界平均)という共通の単

位に換算したうえで積算され、EFが数値化される。需要サイドの面積（EF）が、供給サイドの生物生産力（バイオ・キャパシティ）を超えていれば、人間の経済活動に起因する環境負荷は、地球が生産・吸収できる能力以上の水準に至っている。こうした「オーバーシュート」状態が発生している場合、地球の持続可能性は確保されていないことになる。[3]

世界自然保護基金（WWF）ジャパンが発行する『日本のエコロジカル・フットプリント（二〇一七年版）』では、グローバル・フットプリント・ネットワークによる推計が紹介され、現在の世界経済を支えるには地球一・七個分が必要であり、すでに「オーバーシュート」状態にあると指摘されている。また、世界中の人々が現在の日本人と同じ生活をしたとすれば、二・九個分もの地球が必要になるという。

では、日本はなぜこのような大きな環境負荷を与え続けることができるのだろうか。その鍵は貿易にある。貿易のない完全な閉鎖経済を想定すると、その条件のもとで各国が再生可能な自然資源を持続的に利用するためには、各国におけるEFがそれぞれの国内におけるバイオ・キャパシティを下回らなければならない。しかし、現実の世界は開放経済である。貿易を通じて外国から農産物や天然資源を購入してくることで、各国のEFが各国内のバイオ・キャパシティを上回る状況が可能となっているのである。先進国を中心に常態化しているこうした状況は、貿易赤字になぞらえて、「生態学的赤字」（Ecological Deficit）と呼ばれている。

先に紹介した地球二・九個分というのは、日本の経済活動を支える資源供給と廃棄物の浄化が、日本以外の国・地域のバイオ・キャパシティに大きく依存していることを意味している。つまり、貿易はバイオ・キャパシティの国際移転を実質的に担う機能をもっており、外国の自然環境にどの程度依存しているかを示す指標でもある。ちなみに、中国を代表格とするBRICS（ブラジル・ロシア・インド・中国・南アフリカ）など、近年、経済成長が著しい新興の人口大国は、一人あたりのEFはまだ小さいものの、全体としての環境負荷が急速に大きくなっており、一人当りの数値も上昇し続けている。これらの新興国の経済成長は、世界経済全体の環境負荷のレベルを間違いなく引き上げている。そして、これまでバイオ・キャパシティを供給する側だった国々が、需要側にシフトしつつある。このシフトは、「豊かな北」が「貧しい南」を収奪するという、これまでの世界経済の基本構図も大きく変化しつつあることを示している。

## 貿易のとらえ方

世界には主に工業製品を作っている国もあれば、農産物を作っている国もある。それぞれの国が得意な部門で生産活動を行い、貿易を通じて各国経済が連結することは、国際分業と呼ばれる。こうした国際分業に基づいて、各国が何を輸出し、何を輸入するかは、それぞれの国の産業構造と関係し、時代によっても変化する。

世界貿易機関（WTO）の統計によれば、一九五〇年の世界貿易のうちの四七パーセントが農産物の輸出であったが、二〇一六年には一〇パーセントにまで低下している。それに対して、工業製品の輸出は、同じ期間に三八パーセントから七三パーセントへと拡大している。鉱産物の輸出割合はほとんど変わっていないので、一九五〇年には一次産品貿易と工業製品貿易の比率はおおよそ六対四だったものが、第二次世界大戦後における先進国間の工業製品貿易の拡大と発展途上国の工業化を受け、二〇一六年には、その比率は三対七へと逆転している。[4]

では、日本の場合はどうであろうか。財務省の貿易統計によれば、日本の一九六〇年の輸出総額は一兆四五九七億円、輸入総額は一兆六一六七億円であったが、二〇一六年の輸出総額は七〇兆三八億円、輸入総額は六六兆四二億円となっている。一九六〇年では繊維関係の輸出入が大きなシェアを誇っていたが、二〇一六年には、産業構造が変化したことで輸出入とも一位は機械類となり、輸出では自動車関連の項目が目立つ。貿易収支は、一九六〇年代は赤字だったが、二〇一六年では黒字化している。なお、こうした統計は、財・サービスの国際移動を、貨幣という経済学的な尺度でとらえたものであり、そこには環境負荷がまったく反映されていない。

二一世紀の今日、経済のグローバル化により、世界的な生産と消費の連結が一段と強まりつつあるが、このことは、自然資源経済のあり方にも大きな影響をもたらしている。

私たちが日常的に消費しているさまざまな商品の原産地や生産工程を調べてみると、今日では、純粋な日本産を見つける方が難しくなっている。たとえば、「日本産の牛肉」であっても、その餌である飼料のかなりの部分は外国からの輸入で賄われている。日本の低い食料自給率は、相当量の食料を輸入に依存していることだけを示しているのではない。飼料などの投入財を輸入し、また、それらの飼料生産に必要な水資源も実質的に輸入している。[5]具体的な数値で示すと、肉類の可食部一キログラムを得るのに鶏肉は二から三キログラム、豚肉だと七キログラム、牛肉だと一一キログラムの飼料用穀物が必要だが、たとえば、一キログラムの飼料用トウモロコシを生産するには、灌漑用水として一八〇〇リットルの水が必要である。

このように、食料を輸入している国が、もしその輸入分の食料を生産するとしたら、どの程度の水資源が必要かを推計した数値として、「バーチャルウォーター」がある。じつは、日本は世界最大の「バーチャルウォーター純輸入国」となっており、国内で供給可能な水資源の一〇倍以上の量を国外に依存しており、先進国のなかでも群を抜いている。こうした数字は、貨幣的な尺度での統計だけではとらえられない貿易フローの「隠れた実体」を示しているともいえる。

## 2　有限な自然環境を前提にした貿易とは

### 自由貿易論とリカード

これまでの伝統的な経済学における貿易論は、「比較優位」に基づいて生産を特化して国際的に分業し、その成果物を自由に貿易することが望ましいとみなしてきた。いわゆる自由貿易論である。では、前節で紹介したような有限な地球環境を前提にして考えた場合、こうした自由貿易論はどのような点で再検討が求められてくるだろうか。まずは、伝統的な自由貿易論について、簡単に解説しておこう。

D・リカード（一七七二―一八二三）は、A・スミス（一七二三―九〇）と並んで、イギリス古典派経済学の代表格として経済学の歴史にその名を刻んでいる。リカードは、主著『経済学および課税の原理』の第七章（「外国貿易について」）のなかで、イギリスとポルトガルの二国、ラシャ（毛織物の一種）とぶどう酒の二財という図表7―2のような設例をもって、自由貿易の正当性を説明している。[6]

この設例では、イギリスではラシャを一単位生産するために一〇〇人、ぶどう酒を一単位生産するために一二〇人必要であり、ポルトガルではラシャが九〇人、ぶどう酒が八〇人必要である。一単位という用語はイメージしにくいかもしれないが、ここでは単純に、たとえば「ぶどう酒一万本」などと考えてもらえばよい。この設例では、ポルトガルはイギリスと比較して、いずれの財においても少ない人数で生産することが可能である。この状況は、ポルトガルはイギリスに対して両財において絶対優位にあるという。

次に、視点を変えて、各国の各産業の優位の程度に注目してみよう。ポルトガルの優位の程度は、ぶどう酒生産においてより大きく、逆に、イギリスの劣位の程度は、ラシャ生産においてより小さくなっている。

**図表7-2　比較生産費説とその設例**

●特化前

| | ラシャ１単位の生産に必要な労働 | ぶどう酒１単位の生産に必要な労働 |
|---|---|---|
| イギリス | 100人 | 120人 |
| ポルトガル | 90人 | 80人 |
| 世界でラシャとワインがどれだけの量できるか | ２単位<br>（イギリス１単位<br>ポルトガル１単位） | ２単位<br>（イギリス１単位<br>ポルトガル１単位） |

●特化後

| | ラシャ生産に従事する労働 | ぶどう酒生産に従事する労働 |
|---|---|---|
| イギリス | 220人 | ０人 |
| ポルトガル | ０人 | 170人 |
| 世界でラシャとワインがどれだけの量できるか | 2.2単位<br>（イギリス2.2単位<br>ポルトガル０単位） | 2.125単位<br>（ポルトガル2.125単位<br>イギリス０単位） |

イギリスと比較して、ポルトガルはラシャを一〇分の九倍の人数で生産することができる。また、ぶどう酒ではそれよりも優位の程度が大きく、三分の二倍の人数で生産可能である。こうした場合、ポルトガルはぶどう酒において比較優位をもち、イギリスは、ラシャにおいて比較優位をもつことになる。

この設例では、ポルトガルはぶどう酒の生産に特化し、ぶどう酒をイギリスに輸出し、代わりにイギリスからラシャを輸入する。これに対して、イギリスはラシャの生産に特化し、ラシャをポルトガルに輸出し、ぶどう酒をポルトガルから輸入することが望ましいとされる。つまり、各国は比較優位のある財の生産に特化して、それを外国に輸出し、代わりに比較劣位のある財を外国から輸入するのが望ましいという、「比較生産費説」と呼ばれる考え方である。このポイントは、絶対優位にあるポルトガルのみが生産と輸出を行い、絶対劣位にあるイギリスは生産すべき物がないと考えるのではなく、各国が比較優位のある財の生産に特化すれば、表中の数値例が示すように労働が節約され世界全体の生産量が増え、それぞれの生産物を貿易することで各国の消費可能量が増える、という点である。[7]

## 比較生産費説と自然環境

前述した「比較生産費説」は、伝統的な経済学における貿易理論の特徴を明瞭にあらわしている。第一に、生産にかかわる要素（リカードは労働）に注目し、絶対優位ではなく比較優位で分業を考えること、第二に、貿易は参加者相互の利益を高める、すなわち貿易の互恵性を強調することである。こうした発想は、リカード以降の貿易理論に継承され、現代においても、貿易自由化を主張する際の有力な理論的根拠となっている。

では、なぜリカードは、「比較生産費説」と呼ばれる考え方を提唱し、自由貿易論を展開したのだろうか。そこでは、自然環境との関わりが重要な意味をもっていた。一九世紀にリカードは、同時代の古典派経済学者であったT・R・マルサス（一七六六—一八三四）と、イギリス穀物法をめぐる論争を繰り広げていた。リカードは、穀物法に盛り込まれた穀物輸入への貿易制限措置を批判し、貿易自由化を主張した。リカードは、以下のような論理を考えていた。土地が収穫逓減の傾向をもつため、労働者の食料である農産物の価格が高まることで資本家の利潤を圧迫する。それゆえ、経済成長（資本蓄積）は、停止状態に追い込まれてしまう。言い換えると、土地に代表される「自然環境」が経済を制約し、ひいては経済成長の停止に至らしめるというのが、リカードの論理であった。

経済成長の順調な進行をもって社会の進歩と考えるリカードにとって、資本蓄積の進展に対する唯一の障害物である食料やその他の原生産物の不足と、その結果としてのそれらの価値上昇をいかにして克服するかは、重要な関心事であった。そして、克服の手段として考えられたのが、①機械の改良、②農業科学上の発見、そして③「安価な穀物の自由な輸入」、つまり貿易であった。[8] ①と②は技術面での改善によって、③は外国の自然環境を利用することで、生産性を維持あるいは引き上げることを意味する。

一方、マルサスも、自然環境が経済成長の制約要因であることを認識していた。マルサスは、人口増加という「自然法則」が食料増産の遅れという壁にぶつかり、戦争や災害、社会の崩壊が起こると考えていた。そこから、リカードの国際分業論とは反対に、人口抑制を伴った国内農業保護論を主張した。貿易か国内農業保護か、両者の処方箋は異なるものの、人間社会と自然環境を対立的にとらえ、後者は前者の発展のために利用されるべき存在だと考える点は共通していたといえる。[9] 実際、リカードとマルサスの論争では、リカードに軍配が上がったが、彼の自由貿易論は、貿易を通じて外国の自然環境に依存することで、自国の自然環境の劣化を先延ばしすることを黙認するものであった。つまり、外国の自然環境利用を自国の経済成長のための道具としてとらえるというスタンスが示されていた。

## エコロジー経済学のビジョン

前項で紹介したようなリカードの自由貿易論の延長線上に位置する現代の貿易理論も、自然環境の有限性を適切にとらえきれていないという限界をもっている。これに対して、自然環境の有限性を前提とした理論の構築をめざしているのが、エコロジー経済学（Ecological Economics）である。ここで、現代のエコロジー経済学の代表的な論者であるH・デイリーの議論を紹介しよう。[10]

まずH・デイリーは、現代経済学の主流派となっている新古典派経済学の理論的な枠組みそのものを批判する。そこでは、地球環境のシステム内で循環しているものを商品とマネーという、限られた「経済のフロー」としてのみとらえ、水資源や窒素化合物など物質的な「マテリアル・フロー」の循環が完全に無視されていると指摘する。彼は、そうした新古典派経済学の理論的視野の狭さを指摘し、「経済」を自然生態系の「開かれたサブシステム」（Open Subsystem）としてとらえるべきだと主張している。これは、分かりやすく言えば、生産や消費など経済活動だけを取り出して狭くとらえるのではなく、有限な地球環境のなかで経済活動が行われていることを自覚せよ、というものだ。

こうした観点から、H・デイリーは、持続可能な発展のための三つの原則を提示している。

第一の原則：再生可能な資源（土壌、水、森林、魚など）の消費ペースは、その再生ペースを上回ってはならない。

第二の原則：再生不可能な資源（化石燃料、良質鉱石、化石水など）の消費ペースは、それに代わりうる再生可能資源が開発されるペースを上回ってはならない。

第三の原則：汚染の排出量は、環境の吸収・同化能力を上回ってはならない。

以上の三原則をふまえて、H・デイリーは、「比較生産費説」に基づく自由貿易論における「互恵性の前提」にも批判の眼を向ける。たとえば、自由貿易から得られる利益は、貿易に伴う直接的な不利益（輸送費の高騰、遠隔地にある供給先や市場への依存度の増加、市民が生計を営む方法の選択の幅の減少）によって相殺されないことが前提となっている。つまり、貿易による輸送コストの増加、生産を特化した結果としての独立性の喪失・依存、職業選択の幅の減少が起きないことが理論的に前提とされているが、それは現実的ではないと批判する。そして、エコロジー経済学のビジョンに基づき、次のように述べている。

「貿易の導入当初は、経済の全面的な自給自足、つまりアウタルキーに比べて環境上の制約が緩和されるので、貿易を促進すれば、この制約を緩和しつづけることができるという幻想を生む。しかし、まったく貿易が行われない状況から、ある程度貿易が行われる状況へ移行することの便益を、貿易量の多いほうが少ないことよりもよいという命題に一般化することはできない。そしてもちろん、すべての国が自然資本の純輸入国になれるわけではない[11]。」

H・デイリーが述べるように、エコロジー経済学の観点からは貿易の拡大を無批判に認めることはできない。私たちは、自然環境の有限性を前提とした望ましい貿易と貿易政策とはどのようなものかについて、もっと議論を深めていく必要があろう。自由貿易論であれ、保護貿易論であれ、そこでは生産や消費の拡大を是とする「経済成長主義」が前提とされているが、地球規模での自然環境の危機が進行しつつある二一世紀の今日、いわば「貿易理論のエコロジー的転換」が強く求められているといってよい。

## 3　日本の経済連携の進路を考える

### 日本の経済連携の歩み

では、自然環境の制約のもとで貿易を考える必要性が高まってきている今日、国際的な貿易政策や経済連携政策は、今後、どのようにデザインされていくべきなのだろうか。まずは、日本の経済連携の歩みを確認することから始めよう。なお、交渉状況などは、すべて執筆時（二〇一八年七月）のものである。

日本は、GATT・WTO体制を中心とした多角的な貿易枠組みを重視していたが、二一世紀に入ると自由貿易協定（FTA）、経済連携協定（EPA）へと通商交渉の比重を移した。この比重のシフトは全世界的な傾向である。FTA／EPAは、一九九〇年以前では全世界で一〇を下回る協定しか結ばれていなかったが、二〇一六年になるとその数は二五〇を超えている。

ＦＴＡとは、特定の国や地域の間で物品の関税やサービス貿易の障壁等を削減・撤廃することを目的とする国際条約である。他方、ＥＰＡとは、貿易の自由化に加え、投資、人の移動、知的財産の保護や競争政策におけるルールづくり、さまざまな分野での協力の要素等を含む、より広い経済関係の強化を目的とする国際条約である。なおＥＰＡには、投資財産の保護、海外事業利益の送金の自由の確保、現地労働者の雇用などを企業へ要求すること（ローカル・コンテンツ要求）への制限・禁止などが盛り込まれることが多い。ＦＴＡ／ＥＰＡを通じた国境障壁の削減とビジネス・ルールづくりは、企業活動のグローバル化を貿易と投資の両面から支えようとするものである。

日本は、二〇〇二年のシンガポールとの「日本・シンガポール経済連携協定」を皮切りに、アジア諸国を中心として次々にＥＰＡを結んでいる。二〇一八年七月現在の発効済みＥＰＡは、一五にのぼる。締結相手は、シンガポール、メキシコ、マレーシア、チリ、タイ、インドネシア、ブルネイ、ＡＳＥＡＮ、フィリピン、スイス、ベトナム、インド、ペルー、オーストラリア、モンゴルである。また、すでに署名済みなのが、ＴＰＰ（環太平洋経済連携協定）である。ただし、ＴＰＰは米国のトランプ政権による離脱宣言によって発効には至っていない。

しかし、米国の離脱後、日本を中心として米国抜きの「包括的および先進的な環太平洋パートナーシップ協定」（ＣＰＴＰＰ）が成立した。しかし、このＣＰＴＰＰは、ＴＰＰの単純な復活を意味しない。米国不在というのはもちろんだが、ＣＰＴＰＰには複数の「凍結項目」が存在していることも重要である。凍結項目の意味は、オリジナルのＴＰＰでルール化された部分のうち、その効力を米国が復帰するまで無効化する分野があるという意味である。ＣＰＴＰＰにおいて凍結されているのは、投資家対国家の紛争解決（Investor State Dispute Settlement：ＩＳＤＳ）条項関連規定や、知的財産関連規定など二二項目である。

なお、ＩＳＤＳとは、外国からの投資企業（投資家）が投資受入国政府を相手取り、異議申し立てを行うことによって紛争が生じた際の手続きを定めたものである。投資企業に対する受入国政府の政策が違法認定される可能性があり、国際社会の基本である国家主権を脅かすリスクを必然的に伴う。こうした凍結項目の多くが、国境措置の自由化の是非についてではなく、貿易や投資の促進という枠にとどまらない企業活動のグローバル化に深く関わるものである。加えて、米国がＴＰＰ離脱前にルール化を強く主張した分野でもある。このことは、米国が重視するルールの導入について、交渉参加国の間に強い慎重論があることを物語っている。

発効には至っていないものの、もうひとつ重要なＥＰＡが、日本とＥＵの経済連携協定（日ＥＵ・ＥＰＡ）である。二〇一五年三月に交渉が開始され、二〇一七年七月に「大枠合意」、一二月に「交渉妥結」が発表されている。交渉は妥結したとされる日ＥＵ・ＥＰＡにおいても、ＩＳＤＳ条項をめぐり両国の主張にはなお隔たりがある。企業の声が通りやすいとされる国際仲裁の採用を日本が主張し、これに対して、紛争当事者と直接の利害関係をもたない人物によって判断する常設投資裁判所を、ＥＵが主張するという構図である。ＩＳＤＳには、ＥＵ自身が訴訟リスクを抱えること、また、投資家による訴訟が環境や労働の基準切り下げ競争をもたらすとの市民社会の懸念から、ＥＵサイドのＩＳＤＳへの反発は根強い。投資紛争解決条項のあり方をめぐる議論は、米国との大西洋横断貿易投資パートナーシップ協定（ＴＴＩＰ）交渉が進展しない一因ともなっている[12]。

### メガＦＴＡとＮＡＦＴＡ－ＴＰＰ型経済連携

図表７―３に示した協定は、カバーする規模（ＧＤＰ、貿易額、人口など）が大きいことから、メガＦＴＡ

**図表7-3　メガFTAの人口・GDP・貿易規模（2016年）**

| | 人口 | | GDP | |
|---|---|---|---|---|
| TPP | 8億2780万人 | 11.0% | 29兆134億ドル | 38.4% |
| CPTPP（TPP11） | 5億185万人 | 6.7% | 10兆2843億ドル | 13.6% |
| 日EU・EPA | 6億3814万人 | 8.5% | 21兆4297億ドル | 28.4% |
| RCEP | 35億7551万人 | 47.9% | 23兆8732億ドル | 31.6% |
| TTIP | 8億3634万人 | 11.2% | 35兆2230億ドル | 46.6% |
| | **貿易** | | **国数** | |
| TPP | 5兆2009億ドル | 25.3% | 12か国 | |
| CPTPP（TPP11） | 2兆9889億ドル | 14.5% | 11か国 | |
| 日EU・EPA | 8兆367億ドル | 39.1% | 29か国 | |
| RCEP | 5兆7863億ドル | 28.1% | 16か国 | |
| TTIP | 9兆4403億ドル | 45.9% | 29か国 | |

割合（%）は世界全体にしめるシェアである．EUは28か国で算出した．貿易は，財・サービスの輸出額（IMF国際収支マニュアル第6版）である．ミャンマーとラオスのみ，2015年の貿易データを使用している
UNCTAD STAT（http://unctadstat.unctad.org/EN/Index.html）より作成

と呼称されている。ＡＳＥＡＮを中心に交渉されている東アジア地域包括的経済連携（ＲＣＥＰ）やＥＵと米国のＴＴＩＰも、メガＦＴＡとして議論されることが多い。

ＲＣＥＰ交渉では、参加国の状況に配慮して柔軟な内容とする方向での議論も行われているが、一般にメガＦＴＡには、例外なく物品の国際貿易とその自由化が盛り込まれており、工業製品のみならず農産物についても高い自由化水準を誇る。その意味で、これまで以上に日本の国内農業対策のあり方が重要な政策課題となる。

そして、メガＦＴＡの協定の構成に注目してみると、たとえばＣＰＴＰＰはオリジナルのＴＰＰと同じく全三〇章だが、そのうち半分以上は海外直接投資や企業活動に関連する内容を扱うルールであることがわかる。

協定がこうした構成になっている背景に

は、世界経済において貿易よりも海外直接投資の伸び率の方が高くなり、国境を越えたサプライチェーンが形成され、そこでの貿易・投資関係が常態化しているという世界経済の構造変化がある。こうした背景から、メガFTA交渉においては、貿易協定という名称があてられているものの、貿易ルールにとどまらない、投資ルールなど広範な国際経済ルールについて交渉が行われているのである。

通商交渉の範囲について歴史的に振り返ると、戦後の国際貿易ルールを提供した「貿易および関税に関する一般協定」（GATT）のもとでは、自由化交渉は主に鉱工業製品の国境措置を対象に実施され、GATTの最後のラウンドとなったウルグアイ・ラウンドで初めて、農業分野の包括的な保護水準の引下げがテーマとなった。そして、そのラウンド合意に基づいて一九九五年に発足したWTOでは、農業もさらなる貿易自由化の対象となり、貿易関連投資措置や知的所有権のルール化も進められた。

現在のメガFTA交渉、とりわけオリジナルのTPPへと直接的に連なるのは、域内の貿易自由化だけでなく投資自由化も進め、ISDSなど多国籍企業優位のルールを盛り込んだ北米自由貿易協定（NAFTA）である。内橋克人は、経済協力開発機構（OECD）の場で議論され一九九八年に一度頓挫した、多国間投資協定（MAI）の「あらゆるものを利益追求の対象にし、しかもそれを世界化する」という思想が、NAFTAを経由してTPPにも連続していると指摘している。そして、MAIの特徴を、①進出する外資への徹底した内国民待遇の協定批准国への義務づけ、②投資に対する絶対的自由の保障（国土や自然資源もその対象とする）、③国内企業優遇は外資に対する差別待遇だとして損害賠償の対象とすること、④国内企業より外資を優遇すること、とまとめている。

MAIからNAFTAを経由してTPPに流れ込む思想とは、関税引き下げと投資などのルールを定め、グローバル資本の活動の自由を確保し利益を増大させることを、経済連携の第一の目的とするものである。

ＩＳＤＳ条項は、そうした思想を具体化する装置の代表例である。晩年の宇沢弘文（一九二八—二〇一四）が、自らの理論である社会的共通資本の観点からオリジナルのＴＰＰを厳しく批判したのも、こうしたＮＡＦＴＡ－ＴＰＰ型経済連携がもつ、企業重視かつ「公共の市場化」志向イデオロギーの危険性をとくに問題視していたからである。[13]

## アジア地域との共生に向けて

次に、アジア地域の経済連携を見ていこう。アジア地域の経済連携の主体となってきたのが、ＡＳＥＡＮである。

ＡＳＥＡＮは一九九二年の首脳会議において、ＡＳＥＡＮ自由貿易地域（ＡＦＴＡ）の創設を目標に掲げた。当初は、ＡＦＴＡの実現について懐疑的な見方が多かったが、二一世紀に入って中国がＷＴＯに加盟したことに危機感を強め、関税の引下げを加速した。そして、計画よりも五年早く二〇一〇年に先発六か国（ブルネイ、インドネシア、マレーシア、フィリピン、シンガポール、タイ）の間で関税が原則撤廃された。後発四か国（ベトナム、ラオス、ミャンマー、カンボジア）の関税も、二〇一八年に撤廃された。そして二〇一五年末、経済共同体のほかに、政治・安全保障共同体、社会・文化共同体の三つの柱から構成されるＡＳＥＡＮ共同体が発足した。引き続き、統合のあり方が議論されており、ＡＳＥＡＮは域外との自由化と経済統合に意欲的である。中国とは二〇〇五年に、韓国とは二〇〇七年、日本とは二〇〇八年に、インドとオーストラリア、ニュージーランドとは二〇一〇年にＦＴＡを発効している。

そして、アジア地域全体を含む経済連携の仕組みとして、ＲＣＥＰに向けた議論がある。ＲＣＥＰは、二〇一三年に、ＡＳＥＡＮがＦＴＡを締結している六か国（日本、中国、韓国、インド、オーストラリア、ニュー

**図表7-4　アジア太平洋地域の経済連携**

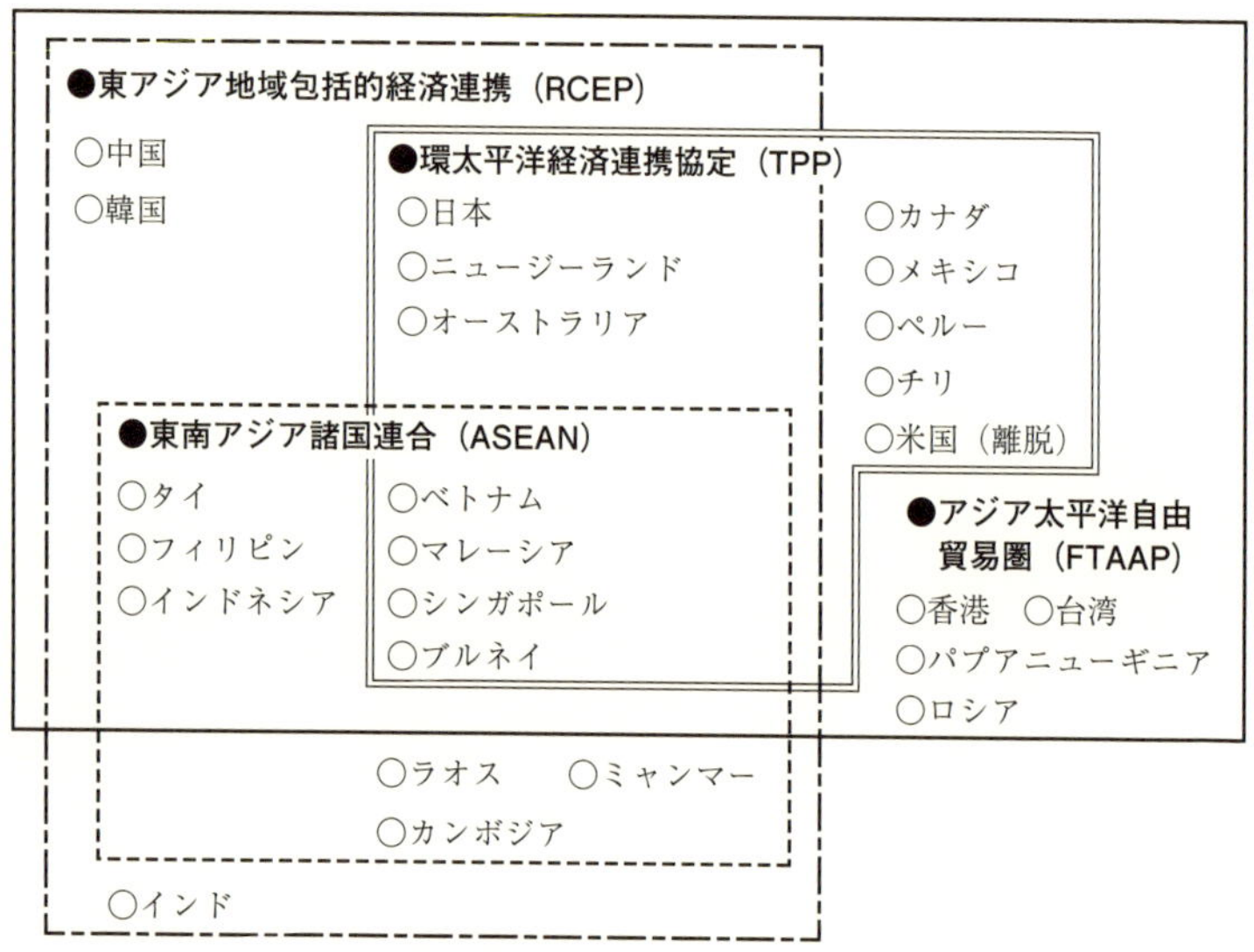


TPP は米国を含めた12か国で2016年２月に署名されたが，米国が離脱したのち，CPTPP として11か国が2018年３月に署名している．また，FTAAP とは APEC（アジア太平洋経済協力）によって構想されている自由貿易圏である．ただし，本格的な交渉は開始されていない．
筆者作成

ジーランド）を包括する経済統合を呼びかけたことでスタートしたものである。[14] ＲＣＥＰが完成すれば、人口三五億人、経済規模二三兆八千億ドル、財・サービス輸出額五兆八千億ドルという、世界最大級の経済圏が誕生することになる。

図表７―４は、アジア太平洋地域の経済連携の現状を表している。これまでアジア地域では、ＡＳＥＡＮを中心に貿易・投資の相互依存を強め、地域としての結束力を高めてきた。そこに、多国間協定に基づく制度枠組みを与えようと、ＲＣＥＰ交渉が進められている。一方で、ＴＰＰをアジア地域全体の経済連携の枠組みにしようとする立場も根強い。たとえば、日本の安倍政権のスタンスは、ＮＡＦＴＡ－ＴＰＰ型の経済

連携を推進するものである。

では、われわれはアジア地域全体の経済連携の基本枠組みをどのように選択すべきだろうか。このような問いを立てたとき、NAFTA–TPP型経済連携が、世界中で市民社会の強い反発を受けている点を見逃すことはできない。

内田聖子はメガFTAが抱えている「困難」を、次の五つに整理している。

第一に、貿易協定が関税中心だった「貿易」の枠組みを超え、サービスや金融、投資の自由化、それに伴う国内制度改革を強いる「ルール」へとシフトし、交渉範囲が非常に広くなっていること。

第二に、交渉参加国の経済発展段階や規模には大きな差があり、先進国と多国籍大企業が求める強い自由化ルールにすべての国が合意できない。とくに途上国を含む場合、公衆衛生（医薬品アクセスを含む）や公共サービス、国有企業などの分野での対立が鮮明となること。

第三に、先進国もこれまでの自由貿易推進に伴い国内産業が空洞化し雇用が海外へと流出し、格差も広がっている。そのことのとらえ返しとしての自由貿易批判が各国で生じていること。

第四に、既存のISDSの非民主性・不公平性が、どの貿易協定でも市民社会から厳しく批判されていること。

第五に、民主主義に反する秘密交渉についても、市民社会も国会議員からも批判が起こっている。しかも、ビジネス界は交渉内容にアクセスできる一方で、市民社会の多様なステークホルダーには秘密という非対称性への不満が高まっている。[15]

## NAFTA－TPP型ではない新しい連携を

このような状況は、さきほど紹介したH・デイリーによる自由貿易論批判に通ずるものである。メガFTAに象徴される貿易・投資の急進的な自由化によって、国内においても、先進国対途上国の間においても、また多国籍企業と地域に密着する企業との間でも、格差が広がり摩擦が拡大している今日、日本はあらためて対外経済政策の戦略を見直す必要があるのではないか。それは、市民社会に受け入れられる経済連携、共生重視の方向をめざすべきである。また、先進国も途上国も、連携と協力が生み出す力によって真にウィン・ウィンの成果が得られるような経済連携をめざすべきである。

なお、共生重視の経済連携については、いろいろな論点がありうるが、社会を構成する各アクターが経済的利益をシェアできるようにするとともに、各種情報のアカウンタビリティを含む手続きの公平性を確保できる制度が構築される必要がある。もちろん、自然環境の持続可能性が担保されることが大前提である。

このような戦略の転換は、はたして可能であろうか。じつは日本にとって、いまがそのチャンスなのである。二一世紀において、アジアは最大の成長が予想される地域である。日本はすでに、アジアにおいて広範囲で密な生産・流通のネットワークを築いている。しかし、このダイナミックに発展するアジアは、成長の動きが急であるからこそ、どのような秩序に向かっているのか、不透明な部分も多いし、たくさんの選択肢に満ちている。日本は、そうであるからこそ、積極的に外交上のリーダーシップをとって、アジアにおいてNAFTA－TPP型でない、公正な新しい連携の姿を作るために努力すべきである。

NAFTA－TPP型経済連携は、その内容を「貿易と投資の自由化」に傾注し、輸入国・投資受け入れ国の政策余地を狭める新自由主義的な性格を有している。ISDS条項は、その典型例だと言ってよい。TPP12から米国が離脱した後も、日本がISDS条項を撤廃しようとしないのは、投資国としての性格に起因するところが大きい。つまり、TPPを通じて日本企業の投資利益を増進したいとの思惑が透けて見える。相手国へのこうしたアプローチは、共生というよりは収奪を志向するものであり、国際的なパートナーシップのあり方として望ましいものとはいえないだろう。

もちろんここでは、投資の自由化自体を否定するわけではない。問題なのは、各国経済の発展度合の違いを無視して投資の自由化を行うことであり、その結果、先進国企業による途上国に対する経済的支配が強化されることである。そのようなことを避けるためには、性急かつ機械的な自由化ではなく、相互の立場に配慮したウィン・ウィンの関係を築けるような自由化がめざされなければならない。

現在漂流しているWTO交渉が開始されて間もない二〇〇三年に、メキシコのカンクンで開かれた閣僚会議が決裂したが、その大きな原因は、投資・政府調達など発展途上国にとって敏感な問題を交渉の対象とするかどうかで、先進国と途上国が鋭く対立したからであった。その結果、WTO交渉ではこれらの「シンガポール・イシュー」と呼ばれる項目を交渉の対象から外すとされたのである。このことは、個別国間交渉であるFTA／EPAにおいても、尊重されるべきである。

また、図表7―4の連携枠組みごとの加盟状況が示すように、TPPによってアジア地域は分断される。アジア地域の経済連携の枠組みは、地域の分断を促すのではなく、地域の一体性を高めるものであるべきだ。そして、貿易・投資の次元にとどまらず、自然資源など地域共有資産の管理運営や政策の共通化について議論を深め、農業・食料、環境、エネルギーなどエコロジカルな要素を重視するべきである。その先に、新自由主義的な経済連携とは異なる、環境共同体としての東アジア共同体形成の展望が開けてくると思われる。

なお、連携の枠組みづくりのフォーラムとしては、ASEANを中心に据え、参加国の発展段階の違いを考慮した柔軟な経済連携を志向しているRCEPを活用することも当面の課題であろう。[16] もともとアジアの経済連携については、中国はASEAN+3（日中韓）を提起し、日本は中国に主導権を握られる懸念からASEAN+6（日、中、韓、印、豪、ニュージーランド）を提起した。その後中国は、連携交渉を前に進めるためにASEAN+6にも積極化し、それが現在のRCEPにつながっている。ところがいま日本は、RCEPにおいても投資の急進的な自由化などNAFTA−TPP型のルール導入にこだわり、発展途上国が多く含まれるRCEP交渉に混乱を持ち込んでいる。日本はアジアにおける経済連携の戦略をいま一度見直す必要がある。

本章では、国際貿易や経済連携のあり方を検討し、「グローバルな自然資源経済」の再構築に向けた課題について論じてきた。グローバルなレベルでの自然環境の危機が進行するいま、貿易・投資の量的拡大を無批判に善とする発想から転換し、自然環境を前提とした持続可能な世界経済のあり方を真剣に模索していかねばならないだろう。貿易体制との関係でいえば、第二章第三節でも議論された食料安全保障、環境保護、農業の多面的機能、農村開発、貧困解消など「非貿易的関心事項」への適切な配慮を、FTA／EPA、そしてWTOにおいても交渉の基本に位置づけていく必要がある。

今日、WTO交渉の停滞が目立つことも関係し、FTA／EPAをWTOよりも優れた枠組みとする議論も見受けられる。しかし、後発発展途上国も含めた世界レベルでの貿易問題を取り扱えるのはWTOだけであり、FTA／EPAとWTOは代替関係ではなく補完関係にあると見るべきだ。そして、二一世紀のWTOは、貿易自由化の推進役としての役割だけでなく、環境破壊や格差拡大など貿易の負の側面への対応を重視する「持続可能な発展のための国際経済機関」へと展開していく戦略を考えていくべきだろう。

1　Daily, Gretchen ed., *Nature's Services: Societal Dependence on Natural Ecosystems* (Washington. D.C. : Island Press, 1997).

2　「ミレニアム生態系評価の概要」（環境省）

3　和田喜彦「エコロジカル・フットプリント」佐和隆光監修『環境経済・政策学の基礎知識』（有斐閣、二〇〇六年）、一四六―一四七頁。

4　WTO, *World Statistical Review 2017*. https://www.wto.org/english/res_e/statis_e/wts2017_e/wts2017_e.pdf

5　山川俊和「貿易を通じた資源収奪と環境破壊」『環境経済・政策学事典』（丸善出版、二〇一八年）、一三四―一三五頁。

6　Ｄ・リカードウ著／羽鳥卓也・吉沢芳樹訳『経済学および課税の原理（上）』（岩波文庫、一九八七年）。なお、リカードは図表７―２のような表は用いておらず、数値例があげられているだけである。

7　ここでの説明には、伊東光晴編『岩波現代経済学事典』（岩波書店、二〇〇四年）の「比較生産費説」の項目（六四五―六四六頁）を参考にしている。ただし、じつはこうした説明は、リカードのオリジナルというよりも、リカード以降の経済学において構築されてきたものであり、この点には注意が必要である。比較生産費説の学説史的検討を含め、リカード貿易論の体系的な整理としては、森田桐郎著／室井義雄編『世界経済論の構図』（有斐閣、一九九六年）の第一章、第二章（森田桐郎執筆）、に詳しい。

8　森田（一九九六）、五二―五三頁。

9　西川潤『グローバル化を超えて』（日本経済新聞出版社、二〇一一年）、二九五―六頁。

10　Ｈ・デイリーの議論については、Ｈ・デイリー著／新田功ほか訳『持続可能な発展の経済学』（みすず書房、二〇〇五年）を参照。

11　Ｈ・デイリー（二〇〇五）、二〇九頁。

12　山川俊和「メガＦＴＡ最終妥結阻む凍結項目」『週刊エコノミスト』（毎日新聞社、二〇一八年三月二〇日号）、四二―四三頁。

13　宇沢弘文・内橋克人「対談　ＴＰＰは社会的共通資本を破壊する」『世界』（岩波書店、二〇一一年四月号）、六二―七二頁。

14　大泉啓一郎・後藤健太「アジア化するアジア」遠藤環ほか編『現代アジア経済論』（有斐閣、二〇一八年）、四四―四六頁。

15　内田聖子「メガＦＴＡの現実」岡田知弘編『ＴＰＰ・ＦＴＡと公共政策の変質』（自治体研究社、二〇一七年）、二四頁。

16　日本がとるべき経済連携の基本的なスタンスについては、石田信隆「東アジア経済連携の課題」進藤栄一ほか編『東アジア連携の道をひらく』（花伝社、二〇一七年）、三一―三二頁。東アジア共同体論の展開についても同書を参照されたい。

# 終章　自然資源経済の担い手をどう支えていくか

序章でも述べたように、二一世紀前半の今日、日本の農業・農山村地域はいくつもの《重層的な難局》に直面している。それらをどのような方向で打開していくか。そして、今後における「持続可能な農業・農山村の維持・保全」に向けた取組みをどのように推し進めていけばよいか。そのための基本的なビジョンや具体的な政策のあり方がかつてなく鋭く問われる時代になっている。

私たちは、そうした今日の時代的課題を受けとめ、「自然資源経済」という独自な視点から多角的にアプローチしてきたが、今後に求められていることをあえて凝縮的に示すならば、「自然資源経済の担い手をどう支えていくか」という一点に集約される。そこで終章では、この点について追加的な言及を行い、本書全体へのまとめに代えておくことにしたい。

## 1　農業・農山村の担い手を広げる

まず、日本の農業・農山村から基本的な担い手である農家が次々と消えていくという事態は、私たち人間社会本来の経済的営みである「自然資源経済」がやがて深刻な危機に陥っていくことを意味している。また、この事態は、第三章で論じているような「自然資源経済」の根幹をなす各種の「人間と自然資源のかかわり」を崩壊させていくことにもつながっていく。幸いにも、この間に、「定年帰農」、最近における「田園回帰」の兆し、あるいは新規就農者の移住といった動きもみうけられる。だが、残念ながら、日本の農業・農山村が直面している今日の厳しい状況を大きく打開していくものとはなりえていない。こうしたなかで、これからの日本の農業・農山村の担い手をどのように広げていくか。この点が喫緊の重要課題になっているのである。以下、この重要課題に絞って、あらためて考えてみることにしよう。

現在、日本の農業・農山村の基本的な担い手として重視されているのが「認定農業者」と呼ばれる方々である。第一章で詳しく紹介しているが、二〇一七年三月末現在で、この認定を受けているのは二四万二三〇四人（うち、法人は二万二一八二の経営体）となっている。だが、二〇一〇年をピークに横ばい状況が続き、高齢化のために認定から外れる農家も多い。そして、もうひとつの担い手として期待されているのが「集落営農」であるが、この数も、残念ながら二〇一〇年頃から頭打ち傾向にあり、地域の農家の高齢化によって将来的な持続可能性への懸念が強まっている。さらに日本の場合、小規模な家族農業者や自給的・生きがい農家なども重要な担い手として位置づけなくてはならないだろう。このように、日本の農業・農山村の担い手としては多様な主体をそれぞれに重視していくことが必要である。

そうしたなかで、これから先の中長期的なスパンで考えるならば、今後、とくに新規の就農者をどれだけ着実に増やしていけるかが最も重要な基本課題になっているといえる。そこで、この点に関して、私たちが二〇一六年八月に現地調査を実施した山形県の「ＪＡ庄内たがわ」（庄内たがわ農業協同組合）による具体的な取組みを一例として紹介しておこう。

「ＪＡ庄内たがわ」は、鶴岡市（人口：一二万七五五五人。二〇一八年七月末現在）、庄内町（人口：二万一四七一人。二〇一七年三月末現在)、三川町(人口：七〇五九人。二〇一七年三月末現在)の一市二町をその管内に抱えている。日本でも有数の農業・農村地帯だが、この管内の農業者は約三千八百人余りである。このうち約四割強(四一・九%)が前述した「認定農業者」となっている。

この間に「JA庄内たがわ」では、管内での「集落営農組織・農事組合法人」(三九の農地所有適格法人)の設立に力を注いできた。それと併せて、新規就農者を増やしていくために「担い手支援対策基金」を設け、新規就農希望者に対し、二〇一四年度から三か年にわたり、毎年総額で約一千万円の助成も行ってきた。また、二〇一五年八月に鶴岡市が立ちあげた「新規就農者研修協議会」と連携し、新規就農希望者を受け入れる農家に対しては「やまがた農業支援センター」と「山形県立農業大学校」による研修機会を設け、「受入農家」としての資格を与えている。さらには新規就農者を手厚くサポートするアドヴァイザーも配置するなど、きめ細かい支援策を実施し、その成果として、毎年二〇人前後が管内で新規に就農するという実績をあげてきた。

このなかには、いったんは山形県外に出た農家の子弟で、親が高齢となったためにUターンしてきたという人が少なくないが、県外からのIターン者なども含まれているという。たとえば、山形大学の農学部に在籍し鶴岡市内で学生生活を送った人が、「ぜひ鶴岡で農業をやりたい」という希望をもって新規就農者になった、というケースなどである。なお、このケースにみるように、新規就農の希望をもつ若い世代を引きつけるためには、そこに住むことの地域的な魅力も無視できない要素となっている。

こうした「JA庄内たがわ」にみる取組みは地味なものだが、今後、こうした取組みが日本の農業・農山村地域で着実に積みあげられていくことが重要である。この点では、各地域のJAなどの地域組織が果たすべき役割はきわめて大きい[1]。また、それぞれの地域における市町村自治体や都道府県の行政は、こうした地道な取組みを積極的に支援していく必要がある。さらには、国レベルでの支援政策の抜本的な強化も本格的に検討されなければならないだろう。[2]

## 2 担い手を支える制度――国民的な理解と合意の重要性

前節で述べたような日本の農業・農村の担い手をどう広げていくかという課題は、より大きな観点からいえば、「自然資源経済の担い手」をどのように支えていくかという問題にほかならない。この点に関して、私たちは、第二章のなかで、担い手に対する「直接支払」の制度を大幅に拡充すべきことを提言している。その第一の柱が「経営安定直接支払」、第二の柱が「自然共生直接支払」である。とくに後者については、そのなかに「多面的機能維持水田支払」と「「日本型村のリニューアル」直接支払」の二つを新設することを提案している。それぞれの意義と内容については、すでに第二章において詳しく説明しているので、ここでは第二の柱（「自然共生直接支払」）に関して、さらに追加的な言及をしておくことにしたい。

私たちの提案は、前出の第二の柱のなかに、①「多面的機能維持水田支払」、②「環境保全型農業直接支払」、③「日本型「村のリニューアル」直接支払」の三つを位置づけるものである。このうち①の「多面的機能維持水田支払」は、水田自体を対象に、多面的機能の維持を目的とした直接支払を導入するもので、従来の政策にはないまったく新しいものである。これは、日本では水田農業が食料生産だけでなく国土保全などの多面的機能の発揮の面でも重要な役割を果たしていることに着目したものである。②の「環境保全型農業直接支払」は、日本農業を環境との共生度の高い農業にしていくために、従来実施されてきた「多面的機能支払」もここに一本化して、強化・拡充するものである。そして③は、第四章で詳しく紹介しているオーストリアのドルフ・エアノイエルング（Dorferneuerung）の取組みを参考にしている。これは、それぞれの地域における多様な主体（任意グループ、集落、地域運営組織、農協の組合員組織、商店街組織、中小企業者のグループ等）による内発的な取組みが、それぞれの基礎自治体とも連携したかたちで進められていくことを支援する新たな「直接支払」の提案である。

日本における直接支払制度は、二〇〇〇年度から「中山間地域等直接支払」が導入され、二〇一四年度からはその継続・拡充として「日本型直接支払」（「多面的機能支払」「中山間地域直接支払」「環境保全型農業直接支払」）が実施されている。私たちは、これまでの「日本型直接支払」がそれなりの役割を果たしてきたことは評価しているが、「多面的機能の維持」「中山間地域農業の支援」「環境保全型農業の支援」といった、それぞれの目的に照らしてみるかぎり、残念ながら、それらの実際的な効果はきわめて限定的なものにとどまっているのが現状である。[3]

この点は、「日本型直接支払」に割り当てられている年間予算の規模にも端的に表れている。たとえば、二〇一七年度の予算額でみると、「多面的機能支払」が四八二億円、「中山間地域直接支払」が二六三億円、「環境保全型農業直接支払」が二四億円でしかない。もちろん、単純に予算規模を大きくすればよいわけではないが、これらを合わせても七百―八百億円程度というのは、あまりにも小さすぎるといわざるをえない。ちなみに、二〇一七年度における農林水産関係費は、全体で約二兆三千億円余である。そこに占める割合でみると、わずか三パーセント程度にすぎない。

ここでたとえば、とくに第二次安倍政権の登場以降、対外的な軍事的脅威をいたずらに煽り、そこから「国民の生命と財産を守る」という大義名分のもとで年々拡大している防衛関係費（正確には「軍事費」と呼ぶべきもの）と比較してみよう。この防衛関係費は、二〇一七年度の予算額で五兆一二〇〇億円余となっている。じつに農林水産関係費の二・二倍強である。この膨大な防衛関係費と対比して考えるならば、今日の日本においては「持続可能な農業・農山村の維持・保全」という、きわめて重要な時代的課題がいかに軽んじられているかがよく分かるのではないだろうか。

一国の予算配分のあり方はその国の姿を明瞭に映し出す鏡であるとよく言われる。日本の場合、戦後憲法で規定されている「国民主権」にもとづき、「国権の最高機関」である国会での審議・承認の手続きを経て、毎年度の予算配分が決定される。したがって、この仕組みのもとで、たとえば前出の防衛関係費の一割（約五千億円余）を切り詰め、それを農林水産関係費に重点配分し、その相当部分を「持続可能な農業・農山村の維持・保全」のために振り当てるといった政策的転換も当然考えられる。もちろん実際には、既得権益化が進んできた省庁別予算配分の枠を大幅に変更することは大きな政治的抵抗によって阻まれ、こうした政策的転換は必ずしも容易なことではない。とはいえ、もし大多数の国民がそのことを強く求めるならば、いずれは実現可能となるはずである。言い換えれば、これからの日本において「持続可能な農業・農山村の維持・保全」という課題への取組みを大きく前進させていくためには、この点に関する国民的な理解（とくに都市サイドの住民の理解）をいかに高め、確たる社会的合意をつくりだしていけるかが非常に重要だということである。私たちは、本書がそのための一助となってくれることを心から念願している。

## 3 地域の《顔 FACE》と《自治力》を高めていく時代へ

最後に、本書において私たちが論じている「持続可能な農業・農山村の維持・保全」に向けた今後の課題において、その基本的な舞台であり、かつ主体的な担い手ともなるべき《地域》の意義と重要性をめぐって、さらに若干の論及をつけ加えておこう。

かつて一九九〇年代の半ば頃のことだが、著名な経済評論家である内橋克人が「新しい経済のはじまり」として「FEC自給圏」という構想を打ち出したことがある。[4] これは、それぞれの地域が自給をめざすべきものとして、①「食＝Food」②「エネルギー＝Energy」③「福祉＝Care」の三つをとくに重視したものであった。ここで、内橋による構想にあやかるならば、今日では、さらに対象を拡張して、それぞれの地域の《顔 FACE》を大事にしていく取組みが求められてきているといってよいだろう。ここでFACEとは、①「食＝Food」②「農＝Agriculture」③「文化＝Culture」「福祉＝Care」④「エネルギー＝Energy」「環境＝Ecology」の頭文字（英語）を並べたものである。

あらためて考えてみれば、日本はもともと、きわめて多様な地域性に富んだ国である。「食」に関していえば、それぞれの地域がその地域ならではの豊かな「山の幸」や「里の幸」あるいは「海の幸」に恵まれており、こうした自然の多様な豊かさのうえに、それぞれの地域ごとに独特な食文化が多彩に広がっている。また「農」に関しても、こうした地域の多様性にもとづくさまざまなタイプの「農的営み」が先人たちの長年の努力と英知の積み重ねによって生み出され、それらを基盤とした独自の地域文化が各地で歴史的に形成されてきた。

じつは、こうした地域の多様性がもつ意義を今日的に再評価して、それらの維持・保全を図っていくことこそ、これからの時代に求められている真の豊かさを実現していくうえで、もっとも重要な課題になっている。さらには、各地域が、それぞれの地域で暮らす人々の「生活の質」や「福祉」の充実に最大限の力を注いでいくこと、また、「エネルギー」面では可能な限りの自給・自立をめざし、かつ、エコロジー的に健全な「環境」の保全にも意を尽くしていくことが、これからの時代の新たな要請ともなっている。

そして、こうした取組みを各地域単位で着実に推し進めていくためには、何よりも、それぞれの地域における《自治力》を強化し、高めていくことが不可欠である。二一世紀前半の今日、日本では、そのための新たな制度や政策のあり方について本格的に検討していくことが強く求められているのである。また、この点が、本書全体を貫く私たちの基本的な主張ともなっていることを読みとっていただきたいと思う。

1　石田信隆・(株)農林中金総合研究所編著『「地方創生」はこれでよいのか――JAが地域再生に果たす役割』(家の光協会、二〇一五年)参照。

2　国レベルでは、農林水産省が実施する「農業次世代人材投資資金」(旧青年就農給付金)という制度がある。この制度での就農前の「準備型」は、「就農に向けて必要な技術等を習得するための研修を受ける場合、原則として四五歳未満で就農する者に対し、都道府県等を通じて、年間一五〇万円を最長二年間交付」、就農後の「経営開始型」は、「原則として四五歳未満で独立・自営就農する認定新規就農者に対し、市町村を通じて、年間最大一五〇万円を最長五年間交付」を行うというものだが、この交付要件はかなり厳しいものになっている。たとえば、二〇一六年度でみると、「準備型」が全国で二四一六人、「経営開始型」が全国で一万二三一八人の交付実績となっている。これを、都道府県別でみると、少ないところでも、多いところは百人未満、せいぜい数百人というオーダーでしかない。農林水産省HP参照。

3　二〇〇〇年度から導入された日本の「中山間地域等直接支払」の実績とその評価について詳しくは、寺西俊一「農山村の再生を支える税財政」岡本雅美監修、寺西俊一・井上真・山下英俊編『自立と連携の農村再生論』(東京大学出版会、二〇一四年)参照。

4　内橋克人著『共生の大地――新しい経済がはじまる』(岩波新書、一九九五年)参照。

# あとがき

「自然資源経済」という概念をキーワードにして、一橋大学で独自な研究・調査・教育プロジェクト（代表：寺西俊一）がスタートしたのは、二〇〇九年度からであった。このプロジェクトは、農林中央金庫による寄附講義として実施された。当初は、二〇〇九年度から三か年の予定であったが、幸いにもその後も継続されることになり、今年で一〇年度目を迎えている。

このプロジェクトで私たちが中心的課題として設定したのが「自然資源依存型の産業および地域社会の持続可能な発展のための政策研究」の推進である。この共同研究の積み上げが本書のベースとなっている。私たちは、今日、農業・林業・水産業などの自然資源依存型の産業（いわゆる第一次産業）とそれらの産業に依拠する地域社会が深刻な衰退化への危機に直面しているという基本認識にもとづき、第一次産業とそれらに依拠する地域社会の持続可能な発展に向けた総合的な政策研究と、それにもとづく特別講義を進めてきた。本書巻末付録には、第Ⅰ期（二〇〇九年度—一一年度）、第Ⅱ期（二〇一二年度—一四年度）、第Ⅲ期（二〇一五年度—一七年度）の開講プログラムを掲載したが、この間にご登壇いただいた外部からのゲスト講師陣は延べ一一〇余名にも達し、さまざまな分野にまたがる多彩な顔ぶれとなっていることがお分かりいただけるだろう。本書は、こうした多彩なゲスト講師陣の方々から賜った数多くのご教示も随所に反映したものとなっている。

まず、このプロジェクトの発足時には、盛大な市民公開シンポジウム（二〇〇九年四月一八日、参加者三五〇人余）を開催した。そのシンポジウムでは、世界的に著名な故宇沢弘文・東京大学名誉教授（一九二八―二〇一四）に記念講演をお願いした。当日の講演は、「今日の経済危機と環境危機をどう考えるか――社会的共通資本の視点から」というテーマで、折しも、二〇〇八年九月に米国の大手投資銀行リーマン・ブラザーズが経営破綻し、世界的な金融危機と実体経済の大混乱が引き起こされた「リーマン・ショック」を受け、あらためて「社会的共通資本」の維持・管理の重要性について熱く語るものであった。

周知のように、宇沢教授が提唱してきた「社会的共通資本」とは、「一つの国ないし特定の地域に住むすべての人々が、ゆたかな経済生活を営み、優れた文化を展開し、人間的に魅力ある社会を持続的・安定的に維持することを可能とするような自然環境、社会インフラ、および制度資本」のことを指す。同教授は、この「社会的共通資本」の安易な市場化（営利化）や私有化（私物化）を厳しく批判してこられたが、この考え方は、私たちが本書で論じている「自然資源経済」を支える基盤や制度のあり方を考えていくうえでも、基本的な指針を与えてくれるものとなった。

また、当日のシンポジウムに特別ゲストとしてお招きした宮本憲一氏（大阪市立大学名誉教授・滋賀大学元学長）による貴重なコメントも、その後の私たちの研究における「導きの糸」となってきた。宮本教授は、「失われつつある社会的共通資本を取り戻していくためには、それぞれの地域における住民が主体となった基礎自治体が果たすべき役割がきわめて重要だ」と指摘された。本書における私たちの基本的主張は、とくにこうした優れた先達としての宇沢教授や宮本教授からのご教示に負うところが大きい。

さて、この「あとがき」の執筆にとりかかり始めた八月下旬、安倍晋三首相が九月末に実施される自民党総裁選での三選をめざす出馬表明を、鹿児島の地を選んで行った。そのなかで安倍首相は、「日本は大きな歴史の転換点を迎える、今こそ日本のあすを切り拓く時です。「平成」のその先の時代に向けて、新たな国造りを進めていく」、「子どもたちの世代、そして孫たちの世代に、美しい伝統あるふるさとを、そして誇りある日本を、引き渡していく」などと言明した。この生中継を行ったNHKの緊急番組では、「今年は明治維新から一五〇年。明治維新ゆかりの地、鹿児島を発信の地とすることで《新しい国づくり》への意欲を示す狙いもあった」との解説まで加えられた。この出馬表明に先立ち、首相は鹿児島県鹿屋市での会合で講演し、「しっかり薩摩藩、長州藩で力を合わせて新たな時代を切り開いていきたい」とも語ったと報じられているが、そこで示された歪んだ歴史観と異様なNHK報道に接して、啞然としたのはおそらく筆者だけではないだろう。

たしかに今年（二〇一八年）は、日本がいわゆる「近代化」への道を踏み出したとされる明治元年（一八六八年）から数えて一五〇年にあたる。この節目をとらえ、第二次安倍政権は、「国における「明治一五〇年」関連施策」として、①「明治以降の歩みを次世代に遺す施策」、②「明治の精神に学び、更に飛躍する国へ向けた施策」、③「明治一五〇年に向けた機運を高めていく施策」を展開するため、二〇一六年一一月、内閣官房に「明治一五〇年」関連施策推進室を設置した。そして、関連施策各府省庁連絡会議を頻繁に行い、専用の「ポータルサイト」まで開設している。だが、こうした「明治一五〇年」関連施策に対して、少なくとも筆者は、強烈な「違和感」と「うす気味悪さ」を抱かざるをえない。

あらためて述べるまでもないが、日本の近現代史において明治維新は大きな転換点であり、明治以降の日本の「近代化」への歩みを歴史的に検証すること自体は重要なことだ。「歴史は未来への道標」といわれるように、過去の歴史に学ぶことは、現在を見つめなおし、より良い未来を切り拓くためにこそ必要である。

しかし、前述の「明治一五〇年」関連施策の推進は、過去の歴史に対して真摯に向き合おうとするものではない。むしろ、過去の「不都合な史実」を捻じ曲げ、権力にとって都合のよい政治的な主張や思惑に合わせて歴史を恣意的に解釈ないし改竄して、一面的に美化・礼賛しようとするものになっている。これは、安倍首相が異様なまでの執念を燃やしている平和憲法の「改憲」に向けた政治的プロパガンダの一環にほかならない。この点は、とくに「明治の精神に学ぶ」という表現のなかに端的に示されているが、いったい「明治の精神」とは何なのだろうか？

周知のとおり、明治維新によって成立した明治政府は、当時の欧米列強諸国からの外圧のなかで、それに対抗する中央集権型の天皇制国家の確立をめざし、「富国強兵」「殖産興業」を二大スローガンに、いわゆる「近代化」への道を強力に推し進めた。そして、そのための法的体制を整備したのが「大日本帝国憲法」（「明治憲法」。一八八九年二月一一日公布、一八九〇年一一月二九日施行）であった。その後日本は、この「明治憲法」体制のもとで、ひたすら対外侵略的な「軍国主義国家」の道を邁進していく。日清戦争（一八九四―九五年）、日露戦争（一九〇四―〇五年）、満州事変（一九三一―三三年）から日中戦争（一九三七―四五年）、さらには太平洋戦争（一九四一―四五年）へと突き進んでいったのである。かくして明治以降における戦前日本の歴史は、国内的には膨れあがる軍事費の重圧下での国民生活の貧困化と疲弊化を余儀なくし、人権と自由の許しがたい侵害と抑圧をもたらすものとなった。それはまた、とくにアジア諸国・地域への侵略行為によって筆舌に尽くしがたい多大な被害と犠牲を強いるものでもあったことを忘れてはならない。

こうした過去の歴史への根本的反省のうえに、戦後日本の平和憲法が制定されたのである。そこには、基本的人権の尊重、国民主権の確立、戦争放棄による平和主義、地方自治の擁護など、崇高な理念と価値体系が盛り込まれ、それらが戦後日本社会の発展における重要な礎となってきた。この戦後平和憲法の施行（一九四七年）から七一年が経過したが、私たちは、あらためて前述した過去の苦い歴史の過ちとその教訓をしっかりと再確認する必要がある。

ところで、歴史をしっかりと振り返ることは、本書を通じてわれわれが提唱している「自然資源経済」の再生ないし再構築に向けた今後の基本的な課題や方向を考えるうえでも非常に重要な意味をもつ。とくに明治以降における日本の「近代化」の歩みは、同時に日本における「工業化」と「都市化」の過程であり、それまでの日本社会における「人間と自然の関係」や「都市と農村の関係」を大きく変貌させるものだったからである。たとえば、明治初期における日本の総人口は約三三三〇万人程度で、ほとんどが農村部に暮らしていた。その後、一九二〇—四〇年にかけて「第一次都市化」が進んでいった。都市人口の比率（「都市化率」：総人口に占める市部人口の割合）は、一九二〇年には一八パーセント（その頃の日本の総人口は約五五四七万人）であったものが、四〇年には三八パーセント（総人口、約七一九三万人）へと高まった。それでも総人口の六割強が農村部に住んでおり、戦前の日本はまだ全体として「農村型社会」であった。

戦後になると、さらなる「第二次都市化」が急激なかたちで進展していった。一九五三年には町村合併促進法が施行され、いわゆる高度経済成長が始まった一九五五年には都市化率が五六パーセント（同、約九〇〇八万人）、その後一九六五年には六八パーセント（同、約九九二一万人）、一九七〇年には七二パーセント（同、約一億一一九四万人）に達し、ついに七割の大台を超えた。その後も、二〇〇〇年には七九パーセント（同、約一億二六八九万人）、二〇〇六年には「平成の市町村大合併」の影響も受けて、都市人口の比重は八六パーセント（同、約一億二七七七万人）にまで高まった。

こうした戦前・戦後を通ずる「都市化」の進展は、二一世紀前半の今日、大きな歴史的転換の時代を迎えているといわなくてはならない。もちろん、これは、前述した安倍首相のいう「歴史の転換点」とはまったく異なる意味においてである。この点は、序章や本編の各章においても随所で触れているが、とくに農業・農山村をめぐる重層的な難局は、明治以降における日本の「近代化」の歩みが大きな歴史的曲がり角に立っていることを意味し、今日の日本は、経済・社会のあり方そのものを根底から考え直すべき秋を迎えているといってよい。これからの時代は、従来の経済・社会のあり方を延長するだけでは、都市と農村の関係、食料、環境、国土保全、コミュニティ、文化などの幅広い分野での危機がいっそう深まっていくことにならざるをえない。さらに、国内外で新自由主義的な政策が前面に出てくるようになっているが、こうした傾向は、前述した幅広い分野での危機をますます拡大させていくことになるであろう。

今日の危機に有効に対処していくためには、私たちが本書で論じたような「自然資源経済論」の枠組みがますます重要になってきている。そこでは、人間社会本来の経済的営みの基礎となっている「人間と自然のかかわり」を、いかにして持続可能で、より豊かなものとしていけるか、そのための制度と政策はいかにあるべきかが大きな課題となっているからである。

さらに、国際関係においても、いま、従来までの枠組みが大きくゆすぶられている。ドナルド・トランプ大統領が世界各地で引き起こしている対立は、アメリカの力が低下し、「パクス・アメリカーナ時代の終わり」が始まったことの表れである。また、世界各地で続く民族的・宗教的な対立とテロリズムは多数の難民を発生させ続け、ヨーロッパにみるように、国際協調の足並みを阻害する力が強まってきている面も無視できない。こうした国際的な経済関係や政治のあり方においても、いまや地球規模での新しい考え方が求められている。そこでは、「国益対国益」という旧い図式ではなく、「自然資源経済論」の観点に立った新しい協力・連携を前向きに進めることで「国家の壁」を乗り越えていく協調と共生がめざされる必要があろう。この考え方にもとづいて、日本は二一世紀に最も成長が見込まれるアジア地域での共生関係の実現にとくに努めていくべきである。

本書は、以上のような大きな歴史的転換の時代における諸課題に対して、「自然資源経済」の再生ないし再構築という独自な視点から多面的にアプローチしてきた私たちの共同研究にもとづくものである。農林水産業に従事ないし関与している方々にはもちろんのこと、これからの日本の農業・農山村の将来について何らかの懸念や関心を抱いておられる多くの人々に読まれることを心から期待してやまない。

最後になったが、本書の出版にあたっては、当初における企画構想の段階から、みすず書房編集部の川崎万里さんに率直なご意見や貴重なアドヴァイスをいただいてきた。私たち編著者一同にとって、本書を刊行できることは、文字どおり、望外の喜びである。このような機会を与えてくださったみすず書房と川崎万里さんに対し、深甚の謝意を表しておきたい。おわりに、二〇〇九年度から一〇年にもわたり、私たちのプロジェクトに対して多大なご支援・ご協力を賜ってきた農林中央金庫および株式会社農林中金総合研究所とその役職員の皆様に対して、ここに記して、心からの御礼を申しあげる。

二〇一八年九月

一橋大学・自然資源経済論プロジェクト代表
寺西俊一

# 第Ⅲ期

| | 2015年度 | 2016年度 | 2017年度 |
|---|---|---|---|
| 第１講 | 開講にあたって（寺西俊一，傅喆，寺林暁良） | 開講にあたって（傅喆，林公則） | 開講にあたって（寺西俊一） |
| 第２講 | 持続可能な復興のための政策的課題（井上博夫：岩手大学教授） | 原発事故からの復興と再生，チェルノブイリと基本的人権，自由（竹内敬二：朝日新聞編集委員） | 福島原発事故後の時代（今中哲二：京都大学原子炉実験所研究員） |
| 第３講 | 阪神・淡路大震災の経験を踏まえた未来の災害復興への提言（室崎益輝：神戸大学名誉教授） | 福島原発事故―６年目の現実と今後（大野孝志：東京新聞社会部記者） | 原発災害から福島の森林資源をどう取り戻すか（早尻正宏：北海学園大学准教授） |
| 第４講 | 飯舘村の放射能汚染実態，除染効果とその限界（糸長浩司：日本大学教授） | 水俣病60年の歴史と今日の課題（花田昌宣：熊本学園大学水俣学研究センター長） | 原子力災害から福島県農林漁業の再生（小山良太：福島大学教授） |
| 第５講 | 福島原発事故と新たに問われる損害論（淡路剛久：立教大学名誉教授） | 公害から福島の復興を考える（除本理史：大阪市立大学教授） | 福島原発事故賠償訴訟の動向と課題（下山憲治：名古屋大学教授） |
| 第６講 | 長野県環境エネルギー戦略と地域主導型の自然エネルギー施策（田中信一郎：長野県環境部環境エネルギー課企画幹） | 地域経済再生のために再エネ事業体を立ち上げる（諸富徹：京都大学教授） | 地域活性化とインパクト投資（小松真実：ミュージックセキュリティーズ代表取締役） |
| 第７講 | 徳島地域における低炭素化の推進について（豊岡和美：一般社団法人徳島エネルギー理事） | 燃料争奪競争の果てに（安藤範親：農林中金総合研究所主事研究員） | 地域課題解決のための課題共有の場つくり（平良斗星：みらいファンド沖縄副代表理事） |
| 第８講 | 地域に貢献可能な再生可能エネルギー発電事業を実現するために（水上貴央：再エネ事業を支援する法律実務の会代表） | 自治体が取り組む新電力，中之条電力の設立とその活動（山本政雄：一般財団法人中之条電力代表理事） | 今，農業は面白い（近藤隆：有限会社やさい畑代表取締役） |
| 第９講 | 日本農業の基本問題を打開する２つの道筋（谷口信和：東京農業大学教授） | 現場取材からとらえた日本の農業（青山浩子：農業ジャーナリスト） | 地域運営組織とは？―農山村再生のプラットホーム（山浦陽一：大分大学准教授） |
| 第10講 | 都市と農村が共生する社会に向けて（杉本博文：福井県池田町町長） | 日本農業の構造変動と構造政策（安藤光義：東京大学教授） | 協同組合の危機と「農協改革」への戦略的な対応方向（冨士重夫：蔵王酪農センター理事長） |
| 第11講 | 明日の日本農業を誰が担うか（岸康彦：前農業経営大学校校長） | 持続可能な農業・農村を―体験に基づく私的農業論（村上光雄：前JA全中副会長／前JA三次組合長） | 社会的・連帯経済の現代的意義（北島健一：立教大学教授） |
| 第12講 | 農山村再生の実践と課題（小田切徳美：明治大学教授） | 地域に希望あり―ローカルは未来だ（大江正章：コモンズ代表） | 〈市民公開シンポ〉「FIT導入５年―今こそ地域からのエネルギー転換を」（大野輝之：自然エネルギー財団常務理事，千葉訓道：飯舘電力専務取締役，半澤彰浩：生活クラブ生協神奈川専務理事，田中拓哉：八王子協同エネルギー代表理事，石井徹：朝日新聞編集委員，丸山康司：名古屋大学教授，山下紀明：環境エネルギー政策研究所主任研究員，江口智子：弁護士，寺林暁良，山下英俊［司会進行］） |
| 第13講 | ドイツにおけるエネルギー協同組合の調査報告（山下英俊，寺林暁良，藤井康平） | オーストリア現地調査報告（多田忠義，石倉研，浅井美香） | |
| 第14講<br>第15講 | 〈市民公開シンポ〉「これからの農業・農山村の未来をどう展望するか」（藤山浩：島根県中山間地域研究センター研究統括監，具滋仁：忠南研究院責任研究員，石田信隆，寺西俊一［司会進行］） | 〈市民公開シンポ〉第Ⅰ部：「奪われた村」上映会＆監督講演 第Ⅱ部：シンポジウム「農業・農山村の価値と日本社会再生への展望」（栗田和則：暮らし考房代表，豊田直巳：映画監督，安藤光義：東京大学教授，森田慧：農業サークルぽてと，石田信隆，寺林暁良，寺西俊一［司会進行］） | |

## 第Ⅱ期

| | 2012年度 | 2013年度 | 2014年度 |
|---|---|---|---|
| 第1講 | 開講にあたって（寺西俊一，傅喆） | 開講にあたって（寺西俊一，傅喆，寺林暁良） | 開講にあたって（寺西俊一，傅喆，寺林暁良） |
| 第2講 | 農業・農村の持続可能な発展と協同組合の役割（白石正彦：東京農業大学名誉教授） | エネルギー転換の課題（大島堅一：立命館大学教授） | 大震災からの住宅復興とまちづくり（塩崎賢明：立命館大学特別招聘教授） |
| 第3講 | 森林を造り，未来を創る（春日隆司：下川町環境未来都市推進本部長） | 再生可能エネルギーと地域社会（丸山康司：名古屋大学准教授） | これ以上，尊い命を失いたくない（本間照雄：宮城県社会福祉協議会復興支援福祉アドバイザー） |
| 第4講 | 「逆境に負けない村づくり」―川上村の挑戦（藤原忠彦：川上村村長） | 地域からのエネルギー転換―ドイツの現状と日本の課題（山下英俊） | 東日本大震災と復興のかたち（宮入興一：愛知大学名誉教授） |
| 第5講 | 地域社会と自然環境の相互作用から考える自然資源管理（寺林暁良） | 地域からのエネルギー転換―小水力を中心に（小林久：茨城大学教授） | 原子力災害と地域（清水修二：福島大学特任教授） |
| 第6講 | 離島発　地域再生への挑戦（山内道雄：海士町町長，宮崎雅也：島宿但馬屋） | 地域からのエネルギー転換―地熱利用を中心に（高柳友彦） | 3.11後の日本のエネルギー政策（飯田哲也：環境エネルギー政策研究所所長） |
| 第7講 | 里山里海の復権―過疎半島・能登からの挑戦（中村浩二：金沢大学教授） | 大震災からの地域コミュニティの復興・再生（広田純一：岩手大学教授） | 地域における再生可能エネルギー利用の実態と課題（藤井康平） |
| 第8講 | 集落再生の基本構図―維持可能な地域づくり（中嶋信：徳島大学名誉教授） | 原発災害からの漁業復興（濱田武士：東京海洋大学准教授） | 市民が主体で取り組む，地域からのエネルギー転換（原亮弘：おひさま進歩エネルギー社長） |
| 第9講 | 大震災後の東北農業・農村の復興・再生への取組み（岡山信夫：農林中金総合研究所代表取締役専務） | 震災から2年8ヶ月―川内村の現状と課題（遠藤雄幸：川内村村長） | 再生可能エネルギーと地域金融（寺林暁良） |
| 第10講 | 大震災被害からの沿岸漁業・漁村の復興方式と課題（加瀬和俊：東京大学教授） | 福島原発事故から農林漁業の再生（小山良太：福島大学准教授） | 食のあり方と産消連携（小野征一郎：東京海洋大学名誉教授） |
| 第11講 | 原発震災で失われた故郷を撮る（＋写真展）（飛田晋秀：三春町・写真家） | TPPとこれからの農業（村田武：愛媛大学客員教授） | 直売所による地域農業振興の拠点づくりをめざして（西坂文秀：JAおちいまばり直販開発室室長） |
| 第12講 | ドイツにおける再生可能エネルギー調査報告（山下英俊，傅喆，藤井康平） | 日本農政の方向と課題（小林芳雄：農林中金総合研究所顧問） | 食の「産消提携」の仕組みと消費者の責任（根本志保子：日本大学准教授） |
| 第13講 | 有機農業の意義と課題―食と農と自然環境をつなぐ（川妻千将：佐久市有機農業研究協議会） | ドイツ・オーストリア現地調査報告（石倉研，藤井康平，寺林暁良，藤谷岳） | イタリア調査報告（吉村武洋，石倉研） |
| 第14講 | 「地域」の将来と内発的発展論（石田信隆） | 21世紀は“農”の時代（横本正樹：農事組合法人神峯園代表理事） | 〈市民公開シンポ〉「『地方創生』はこれでよいか？―都市農村関係から持続可能な日本社会のあり方を問う―」（保母武彦：島根大学名誉教授，藤井絢子：菜の花プロジェクトネットワーク代表，植田和弘：京都大学副学長，佐無田光：金沢大学教授，石田信隆，山下英俊［司会進行］） |
| 第15講 | （なし） | （なし） | |

# 自然資源経済論特別講義　開講プログラム　第Ⅰ期

| | 2009年度 | 2010年度 | 2011年度 |
|---|---|---|---|
| 第1講 | 開講にあたって：自然資源経済論とは？（寺西俊一） | 開講にあたって（寺西俊一，山川俊和） | 開講にあたって（寺西俊一，山川俊和） |
| 第2講 | 世界と日本の食と農業（1）（石田信隆） | 農業の今日的意義と日本農業の課題（祖田修：京都大学名誉教授） | 都市と農村の対立と融合（宮本憲一：大阪市立大学名誉教授） |
| 第3講 | 世界と日本の食と農業（2）（石田信隆） | 農業・農政のあり方を考える（生源寺眞一：東京大学教授） | 2050年国土ビジョンとこれからの都市・農村の関係（大西隆：東京大学教授） |
| 第4講 | 世界食料需給予測の方法（大賀圭治：日本大学教授） | EUの農政改革と農業環境政策（石井圭一：東北大学准教授） | 経済連携と農業―韓国の例から―（鄭成春：対外経済政策研究院日本チーム長，石田信隆） |
| 第5講 | 林業における資源利用とその問題点（藤森隆郎：日本森林技術協会技術指導役） | ヨーロッパの森林政策と日本の課題（石井寛：北海道大学名誉教授） | TPPと国民皆保険（色平哲郎：佐久総合病院地域ケア科医長） |
| 第6講 | 農業における資源利用とその問題点（西尾敏彦：農林水産技術情報協会名誉会長） | 水産資源管理の経済学（山下東子：明海大学教授） | 加速する日本農業の構造変化（橋詰登：農林水産政策研究所主任研究官） |
| 第7講 | 順応的資源管理のリスク分析（牧野光琢：中央水産研究所研究員） | 生態系保全の自然資源管理をめぐる諸問題（松田裕之：横浜国立大学教授） | 日本漁業の現状と今日的課題（工藤貴史：東京海洋大学准教授） |
| 第8講 | 中山間地域の現状と将来展望（笠松浩樹：島根県中山間地域研究センター主任研究員） | 生態系サービスの経済的評価（栗山浩一：京都大学教授） | 農業・農村の危機と再生への展望（保母武彦：島根大学名誉教授） |
| 第9講 | 多面的機能を維持するための政策議論（荘林幹太郎：学習院女子大学教授） | WTO・FTAと農業（石田信隆） | 農林水産業を軸とした地域経済の発展戦略（岡田知弘：京都大学教授） |
| 第10講 | 発展途上国と農林水産業（若林剛志） | 新興諸国経済における農業・バイオ燃料（佐野聖香：東洋大学専任講師） | 木材利用から見た林業の地域性（立花敏：筑波大学准教授） |
| 第11講 | 自然資源経済論：第1年度現地調査報告（寺西俊一，山川俊和，藤谷岳，藤井康平） | 自然資源ガバナンス論へのアプローチ（井上真：東京大学教授） | 仙台東部地域における農業復興の現状と課題（菅野育男：JA仙台代表理事専務） |
| 第12講 | 農林水産業と野生動物問題（羽山伸一：日本獣医生命科学大学准教授） | 自然資源経済と物質循環（山下英俊） | 大震災からの復興（片山知史：東北大学教授） |
| 第13講 | コモンズとしての地域資源管理（千賀裕太郎：東京農工大学教授） | 貿易理論と自然資源経済（山川俊和） | 〈市民公開シンポ〉「福島原発被災からの復興・再生を考える―チェルノブイリの悲劇と教訓をどう生かすか―」（清水修二：福島大学副学長，菅野孝志：新ふくしま農協代表理事専務，渡邊一夫：ふくしま中央森林組合代表理事組合長，遠藤雄幸：川内村村長，舩橋晴俊：法政大学教授，石田信隆，寺西俊一［司会進行］） |
| 第14講 | （なし） | 中国における退耕還林政策の現状と課題（霍学喜，姚順波，余勁：西北農林科技大学） | |
| 第15講 | （なし） | 全体のまとめ（寺西俊一） | |

＊外部からのゲスト講師陣の所属・肩書は開講時

## 著者略歴

### 高柳友彦（たかやなぎ・ともひこ）【第 3 章】

1980 年東京都中央区生まれ．一橋大学大学院経済学研究科講師．慶應義塾大学経済学部卒，東京大学大学院経済学研究科博士課程修了．博士（経済学）．専門は近現代日本経済史．歴史学の立場から，近代以降の温泉地を対象に，資源管理の歴史研究を行っている。著作に『歴史を学ぶ人々のために—現在をどう生きるか』（共著，岩波書店，2017），『熱海温泉誌』（共著，出版文化社，2017），「近現代日本の源泉利用—地域社会による対応」（『歴史と経済』235 号，2017）など．

### 寺林暁良（てらばやし・あきら）【第 3 章】

1983 年北海道苫小牧市生まれ．（株）農林中金総合研究所調査第一部主事研究員，立教大学社会学部兼任講師．北海道大学文学部卒，北海道大学大学院文学研究科博士課程修了，博士（文学）．専門は環境社会学．最近は協同組合が地域に果たす役割に関する研究に従事．著作に『農協と地域運営組織の関係性についての研究』（農林中金総合研究所，2017），『なぜ環境保全はうまくいかないのか—現場から考える「順応的ガバナンス」の可能性』（分担執筆，新泉社，2013）など．

### 藤井康平（ふじい・こうへい）【第 4 章】

1980 年山口県下関市生まれ．東京理科大学・神奈川大学兼任講師，公益財団法人東京都環境公社東京都環境科学研究所研究員．東京大学教養学部卒業，東京大学大学院総合文化研究科博士課程単位取得退学．専門は環境政治経済学・エネルギー政策論．地方政府の環境政策決定過程や，再生可能エネルギーの導入と地域主体のあり方について研究．著作に「自然資源経済ガバナンス論の射程—従来のガバナンス論との比較検討を中心に」（『一橋経済学』，2012），「再生可能エネルギーの市場化と自治体エネルギー政策の対応—ドイツのシュタットベルケの取組みを事例として」（『環境と公害』，2018）など．

### 石倉研（いしくら・けん）【第 4 章】

1987 年新潟県上越市生まれ．一橋大学大学院経済学研究科研究補助員，明海大学・都留文科大学非常勤講師．横浜国立大学経済学部卒，一橋大学大学院経済学研究科博士後期課程単位取得退学．専門は環境経済学・地方財政論．近年はオーストリアを事例に農業・農山村の持続可能性を支える制度の研究を行っている．著作に『緑のダムの科学』（分担執筆，築地書館，2014），「オーストリアにおける農業環境政策と農林業所得」（『環境と公害』，2018）など．

### 藤谷岳（ふじや・たけし）【第 5 章】

1981 年福井県福井市生まれ．久留米大学経済学部准教授．一橋大学大学院経済学研究科博士課程修了．博士（経済学）．専門は環境経済学・市民参加論．主に，市民の自発的な参加による地域の環境・文化の保全とその費用負担のあり方等について研究を進めている．著作に「自発的関与による費用負担：自然保護・アメニティ保全を念頭に」（『一橋経済学』，2017），「再生可能エネルギー事業における地域住民参加と資金調達」（共著，『環境と公害』，2014）など．

### 吉村武洋（よしむら・たけひろ）【第 5 章】

1985 年長野県長野市生まれ．公立大学法人長野大学環境ツーリズム学部助教．一橋大学経済学部卒，一橋大学大学院経済学研究科博士課程修了．博士（経済学）．専門は環境経済学・地方財政論．主にアメニティ保全をめぐる制度を研究している．著作に「ルーラル・アメニティ保全のための財政支出—日本の棚田を素材にして」（『財政と公共政策』，2013），「古都鎌倉の緑地保全のための費用負担—財政支出の分析を中心に」（『財政と公共政策』，2015）など．

### 山川俊和（やまかわ・としかず）【第 7 章】

1981 年愛知県知多市生まれ．下関市立大学経済学部准教授．一橋大学大学院経済学研究科博士課程修了．博士（経済学）．専門は環境経済学・世界経済論．主要研究テーマは，「環境と貿易」の国際政治経済分析．著書に『現代世界経済をとらえる Ver.5』（共著，東洋経済新報社，2010），『自然資源経済論入門②』（共著，中央経済社，2011），訳書に，スティーガー『新版 グローバリゼーション』（共訳，岩波書店，2010），ヘライナー『国家とグローバル金融』（共訳，法政大学出版局，2015）など．

## 編著者略歴

（てらにし・しゅんいち）

【まえがき，序章，終章，あとがき】

1951年石川県鶴来町（現白山市）生まれ．帝京大学経済学部教授．一橋大学名誉教授．京都大学経済学部卒．一橋大学大学院経済学研究科博士後期課程単位取得退学．専門は環境経済学・環境政策論．2009年度から一橋大学・自然資源経済論プロジェクト代表．この間に，環境経済・政策学会会長，日本環境会議理事長，日本学術会議連携会員，『環境と公害』（岩波書店）編集代表なども務める．著書に『地球環境問題の政治経済学』（東洋経済新報社，1992），『新しい環境経済政策——サステイナブル・エコノミーへの道』（編著，東洋経済新報社，2003），『自然資源経済論入門①②③』（石田信隆との共編著，中央経済社，2010, 11, 13年）など．

（いしだ・のぶたか）

【第1章，第2章】

1949年京都府峰山町（現京丹後市）生まれ．農林中央金庫および株式会社農林中金総合研究所勤務を経て同客員研究員，一橋大学経済学研究科客員教授．京都大学経済学部卒．専門は農業経済学・協同組合論．グローバル化進展下の農業・農政・農協を研究．日本環境会議理事，国際アジア共同体学会理事．著書に『JAが変わる—「創発」を生む新時代の農協組織論』（2008，家の光協会），『解読・WTO農業交渉—日本人の食は守れるか』（2010，農林統計協会），『TPPを考える—「開国」は日本農業と地域社会を壊滅させる』（家の光協会，2011），『「農協改革」をどう考えるか』（家の光協会，2014），『「地方創生」はこれでよいのか』（共編著，家の光協会，2015）など．

（やました・ひでとし）

【第6章】

1973年長野県長野市生まれ．一橋大学大学院経済学研究科准教授．東京大学教養学部卒．東京大学大学院総合文化研究科博士課程中退．博士（学術）．専門は資源経済学・環境経済学．「再生」と「循環」をキーワードとし，地域レベルで持続可能な社会の構築を模索している．著書に『ドイツに学ぶ　地域からのエネルギー転換』（寺西・石田との共編著，家の光協会，2013），『自立と連携の農村再生論』（共編著，東京大学出版会，2014）など．

寺西俊一・石田信隆・山下英俊編著

農家が消える

自然資源経済論からの提言

2018 年 10 月 16 日　第 1 刷発行

発行所 株式会社 みすず書房
〒113-0033 東京都文京区本郷 2 丁目 20-7
電話 03-3814-0131(営業) 03-3815-9181(編集)
www.msz.co.jp

本文組版 キャップス
本文印刷・製本所 中央精版印刷
扉・表紙・カバー印刷所 リヒトプランニング
装丁 安藤剛史


ISBN 978-4-622-08737-3
[のうかがきえる]

| 書名 | 著者 | 価格 |
|---|---|---|
| 福島に農林漁業をとり戻す | 濱田武士・小山良太・早尻正宏 | 3500 |
| 漁業と震災 | 濱田武士 | 3000 |
| 福島の原発事故をめぐって<br>いくつか学び考えたこと | 山本義隆 | 1000 |
| フクシマ 2011-2017 | 土田ヒロミ | 12000 |
| 福島第一　廃炉の記録 | 西澤丞 | 3200 |
| チェルノブイリの遺産 | Z. A. メドヴェジェフ<br>吉本晋一郎訳 | 5800 |
| ドイツ反原発運動小史<br>原子力産業・核エネルギー・公共性 | J. ラートカウ<br>海老根剛・森田直子訳 | 2400 |
| 自然と権力<br>環境の世界史 | J. ラートカウ<br>海老根剛・森田直子訳 | 7200 |

（価格は税別です）